高等学校人工智能教育丛书

机器学习与 Python 实践

主 编　柳　毅

副主编　杨　洁　温廷新　刘铁桥

西安电子科技大学出版社

内 容 简 介

人工智能是近年来全球最为火热的研究领域之一，随着机器学习、深度学习和强化学习研究的突破，人工智能技术已被应用到图像识别、机器翻译、语音助手和自动驾驶等方面。为了使读者能够深刻理解人工智能的技术，本书基于 Python 的 Scikit Learn 库介绍了机器学习的基础知识，如分类、回归、反向传播算法和梯度下降算法，以及基于 TensorFlow 基础框架的深度学习和强化学习等相关知识。本书在内容上尽可能涵盖机器学习、深度学习和强化学习的经典算法(如卷积神经网络、循环神经网络、迁移学习等)并清晰地阐释它们的原理，本书还对多个常见的经典数据集进行了算法模型的实践，如基于 MNIST 手写体图片和 Iris Flowers Dataset 鸢尾花数据集的识别、基于 NLP 数据集的文本分析以及基于 OpenAIGym 环境的 AGV 多智能体路径优化等。

本书可作为高等院校计算机科学与技术、信息管理与信息系统等专业的本科生与研究生教材，也适合对机器学习知识感兴趣的学者、研究人员和从业人员使用。

图书在版编目(CIP)数据

机器学习与 Python 实践 / 柳毅主编. —西安：西安电子科技大学出版社，2022.7
ISBN 978–7–5606–6462–0

Ⅰ. ①机… Ⅱ. ①柳… Ⅲ. ①机器学习—教材②软件工具—程序设计—教材
Ⅳ. ① TP181② TP311.561

中国版本图书馆 CIP 数据核字(2022)第 086429 号

策　　划　陈　婷
责任编辑　陈　婷
出版发行　西安电子科技大学出版社(西安市太白南路 2 号)
电　　话　(029)88202421　88201467　　　　邮　　编　710071
网　　址　www.xduph.com　　　　　　　电子邮箱　xdupfxb001@163.com
经　　销　新华书店
印刷单位　咸阳华盛印务有限责任公司
版　　次　2022 年 7 月第 1 版　　2022 年 7 月第 1 次印刷
开　　本　787 毫米×1092 毫米　1/16　印张 21.5
字　　数　508 千字
印　　数　1～3000 册
定　　价　55.00 元
ISBN 978–7–5606–6462–0 / TP
XDUP 6764001–1

序

　　大数据与云计算、数据分析技术等相结合构建形成了现在主流的数字智能社会背景，在此背景下，机器学习、深度学习等人工智能方法的重要性日益突显，相应的，人工智能开发的编程语言也成为探究智能未来不可或缺的工具。

　　机器学习是人工智能的核心，其包含的方法可以是基于数学理论的，也可以是非数学的；可以是演绎的，也可以是归纳的；甚至可以是优化的、递归的等。不同的科研工作者和工程技术人员会从不同的视点探讨、提出机器学习算法。这些精妙的算法经由编程语言实现，最终提供给我们的是手机中清晰绚烂的图片、方便快捷的语音搜索功能、省时省心的推荐系统，等等。Python 是目前人工智能领域最前沿、最受欢迎的计算机编程语言，它易学易读，拥有十分活跃的交流社区和完善的扩展库生态系统。在过去的数年中，人工智能领域的许多前沿研究和 Python 语言已经紧紧结合，无论是学习人工智能的理论知识还是进行应用项目的开发，都离不开机器学习和 Python 语言。

　　本书是机器学习和 Python 语言的有机结合，是理论与实现的统一整体。本书的整体结构具有合理性、渐进性。首先，将 Python 常用库与机器学习方法的基础知识作为基础篇的内容；随后，以机器学习经典算法作为核心篇内容；最后，将深度学习的常用方法作为进阶篇。本书整体内容逻辑严谨、由浅入深、层层递进，可以满足不同读者的需求。

　　本书的作者详细地介绍了机器学习方法中包含的思想、理论、算法以及工程应用，并在具体的算法阐述中很好地融合了以上几点。围绕每类机器学习方法阐述它的基本思想，根据具体的算法给出理论基础，介绍算法的原理与伪代码，以及每类算法的 Python 语言编程实现，并以实例说明算法的应用过程。

　　学之博，知之要，行之实。机器学习与 Python 实践是一本内容友好、实操性强的参考书，对学术界、产业界的人士来说，这都是一本值得深入阅读的著作。

欧洲科学院外籍院士
俄罗斯自然科学院外籍院士
西安电子科技大学计算机科学与技术学部主任

前　言

人工智能作为计算机科学的一个重要分支，出现于 20 世纪 50 年代末，以符号主义学派、联结主义学派和行为主义学派这三大学派为主要代表，其中以符号主义为代表的人工智能一度被寄予厚望。进入 21 世纪，人工神经网络方法的发展代表着联结主义的崛起，特别是深度学习理论的提出，迅速在科研界与产业界收割了一大波热度，当然这也在很大程度上归功于 GPU 等硬件性能的提升。当前，随着云计算、大数据等技术的广泛应用，数字智能社会已初见雏形，在此背景下 Python 语言、机器学习、深度学习等人工智能方法的重要性日益突显。

机器学习是一门多领域交叉的学科，其中涉及了统计学、概率论、计算机技术、模型优化等知识，因此对学习机器学习的人士来说，要求有广阔的学科背景及知识覆盖面。本书每章内容都围绕机器学习核心模型算法的理论思想和工程应用，展示每类算法的 Python 语言编程实现，并辅以实例说明算法的应用过程。首先，将 Python 常用库与机器学习的回归、聚类和决策树等内容作为基础知识；然后，以基于 TensorFlow 框架的深度学习 CNN 和 RNN 等经典神经网络模型学习作为核心内容；最后，将深度学习的 Markov 决策理论和 Q-Learning 算法等内容作为进阶学习。

本书内容严谨、逻辑清晰、由浅入深、层层递进。全书共 13 章；第 1 章至第 3 章主要介绍机器学习的基础知识、需要使用的 Python 基础库、数据的预处理、数据特征选择与特征工程；第 4 章至第 9 章主要介绍机器学习经典及常用算法，包括聚类、决策树、朴素贝叶斯、关联规则和回归等，每章围绕一类机器学习算法展开；第 10 章至第 13 章介绍深度神经网络理论和 TensorFlow 基础框架，并围绕深度学习中的卷积神经网络、循环神经网络以及强化学习等内容展开讨论。

本书编写人员具有丰富的机器学习教学经验和 Python 实践能力，其中第 1 章至第 3 章由浙江财经大学东方学院刘铁桥老师负责撰写，第 4 章至第 7

章由杭州电子科技大学杨洁老师负责撰写，第8章至第12章由杭州电子科技大学柳毅老师负责撰写，第13章由辽宁工程技术大学温廷新教授负责撰写。西安电子科技大学人工智能学院的焦李成教授对本书进行了认真的审阅，并提出了许多宝贵的修改意见，使本书内容日臻完善，在此表示诚挚的感谢！

由于机器学习的研究仍在不断发展，对每个部分都有精深的把握是一件极具挑战的任务。编者的时间与精力有限，书中难免有错漏之处，敬请读者批评指正。

编　　者

于杭州电子科技大学丹雅湖畔

2022年3月

目　录

2

第 1 章　机器学习简介

 本章学习目标：

- 了解机器学习的相关概念
- 了解有监督和无监督机器学习的原理
- 了解机器学习的具体过程和步骤
- 了解机器学习的开发环境

信息技术带来了人类历史上的第三次工业革命，大数据、云计算、物联网等智能技术的普及极大地改善了人们的生活。通过代码编程，人们可以将提前设计好的交互逻辑交给机器重复且快速地执行，从而将人们从简单枯燥的重复劳动中解放了出来，但是当需要处理较高智能水平的任务时，如人脸识别、自动驾驶和安全防范等任务，传统的编程方式显得力不从心。随着机器学习、深度学习、强化学习等人工智能技术的崛起，人工智能在部分任务上取得了类人甚至超人的智力水平，如在围棋上 AlphaGo 智能程序已经击败了人类多位最强的围棋选手，在 Dota2 游戏上 OpenAI Five 智能程序击败了冠军队伍 OG，同时人脸识别、智能语音、机器翻译等实用的技术已经走进了人们的日常生活中。接下来将介绍人工智能、机器学习和深度学习的原理、区别与联系及其具体实现过程和开发环境等。

1.1　人工智能、机器学习与深度学习

1956 年，在美国汉诺斯小镇宁静的达特茅斯学院中，约翰·麦卡锡(John McCarthy)、马文·闵斯基(Marvin Minsky，人工智能与认知学专家)、克劳德·香农(Claude Shannon，信息论的创始人)、艾伦·纽厄尔(Allen Newell，计算机科学家)、赫伯特·西蒙(Herbert Simon，诺贝尔经济学奖得主)等科学家正聚在一起，讨论着一个完全不食人间烟火的主题：用机器来模仿人类学习以及其他方面的智能。亚瑟·塞缪尔(Arthur Samuel)应约翰·麦卡锡之邀参加了达特茅斯会议并介绍了机器学习的相关工作，塞缪尔将机器学习定义为"不显式编程地赋予计算机能力的研究领域"。1959 年，塞缪尔设计了一个下棋程序，这个程序具有学习能力，它可以在不断的对弈中改善自己的棋艺。4 年后，这个程序战胜了设计者本人。又过了 3 年，这个程序战胜了美国一个保持 8 年之久的常胜不败的冠军。这个程序向人们展示了机器学习的能力，提出了许多令人深思的社会问题与哲学问题。

　　人工智能(Artificial Intelligence，AI)是模拟人类的意识、思维的信息过程，是研究、开发模拟、延伸和扩展人类智能的理论、方法及应用的一门系统性、多领域交叉学科。图灵(计算机和人工智能的鼻祖，提出了其著名的"图灵机"和"图灵测试")早在 1950 年的论文里，就提出了图灵试验的设想，即隔墙对话，你将不知道与你谈话的是人还是电脑。因此，人工智能试图了解智能的实质，并生产出一种新的能以与人类智能相似的方式做出反应的智能机器，该领域的研究包括机器人、语言识别、图像识别、自然语言处理和专家系统等。

　　机器学习(Machine Learning，ML)是一门人工智能的学科，也是一门多领域交叉的学科，涉及概率论、统计学、逼近论、凸分析、算法复杂度理论等多门学科。机器学习专门研究计算机怎样模拟或实现人类的学习行为，以获取新的知识或技能，或者重新组织已有的知识结构使之不断改善自身的性能。因此，机器学习是人工智能的核心，是使计算机具有智能的根本途径。

　　机器学习是使用算法来解析数据、从中学习，然后对真实世界中的事件做出决策和预测。与传统的为解决特定任务、硬编码的软件程序不同，机器学习是用大量的数据来"训练"，通过各种算法从数据中学习如何完成任务。在机器学习的过程中，机器通过大数据的输入，从中主动寻求规律，验证规律，最后得出结论，机器据此结论来自主解决问题，如果出现了偏差，会自主纠错。机器学习的应用已遍及人工智能的各个分支，如专家系统、自然语言理解、模式识别、计算机视觉、智能机器人等领域。

　　自 2006 年以来，机器学习领域取得了突破性的进展。Hinton 在 *Science* 期刊上发表的论文 *Reducing the Dimensionality of Data with Neural Networks*(用神经网络降低数据维数)，首次提出了"深度信念网络"的概念。与传统的训练方式不同，"深度信念网络"有一个"预训练"(Pre-training)的过程，这可以方便地让神经网络中的权值找到一个接近最优解的值，之后再使用"微调"(Fine-tuning)技术来对整个网络进行优化训练。这两个技术的运用大幅度减少了训练多层神经网络的时间。他给多层神经网络相关的学习方法赋予了一个新名词——"Deep Learning"(即深度学习)。

　　2012 年 6 月，《纽约时报》披露了 Google Brain 项目，吸引了公众的广泛关注。这个项目是由斯坦福大学的机器学习教授 Andrew Ng 和大规模计算机系统方面的世界顶尖专家 Jeff Dean 共同主导的，其用 16 000 个 CPU Core 的并行计算平台训练一种称为"深度神经网络"(Deep Neural Networks，DNN)的机器学习模型，在语音识别和图像识别等领域获得了巨大的成功。项目负责人之一 Andrew 称："我们没有像通常做的那样自己框定边界，而是直接把海量数据投放到算法中，让数据自己说话，系统会自动从数据中学习。"另外一名负责人 Jeff 则说："我们在训练的时候从来不会告诉机器说'这是一只猫'，其实是系统自己发明或者领悟了'猫'的概念。"

　　2012 年 11 月，微软在中国天津的一次活动上公开演示了一个全自动的同声传译系统，讲演者用英文演讲，后台的计算机一气呵成自动完成语音识别、英中机器翻译和中文语音合成，效果非常流畅，其关键支撑技术也是 DNN 或者深度学习(Deep Learning，DL)。2013 年 1 月在百度年会上，创始人兼 CEO 李彦宏高调宣布要成立百度研究院，其中第一个成立的就是"深度学习研究所"(Institute of Deep Learning，IDL)。

　　深度学习是机器学习的一个分支，是抵达人工智能目标的一条路径。深度学习利用智能体(从环境中接收信息的软件实体，选择达到特定目标的最佳行动并观察其结果)并采用统计学习方法，通过确定正确的概率分布来推断或预测最有可能成功(具有最少错误)的动作或决策。深度学习可以从数据中学习更加复杂的特征表达，将学习特征和任务之间进行关联，利用深层神经网络自动将简单的特征组合成更加复杂的特征，并使用这些组合特征解决问题。

　　总的来说，人工智能是一类非常广泛的问题，机器学习是解决这类问题的一个重要手段，而深度学习则是机器学习的一个分支，深度学习突破了传统机器学习方法的限制，有力地推动了人工智能领域的发展。人工智能、机器学习与深度学习之间的关系如图 1.1 所示。

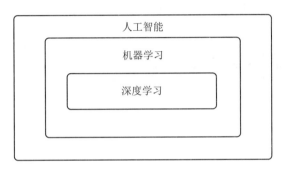

图 1.1　人工智能、机器学习与深度学习之间的关系

1.2　机器学习概述

　　机器学习要从海量的用户真实数据中学习经验，所以谁掌握的数据量大、质量高，谁就占据了机器学习和人工智能领域最有利的资本。这就能理解为什么 Google、Alibaba、Baidu 这些互联网公司开发出来的机器学习算法性能好。有了数据之后就可以设计一个数学模型，将数据作为输入对这个模型进行一次或连续多次的训练，并利用该数学模型推断未来、将做出决策，而不需要知道所有影响因素的全部知识，机器学习的主要目标是学习、改进数学模型。

　　机器学习主要由有监督学习(Supervised Learning)、无监督学习(Unsupervised Learning)、强化学习(Reinforcement Learning)等模型方法组成。有监督学习假设存在一个能提供错误精确度量的指导教师，可将预测的输出与实际的输出进行比较，实现参数的修正。无监督学习没有外部指导教师，直接从数据中学习。无监督学习尝试找出一组数据的共同特征，以便能够将新的样本数据与正确的聚类相关联。因此，有监督学习是通过有标记的样本数据去训练模型，再利用这个模型对未知的输入数据进行相应的映射输出，从而实现预测和分类的目的。而无监督学习的训练样本是未知的标记信息，目标是通过对无标记训练样本的学习来揭示数据的内在规律并进行自动分组。强化学习则只接收关于其行为质量的环境反馈，目的是使动作从环境中获得的累积回报值最大。虽然强化学习中不能精确知道什么是错误以及错误的大小，但接收到的信息能帮助决定是否需要继续采取相关的策略。机器学习算法的框架结构如图 1.2 所示。

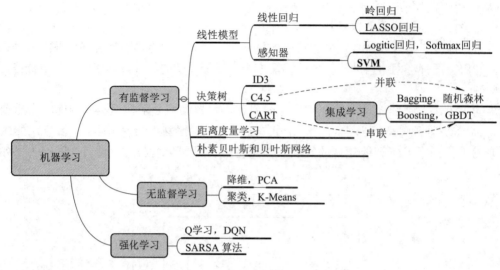

图 1.2   机器学习算法的框架结构图

1.2.1   有监督学习

在机器学习中，有监督学习含有教师指导或监督者的概念，其任务重点在于通过已有的训练样本(即已知数据及其对应的输出)去训练得到一个最优模型(这个模型属于某个函数的集合，最优表示某个评价准则下是最佳的)，再利用这个模型将所有的输入映射为相应的输出，对输出进行简单的判断从而实现预测的目的，也就是说具有了对未知数据预测的能力。即有监督学习的目标是让计算机从给定的训练数据集中去学习出一个函数(模型参数)，当新的数据到来时可以根据这个函数预测结果。

有监督学习过程如下：首先准备训练数据，这些数据可以是文本数据、图像数据、音频数据等；然后抽取所需要的特征，形成特征向量(Feature Vectors)；接着，把这些特征向量(Labels)连同对应的目标一并导入机器学习算法模型中，训练出一个预测模型；再采用同样的特征抽取方法作用于新数据，得到用于测试的特征向量；最后，使用预测模型对这些待测试的特征向量进行预测并得到结果。具体流程如图 1.3 所示。

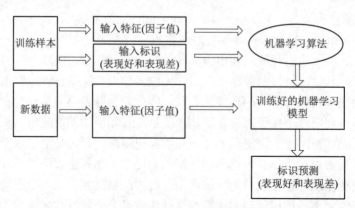

图 1.3   有监督学习流程图

有监督学习的输入样本(数据)是训练样本，每组训练样本都有明确的标识或结果，在建立预测模型的时候，有监督学习首先要建立一个学习过程，将预测结果与"训练数据"的实际结果进行比较(提供与输出值相比的误差精确度量)并不断调整预测模型，直到模型预测的结果达到一个预期的准确率，最终实现对未知样本的目标/标记进行预测。根据目标预测变量类型的不同，有监督学习可分为基于连续输出值的回归预测和基于离散量表示结果的分类学习，故有监督学习的典型算法是回归(Regression)和分类(Classification)。

在监督学习中，对于数据集使用 X^i 表示输入变量，Y^i 表示试图预测的输出要素。数据集可以被表示为 $(X^i, Y^i)(i = 0, 1, 2, \cdots)$，单个 (X^i, Y^i) 被称为训练样本。这里的 i 表示索引，与幂次无关。常用 X 作为输入域，Y 作为输出域。有监督学习回归的目标就是精确拟合函数 $f(X, Y)$ 的一条曲线，即将 X 输入后可以得到满足需求的输出 Y，使得代价函数(Cost Function)L 最小。

$$L(f(X,Y)) = \| f(X) - Y \|^2$$

分类首先要给定有标注的数据训练分类器，分类过程中 Y 看作类标号，是一个有穷数(Finite Number)，代价函数 $L(X, Y)$ 是 X 属于类 Y 概率的负对数，且

$$L(f_i(X,Y)) = -\log f_Y(X),$$

$$f_Y(X) \geqslant 0, \quad \sum_i f_i(X) = 1$$

其中 $f_i(X) = P(Y = i / X)$。

常用的有监督学习应用包括基于回归或分类的预测、自然语言处理、自动图像分类、情感分析、垃圾评论检测等，如图 1.4 所示。

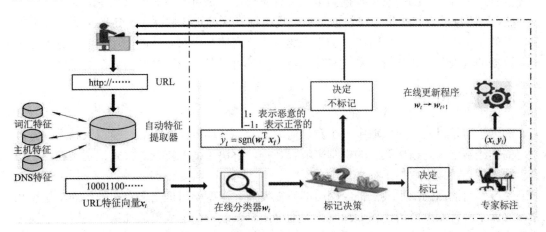

图 1.4　有监督学习算法应用框架

1.2.2　无监督学习

无监督学习即没有任何监督，数据不被特别标识，因而没有绝对误差的衡量。当需要

对一组数据根据其相似度(或距离)进行分组(聚类)时，可采用无监督学习方法。无监督学习模型是为了推断出数据的一些内在结构，常见的应用场景包括关联规则的学习以及聚类等。

无监督学习的输入数据没有被标记，也没有确定的结果；样本数据类别未知，需要根据样本间的相似性对样本集进行聚类(Clustering)，试图使类内差距最小化，类间差距最大化。通俗讲就是在实际应用中，不少情况下无法预先知道样本的标签，也就是说没有训练样本对应的类别，因而只能从原先没有样本标签的样本集开始学习分类器设计。

无监督学习的目标不是告诉计算机怎么做，而是让计算机自己去学习怎样做事情。无监督学习在指导分类器时不为其指定明确分类，而是在成功时，采用某种形式的激励制度，而对错误的行为做出惩罚。

无监督学习分为两大类方法：一类为基于概率密度函数估计的直接方法，这种方法是指设法找到各类别在特征空间的分布参数，再进行分类；另一类为基于样本间相似性度量的聚类方法，其原理是设法定出不同类别的核心或初始内核，然后依据样本与核心之间的相似性度量将样本聚集成不同的类别。常用的无监督学习应用包括推荐引擎、相似性检测、模式识别、对象分割(例如用户、产品、电影等)。

1.2.3 有监督学习与无监督学习的区别

有监督学习与无监督学习的区别主要有以下几点：

(1) 有监督学习方法必须要有训练集与测试样本。首先在训练集中找规律，而后对测试样本使用这种规律。而非监督学习没有训练集，只有一组数据，需要在该组数据集内寻找规律。

(2) 有监督学习的方法就是识别事物，识别的结果表现为给待识别数据加上了标签。因此训练样本集必须由带标签的样本组成。而非监督学习方法只有要分析的数据集本身，预先没有什么标签。如果发现数据集呈现某种聚集性，则可按自然的聚集性分类。

(3) 无监督学习方法是寻找数据集中的规律性，这种规律性并不一定要达到划分数据集的目的，也就是说不一定要"分类"。这一点比有监督学习方法的用途要广。譬如分析一堆数据的主成分，或分析数据集有什么特点，都可以归于无监督学习方法的范畴。

1.2.4 深度学习

深度学习是机器学习领域中一个新的研究方向，其动机在于建立、模拟人脑进行分析学习的神经网络，它模仿人脑的机制来解释数据，解决了很多复杂的模式识别难题，使得人工智能的相关技术取得了很大进步。

深度学习的概念源于人工神经网络的研究发展。深度学习框架含有多隐层的多层感知器，这就是一种深度学习结构。深度学习通过组合低层特征形成更加抽象的高层表示属性类别或特征，以发现数据的分布式特征表示。深度学习与传统的神经网络之间有相同的地方也有很多不同的地方。二者的相同之处在于深度学习采用了与神经网络相似的分层结构，系统包括由输入层、隐层(多层)、输出层组成的多层网络，只有相邻层节点之间有连接，同一层以及跨层节点之间相互无连接，每一层可以看作是一个 Logistic 回归模型，这种分层结构是比较接近人类大脑的结构，如图 1.5 所示。

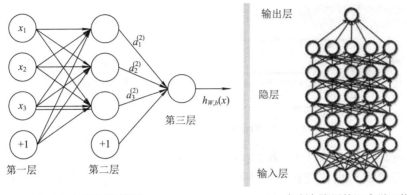

(a) 人工神经网络模型　　　　　(b) 含多个隐层的深度学习模型

图 1.5　人工神经网络与深度学习模型对比

为了克服神经网络训练中的问题，深度学习采用了与神经网络很不同的训练机制。传统神经网络中采用的是反向传播(Back Propagation)的方式进行，简单来讲就是采用迭代的算法来训练整个网络，随机设定初值，计算当前网络的输出，然后根据当前输出和标注(Label)之间的差去改变前面各层的参数，直到收敛(整体是一个梯度下降法)。而深度学习整体上是采用逐层训练(Layer-wise Training)机制来学习网络参数。这样做的原因是如果采用反向传播的机制，对于一个深度网络(7 层以上)，残差传播到最前面的层已经变得太小，会出现梯度扩散(gradient diffusion)。深度学习是一个复杂的机器学习算法，深度学习是学习样本数据的内在规律和表示层次，这些学习过程中获得的信息对诸如文字、图像和声音等数据的解释有很大的帮助。传统机器学习与深度学习的流程对比如图1.6 所示。

(a) 传统机器学习　　　　　　　　　　　　　(b) 深度学习

图 1.6　传统机器学习与深度学习的流程对比图

1.2.5　强化学习

随着深度神经网络的兴起，强化学习这一领域也获得了蓬勃的发展。强化学习理论受到行为主义心理学启发，侧重在线学习并试图在探索-利用(Exploration-Exploitation)间保持平衡。不同于有监督学习和无监督学习，强化学习不要求预先给定任何数据，而是通过接收环境对动作的奖励(反馈)来获得学习信息并更新模型参数。因此，当处于动态变化的不确定环境时，人们无法实现对误差的精确测量，而强化学习使用基于环境提供的反馈来进行学习，从而使之成为一种非常有效的方法。在这种情况下，反馈得到的更多是定性的信息，并不能确定其误差的精确度量。在强化学习中这种反馈通常被称为奖励(Reward)，而了解在一个状态下执行某个行为是否是正面的是非常有用的。最有用的行为顺序是必须学习的策略，以便能够得到最高的累积奖励做出最好的决策。一个动作可能是不完美的，但就整体策略而言，它必须能够提供最高的奖励，强化学习的流程如图 1.7 所示。

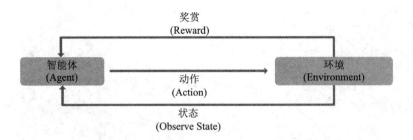

图 1.7　强化学习的流程图

深度学习模型可以在强化学习中得到使用，形成深度强化学习。2015 年，英国 DoopMind 公司提出了基于深度神经网络的强化学习算法 DQN，其在打砖块、太空入侵者、乒乓球等 49 个 Atari 游戏中取得了与人类相当的游戏水平。图 1.8 所示为应用强化学习算法来学习玩 FlappyBird 游戏的最佳策略，并训练智能体如何将正确动作与表示状态的输入相关联。

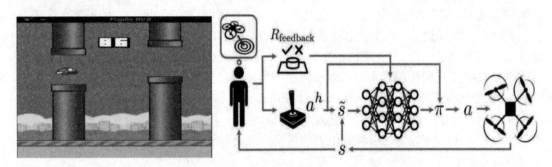

图 1.8　应用强化学习玩 FlappyBird 游戏

1.3　机器学习的具体过程

1.3.1　数据采集和标记

采集数据并将数据规范化成一个数据集收集起来，这些数据叫作训练样本或者数据集。在机器学习中，数据集 X 定义为具有 m 个特征的实数向量的有限集合，即

$$X = \{\boldsymbol{x}_1,\ \boldsymbol{x}_2,\ \cdots,\ \boldsymbol{x}_n\},\quad \boldsymbol{x}_i \in \mathbf{R}^m\ (i=1,\ 2,\ \cdots,\ n)$$

由于机器学习方法是基于概率的，因而需要在整个数据集 X 上考虑从统计多变量分布 D 中得出每个 X 的概率 p。基于此，添加一个非常重要的假设，所有样本都是独立同分布 (Independent And Identically Distributed) 的，即所有变量都具有相同分布 D。考虑含有 k 个变量的任意子集，有

$$p\{\boldsymbol{x}_1,\ \boldsymbol{x}_2,\ \cdots,\ \boldsymbol{x}_n\} = \prod_{i=1}^{k} p(\boldsymbol{x}_1)$$

在数据采集阶段，需要大量不同特征的信息，如产品价格、外观、性能等。收集的数

据越多，特征越全，训练出来的模型才会越准确。所有机器学习的任务都是基于明确定义的分布(或部分未知)并且实际数据集由从中抽取的样本组成。数据标记可以是人工标记，比如逐个对实际成交价格进行标注；也可以是自动标记，比如通过分析数据，找出与真实产品信息进行关联的匹配关系。数据标记对有监督的学习方法是必须的。

1.3.2　数据预处理

　　数据预处理主要完成数据格式化、数据清理与采样等。假设我们采集到的电子商务产品数据信息里，关于产品重量有按公斤计算的，也有按磅计算的，这时需要对重量单位进行统一，这个过程称为数据清洗。数据清洗还包括去掉重复的数据及噪声数据，让数据具备结构化特征，以方便作为机器学习算法的输入。

1.3.3　特征工程及特征选择

　　特征是机器学习系统的原材料，如果数据被很好地表达成了特征，通常线性模型就能达到满意的精度。假设我们采集到产品的 100 个特征，通过逐个分析这些特征，最终选择 30 个特征作为输入，这个过程称为特征选择。例如图 1.9 所示的摩托车(Motobike)图片，从像素级别的特征根本得不到任何信息，其无法进行摩托车和非摩托车的区分。而如果特征(Feature)具有结构性含义，比如是否具有车把手(Handle)，是否具有车轮(Wheel)，就很容易对摩托车和非摩托车进行区分，学习算法才能发挥作用。

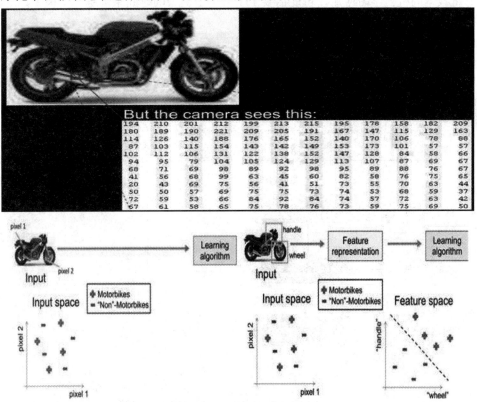

图 1.9　机器学习提取摩托车(Motobike)的特征

特征选择的方法之一是对逐个特征进行人工选择，然后选择合适的特征集合。另一个方法是通过模型来自动完成，如 PCA 算法。

1.3.4　模型选择

模型选择包括建立模型、评估模型并逐步优化。选择模型与问题领域、数据量大小、训练时长、模型准确度等方面有关。如电子商务产品质量文本分析就属于有监督学习的回归分析。

1.3.5　模型训练和测试

首先把数据集分成训练数据集和测试数据集，一般按照 8：2 或 7：3 来划分，然后用训练数据集来训练模型。训练出参数后再使用测试数据集来测试模型的准确度。为什么要单独分出一个测试数据集来做测试呢？答案是必须确保测试的准确性，即模型的准确性是要用它"没见过"的数据来测试，而不能用那些训练这个模型的数据来做测试。理论上更合理的数据集划分方案是分成三个，此外还要再加一个交叉验证数据集。

1.3.6　模型性能评估、使用和优化

对机器学习模型进行性能评估时，训练时长是指需要花多长时间来训练这个模型。对一些海量数据的机器学习应用，可能需要 1 个月甚至更长的时间来训练一个模型，这时候算法的训练性能就变得很重要了。

另外，还要判断数据集是否足够多，一般而言，对于复杂特征的系统，训练数据集越大越好。除此之外，还需要判断模型的准确性，即对一个新的数据能否准确地进行预测。如果模型不能满足应用场景的性能要求，就需要继续对模型进行训练和评估(或者更换为其他模型)，才能得到最终的优化模型，如图 1.10 所示。

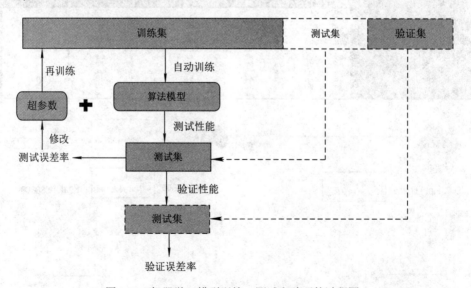

图 1.10　机器学习模型训练、测试和验证的过程图

1.4　机器学习的重要元素

机器学习的重要元素包括机器学习所使用的数据、模型性能的评估指标和评估方法。同时还要区分训练误差(Training Error)和泛化误差(Generalization Error)，前者指模型在训练数据集上表现出的误差，后者指模型在任意一个测试数据样本上表现出的误差的期望，并常常通过测试数据集上的误差来近似。

1.4.1　欠拟合和过拟合

模型学习曲线是一条以不同的参数取值为横坐标，以不同参数取值下的模型结果为纵坐标的曲线，可以选择模型表现最佳点的参数取值为参数赋值。

欠拟合(Under-Fitting)是指模型不能很好地拟合训练样本，且对新数据的预测准确性也不好。产生欠拟合的原因可能是训练样本被提取的特征比较少，导致训练出来的模型不能很好地匹配，表现得很差，甚至样本本身都无法高效识别。解决欠拟合的方法是优化模型，一般是模型过于简单无法描述样本的特性。

过拟合(Over-Fitting)是指机器学习模型或者深度学习模型在训练样本中表现得过于优越，但是在验证数据集和测试数据样本上的效果表现不佳。至于为什么会产生过拟合，一般是因为神经网络学到很多特征，但有的特征完全就是为了降低损失而得出来的特征。总之就是学习得太过了(举个例子：一个男人穿着蓝色的衣服，神经网络可能把是否穿蓝色衣服作为区分男人女人的特征，这就是过拟合)，遇到了新样本时这些错误的特征就没有什么用了。解决过拟合的方法是增大数据量、正则化(L1、L2)或用丢弃法(如 Dropout，把其中一些神经元去掉，只用部分神经元去构建神经网络)。

回归分析(Regression)中三种拟合状态显示如图 1.11 所示，图(a)是欠拟合，其试图用一条直线来拟合样本数据，称为高偏差(High Bias)；图(c)是过拟合，其试图用十阶多项式来拟合数据，称为高方差(High Variance)，虽然模型对现有的数据集拟合得很好，但对新数据预测误差却很大；只有图(b)所示的模型较好地拟合了数据集，可以看到虚线和实线基本重合。

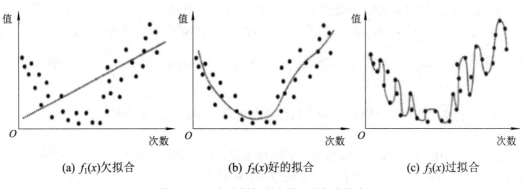

(a) $f_1(x)$欠拟合　　　　　　(b) $f_2(x)$好的拟合　　　　　　(c) $f_3(x)$过拟合

图 1.11　回归分析问题中的三种拟合状态

图 1.11 中曲线函数依次为 $f_1(x) = \theta_0 + \theta_1 x$，$f_2(x) = \theta_0 + \theta_1 x + \theta_2 x^2$，$f_3(x) = \theta_0 + \theta_1 x + \theta_2 x^2 + \theta_3 x^3 + \theta_4 x^4$，用这三个函数分别来拟合真实值 Y。根据给定的 x 值，这三个函数都会输出一个 $f(x)$，输出的 $f(x)$ 与真实值 Y 可能是相同的也可能是不同的，为了表示拟合的好坏，就需要用 L 损失函数(Loss Function)或者成本函数(Cost Function)来度量拟合的程度，即

$$L(Y, f(x)) = (Y - f(x))^2$$

损失函数越小，就代表模型拟合得越好。那是不是我们的目标就只是让损失函数越小越好呢？其实还不是。这个时候还有一个概念叫风险函数(Risk Function)。风险函数是损失函数的期望，这是由于输入输出的 (X, Y) 遵循一个联合分布，但是这个联合分布是未知的，所以无法计算。但是通过历史训练集数据可以产生一个期望 $f(X)$，$f(X)$ 关于训练集的平均损失，称作经验风险(Empirical Risk)，所以我们的目标就是最小化经验风险，使

$\dfrac{1}{N} \sum_{i=1}^{N} L(y_i, f(x_i))$ 取最小值。

通过分析图 1.11 可以发现 $f_3(x)$ 的经验风险函数最小，因为它对历史数据拟合得最好。但是实际上由 $f_3(x)$ 过度学习历史数据，导致它在真正预测时效果会很不好，这种情况称为过拟合。造成过拟合的原因就是模型太复杂，在机器学习过程中不仅要让经验风险最小化，还要让结构风险最小化。这个时候需要定义专门用来度量模型复杂度的函数 $J(f)$，在机器学习中叫正则化(regularization)，常用的有 L1、L2 范数。将优化函数表示为如下形式：

$$\min \frac{1}{N} \sum_{i=1}^{N} L(y_i, f(x_i)) + \lambda J(f)$$

这个最优化经验风险函数就被称为 λ-strongly convex(λ 强凸)目标函数。

目标函数是一个非常广泛的定义，一般我们都是先确定一个"目标函数"再去进行优化，在不同的任务中"目标函数"可以是：

- 最大化适应函数(遗传算法)
- 最大化回报/值函数(增强学习)
- 最小化平方差错误成本(或损失)函数(CART 回归树、线性回归、线性适应神经元)
- 最大化信息增益/减小子节点纯度(CART 决策树分类器)

因此，在机器学习中经常会碰到"损失函数""成本函数"和"目标函数"三个不同的模型误差度量函数。其中，损失函数 $|y_i - f(x_i)|$ 一般是指计算单个样本 i 时的误差；而

成本函数 $\dfrac{1}{N} \sum_{i=1}^{N} |y_i - f(x_i)|$ 则是指整个训练集上所有样本误差的平均损失，也可以给成本

函数加上正则化项；成本是衡量模型与训练样本符合程度的指标函数。简单地理解，成本是针对所有的训练样本，模型拟合出来的值与训练样本的真实值的误差平均值。而成本函数就是成本与模型参数的函数关系。模型训练的过程就是找出合适的模型参数，使得成本

函数的值最小。成本函数记为 $J(\theta)$：

$$J(\theta) = J(\theta_0, \theta_1) = \frac{1}{2m}\sum_{i=1}^{m}(h_\theta(x_i) - y_i)^2$$

其中 θ 表示模型参数，$h(x_i)$ 是模型对每个样本的预测值，y_i 是每个样本的真实值。

下面用例子来说明回归和分类模型的代价函数 $J(\theta_0, \theta_1)$ 和梯度下降法，目标是：$\min\limits_{\theta_0,\theta_1} J(\theta_0, \theta_1)$。

如图 1.12 所示，需要寻找这些数据内在的联系，即求出一个模型 $h(x) = \theta_0 + \theta_1 x$，此时问题就转变为求 θ_0、θ_1。为了使求出的模型拟合度最好，需要去评价这个模型，这时就用到代价函数。

$$J(\theta_0, \theta_1) = \frac{1}{2m}\sum_{i=1}^{m}(h_\theta(x^i) - y^i)^2$$

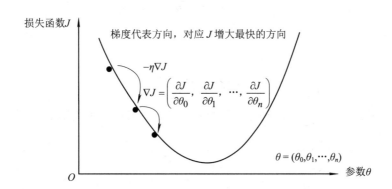

图 1.12　回归、分类模型中的梯度下降拟合过程

J 的结果越小，证明误差越小，拟合度越高。这时候问题就转化为求 θ_0、θ_1 使得 J 最小，可以使用梯度下降的方法来求解，即

$$\theta_j = \theta_j - \alpha\frac{\partial}{\partial\theta_j}J(\theta_0, \theta_1)$$

在梯度下降公式里，α 被称为学习率或步长，通过算法程序的不断迭代，最终可以根据该公式得到使误差最小的系数 θ_1、θ_2。

1.4.2　模型性能评估指标

人们需要评价各种机器学习模型与算法的好坏以进行比较，因此机器学习模型评估 (Evaluation) 是一项非常重要的工作。有监督学习分为训练与预测两个阶段，一般用与训练样本集不同的另一个样本集统计算法的精度。更复杂的做法是再引入一个验证集，用于确定模型某些人工设定的超参数、优化模型。学习模型评估指标有如下几种：准确率 (Accuracy)、精确率 (Precision)、召回率 (Recall) 和综合评价指标 (F1-Measure) 等，以上评价指标均基于机器学习的混淆矩阵 (Confusion Matrix) 进行计算，具体如表 1.1 所示。

表 1.1 混 淆 矩 阵

混淆矩阵		预测值(Predicted Value)	
		相关(Relevant)正类	无关(NonRelevant)反类
观测值(Observed Value)	被检索到	真正类(True Positive，TP)	假反类(False Negative，FN)
	未被检索到	假正类(False Positive，FP)	真反类(True Negative，TN)

True Positive(真正，TP)：模型将正样本预测为正样本的样本数量(预测正确)。

False Negative (假负，FN)：模型将正样本预测为负样本的样本数量。

False Positive(假正，FP)：模型将负样本预测为正样本的样本数量。

True Negative(真负，TN)：模型将负样本预测为负样本的样本数量(预测正确)。

准确率(Accuracy)是一个用于评估分类模型的指标，即模型预测正确的数量占总量的比例。准确率的公式定义如下：

$$Accuracy = \frac{TP + TN}{TP + FP + FN + TN}$$

精确率(Precision)是指在被识别为正类别的样本中实际的正类别的比例。精确率的公式定义如下：

$$Precision = \frac{TP}{TP + FP}$$

召回率(Recall)是指在所有正类别样本中，被正确识别为正类别的比例。召回率的公式定义如下：

$$Recall = \frac{TP}{TP + FN}$$

综合评价指标(F1-Measure)是一种统计量，称为 F-Score，是精确率(Precision)和召回率(Recall)的加权调和平均，常用于评价分类模型的好坏，即

$$F1\text{-}Measure = \frac{2}{\frac{1}{Precision} + \frac{1}{Recall}}$$

F1-Measure 综合了精确率和召回率的结果，当其值较高时，说明模型或算法的效果比较理想。

交叉验证指标(Cross-Validation)是一种更复杂的统计准确率的技术。k 折交叉验证将样本随机、均匀地分成 k 份，轮流用其中的 $k-1$ 份训练模型，1 份用于测试模型的准确率，用 k 个准确率的均值作为最终的准确率。

1.4.3 模型评价 ROC 曲线与 AUC 值

对于二分类问题，可以通过调整分类器的灵敏度来得到不同的分类结果。将各种灵敏度下的准确率指标连成一条曲线，所得曲线就是 ROC(Receiver Operating Characteristic)曲线。ROC 曲线的横坐标是假正例率(False Positive Rate，FPR)，FPR = FP/(FP + TN)，代表所有负样本中错误预测为正样本的概率，即假警报率；ROC 曲线的纵坐标是真正例率

(True Positive Rate，TPR)，TPR = TP/(TP+FN)，代表所有正样本中预测为正确的概率，即命中率(就是召回率)，如图 1.13 所示。

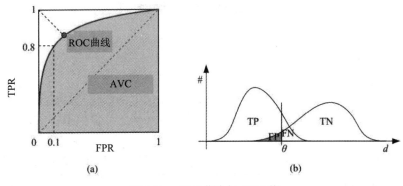

图 1.13　ROC 曲线与 AUC 值

ROC 对角线对应于随机猜测模型，而(0，1)对应于所有正例排在所有反例之前的理想模型。曲线越接近左上角，分类器的性能越好。

ROC 曲线有个很好的特性，即当测试集中正负样本呈分布变化时，ROC 曲线能够保持不变。在实际的数据集中经常会出现类不平衡(Class Imbalance)现象，即负样本比正样本多很多(或者相反)，而且测试数据中的正负样本的分布也可能随着时间变化。

绘制 ROC 曲线的步骤如下：

(1) 根据模型的预测结果对样例进行排序，并逐个把样本设定为正例来计算横、纵坐标值。

(2) 从高到低，依次将"Score"值作为阈值(Threshold)，当测试样本属于正样本的概率大于或等于这个阈值时，我们认为它为正样本，否则为负样本。

(3) 每次选取一个不同的阈值就可以得到一组 FPR 和 TPR，即 ROC 曲线上的一点。

(4) 将阈值设置为 1 和 0 时，分别可以得到 ROC 曲线上的(0，0)和(1，1)两个点。将这些(FPR, TPR)对连接起来就得到 ROC 曲线。当阈值取值越多时，ROC 曲线越平滑。

如果模型 A 的 ROC 曲线能完全"包住"模型 B 的 ROC 曲线，则可断言 A 的性能比 B 好，但是两个模型的 ROC 曲线往往是相交的，这时为了比较性能就需要用到 AUC 值。AUC 值的全称是 Area Under Curve，就是 ROC 曲线和 x 轴(FPR 轴)之间的面积，AUC 值是一个概率值介于 0.1 和 1 之间的值。AUC 值作为数值可以直观地评价分类器的好坏，AUC 值越大越好，其值越接近于 1，分类器性能越好。

随机挑选一个正样本以及负样本，用当前的分类算法，根据计算得到的 Score 值将这个正样本排在负样本前面的概率就是 AUC 值，AUC 值越大，当前分类算法越有可能将正样本排在负样本前面，从而能够更好地分类。AUC 值的计算公式就是求 ROC 曲线下矩形面积，即

$$AUC = \sum_{i=2}^{m} \frac{(x_i - x_{i-1}) \times (y_i + y_{i-1})}{2}$$

AUC 考虑的是模型预测的排序质量，反映了模型把正例排在反例前面的比例(如果

AUC = 1，说明模型 100%将所有正例排在反例前面)。

1.5　机器学习的开发环境

1.5.1　Jupyter 的安装与使用

Jupyter Notebook 的本质是一个 Web 应用程序，便于创建和共享程序文档，支持实时代码、数学方程和可视化。其用途包括：数据清理和转换、数值模拟、统计建模、机器学习等。

Windows 环境下使用 pip 安装 Python，Jupyter 安装需要 Python 3.3 或升级操作。

```
pip install jupyter
pip install -upgrade pip
jupyter notebook
```

在 cmd 环境下，输入命令"jupyter notebook"之后就可以启动 Jupyter Notebook 编辑器，启动之后会自动打开浏览器并访问 http://localhost:8088，默认跳转到 http://localhost:8088/tree。打开面板用 new 新建一个 Python3 文件，就可以在这个面板中正常编写 Python 代码了，Jupyter Notebook 的开发环境如图 1.14 所示。

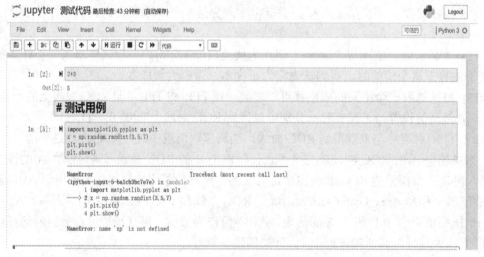

图 1.14　Jupyter Notebook 开发环境

1.5.2　Anaconda 3 的安装搭建

Anaconda 作为众多开发者首选的利器，就在于它可以方便地管理众多包，同时对于各个包之间的依赖可以很好地关联，这大大地解决了开发环境的复杂配置问题。Anaconda 包含 Conda、Python 在内的超过 180 个科学包及其依赖项。Anaconda 包括 1000 多个开源库，具有安装过程简单、可高性能地使用 Python 和 R 语言、可获得免费的社区支持等特点。

Anaconda 的实现主要基于其拥有以下核心组件:

(1) Conda 是 Anaconda 的核心组件,包括开源包(Packages)和虚拟环境(Environment)的管理系统。

(2) Packages 环境管理器:可以使用 Conda 来安装、更新、卸载工具包,并且它更关注于与数据科学相关的工具包。

(3) 虚拟环境管理:在 Conda 中可以建立多个虚拟环境,用于隔离不同项目所需的不同版本的工具包,以防止版本上的冲突。

1. Mac 安装

1) 图形化安装

(1) 选择"64-Bit Graphical Installer"版本进行下载。

(2) 找到下载完成的安装包,双击开始安装。

(3) 按照提示,点击继续,同意许可条款,在安装类型页面可以更改安装位置,没有特殊情况要求下,安装在默认位置即可。

(4) 新版 Anaconda 添加了 Vscode 编辑器,编者推荐将 Vscode 编辑器一并进行安装。在入门时我们会使用 Jupyter Notebook,当协作开发或使用其他后台框架时,使用 Vscode 也是一种比较推荐的方式。

(5) 完成安装后 Mac 就会出现 Anaconda 图标,点击图标后就可以看到 Anaconda 页面。

2) 命令行安装

(1) 选择"64-Bit Command Line Installer"版本进行下载。

(2) 打开终端,找到文件保存目录,执行命令 sh Anaconda3-2018.12-MacOSX-x86_64.sh,开始安装。

(3) 当看到"Thank you for installing Anaconda!"时,说明已经成功完成安装。

2. Windows 安装

同 Mac 平台安装类似,在进行 Windows 版本的安装时,同样需要去官网下载安装包(分为 64 位和 32 位两个版本)。

(1) 进入 Anaconda 3 官方网站(地址为 https://www.anaconda.com/distribution/)进行下载安装,Anaconda 3 所有安装包地址为 https://repo.continuum.io/archive/,参考官方文档地址为 https://docs.continuum.io/anaconda/install/linux.html,安装之后如图 1.15 所示。

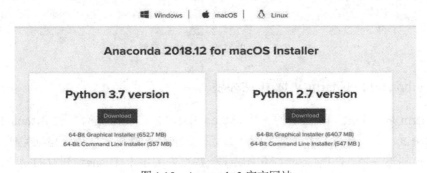

图 1.15　Anaconda 3 官方网站

(2) 在安装时会选择 Anaconda 路径，注意不要含有空格，安装初始化界面如图 1.16 所示。

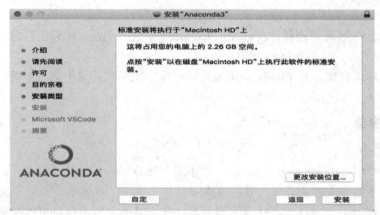

图 1.16　Python 安装初始化界面

(3) 双击进行安装配置，在"Advanced Installation Options"中不要勾选"Add Anaconda to my PATH environment variable"（"添加 Anaconda 至我的环境变量"），因为如果勾选，将会影响其他程序的使用。如果使用 Anaconda，则通过打开 Anaconda Navigator 或者在开始菜单中"Anaconda Prompt"(类似 macOS 中的"终端")中进行使用，如图 1.17 所示。

图 1.17　选择 Python 安装配置

1.5.3　Python 的 PyCharm 集成开发环境

PyCharm 是由 JetBrains 打造的一款 Python IDE。PyCharm 具有一般 Python IDE 的功能，比如调试、语法高亮显示、项目管理、代码跳转、智能提示、代码自动完成、单元测试、版本控制等。另外，PyCharm 还提供了一些很好的用于 Django 开发的功能，同时支持 Google App Engine，更特别的是 PyCharm 支持 IronPython。

PyCharm 的官方下载地址为"http://www.jetbrains.com/pycharm/download/"，开发界面如图 1.18 所示。

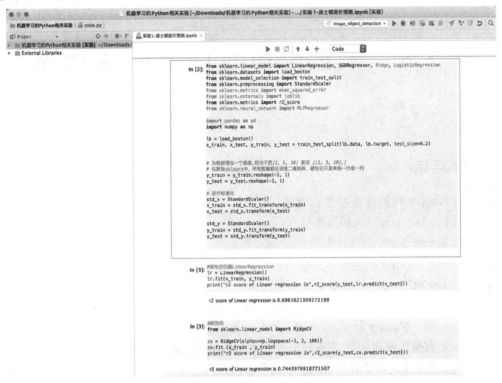

图 1.18　PyCharm 的开发界面

本 章 小 结

本章介绍了机器学习中的基本原理，包括算法的分类、模型的评估指标、模型的应用。按照样本数据是否带有标签值，可以将机器学习算法分为有监督学习和无监督学习。按照标签值的类型，又可将有监督学习算法进一步细分为分类问题与回归问题。最后，本章还对机器学习的开发环境和 Python 编程的安装环境进行了详细介绍。

习　题

1. 什么是人工智能？
2. 机器学习可以分为哪几类，它们之间有什么区别？
3. 机器学习应用开发的典型步骤有哪些？
4. 机器学习模型性能的评估指标有哪些？
5. 什么是机器学习过程中的过拟合和欠拟合？

第 2 章　机器学习的 Python 基础库

 本章目标：

- 学习 NumPy 库的操作和数据结构
- 学习 Pandas 库的用法和基本操作
- 学习 Matplotlib 库的用法和数据结构
- 掌握 Scikit-Learn 库的基本操作和作用
- 掌握 TensorFlow 库的基本操作和作用

本章介绍机器学习常用的 Python 基础库，如 NumPy、Pandas、Matplotlib、Scikit- Learn 和 TensorFlow 等。NumPy 是 Python 的一种开源数值计算扩展库，可用来存储和处理大型矩阵，比 Python 自身的嵌套列表结构(Nested List Structure)要高效许多；Pandas 是基于 NumPy 的一种工具，该工具是为了解决数据分析任务而创建的，Pandas 提供大量的库和标准数据模型，以及为高效便捷地处理大型数据集所需的函数和方法；Matplotlib 是一个 Python 的 2D 绘图库，它基于各种硬拷贝格式和跨平台交互式环境可生成出版质量级别的图形；Scikit-Learn 建立在 NumPy 和 Matplotlib 库基础上，支持分类、回归和聚类等机器学习算法。

2.1　NumPy

NumPy(Numerical Python 的缩写)是一个开源的 Python 科学计算库，它包含很多实用的数学函数，涵盖线性代数运算、傅里叶变换和随机数生成等功能。

NumPy 的底层算法在设计时就有着优异的性能，对于同样的数值计算任务，使用 NumPy 要比直接编写 Python 代码便捷得多。对于大型数组的运算，使用 NumPy 数组的存储效率和输入输出性能均优于 Python 中等价的基本数据结构(如嵌套的 list 容器)。对于 TB 级的大文件，NumPy 使用内存映射文件来处理，以达到最优的数据读写性能。这是因为 NumPy 能够直接对数组和矩阵进行操作，可以省略很多循环语句，其众多的数学函数也会让编写代码的工作轻松许多。不过 NumPy 数组的通用性不及 Python 提供的 list 容器，这是其不足之处。因此在科学计算之外的领域，NumPy 的优势也就不那么明显了。NumPy 本身没有提供那么多高级的数据分析功能，理解 NumPy 数组以及面向数组的计算将有助于更加高效地使用诸如 Pandas 之类的工具，下面我们对 NumPy 的数据结构和操作进行介绍。

　　Numpy 最重要的一个特点就是其具有 *N* 维数组对象(即 ndarray)，该对象是一个快速而灵活的大数据集容器。可以利用这种数组对整块数据执行一些数学运算，即整个数组进行某种运算相当于对数组中的每个元素进行相同的运算(向量化运算)，这和标量元素间的运算语法是一样的。其模块导入方式为：import numpy as np。

　　创建 ndarray 数组最简单的办法就是使用 array 函数，它接受一切序列型的对象(包括其他数组)，然后产生一个新的含有传入数据的 NumPy 数组。以一个列表的转换为例，代码如下：

```
In [1]: import numpy as np
        data = [6, 7.5, 8, 0, 1]
        arr1 = np.array(data)
        arr1
Out[1]: array([ 6. ,   7.5,   8. ,   0. ,   1. ])
```

　　ndarray 是一个通用的同构数据多维容器，即其中的所有元素必须是相同类型的。每一个数组都有一个 shape(表示维度大小的数组)和一个 dtype(用于说明数组数据类型的对象)，代码如下：

```
In [2]: arr1.shape
Out[2]: (5,)
In [3]: arr1.dtype
Out[3]: dtype('float64')
```

　　嵌套序列(比如由一组等长列表组成的列表)将会被转换成一个多维数组，代码如下：

```
In [4]: data2 = [[1, 2, 3, 4], [5, 6, 7, 8]]
        arr2 = np.array(data2)
        arr2
Out[4]:
array([[1, 2, 3, 4],
       [5, 6, 7, 8]])
In [5]: arr2.ndim
Out[5]: 2
In [6]: arr2.shape
Out[6]: (2, 4)
```

　　除非显示说明，否则 np.array 会尝试为新建的数组推断出一个较为合适的数据类型。数据类型保存在一个特殊的 dtype 对象中，如上面的两个例子，通过以下操作得到结果：

```
In [7]: arr1.dtype
Out[7]: dtype('float64')
In [8]: arr2.dtype
Out[8]: dtype('int32')
```

　　除了 np.array 外，还有一些函数也可以新建数组。比如 zeros 和 ones 分别可以创建指定长度或形状的全为 0 或全为 1 的数组。empty 可以创建一个没有任何具体数值的数组。
要用这些方法创建数组，只需要传入一个表示形状的元组即可，代码如下：

```
In [9]: np.zeros(8)
Out[9]: array([ 0.,  0.,  0.,  0.,  0.,  0.,  0.,  0.])
In [10]: np.zeros((2, 4))
Out[10]:
array([[ 0.,  0.,  0.,  0.],
       [ 0.,  0.,  0.,  0.]])
In [11]: np.empty((2, 3, 2))
Out[11]:
array([[[   9.78249979e-322,    0.00000000e+000],
        [   0.00000000e+000,    0.00000000e+000],
        [   0.00000000e+000,    0.00000000e+000]],

       [[   0.00000000e+000,    0.00000000e+000],
        [   0.00000000e+000,    0.00000000e+000],
        [   0.00000000e+000,    0.00000000e+000]]])
```

在 NumPy 中，np.empty 会认为返回全为 0 的数组是不安全的，所以它会返回一些未
初始化的很接近 0 的一些随机值。

ndarray 中一些常用的基本数据操作函数如表 2.1 所示。

表 2.1　ndarray 基本数据操作函数

函　　数	说　　明
array	将输入数据(列表、元组、数组或其他序列类型)转换为 ndarry；推断出 dtype 或特别指定 dtype，默认直接复制输入数据
asarray	将输入转化为 ndarray，如果输入本身是一个 ndarray 就不进行复制
arange	类似于内置的 range，但返回的是一个 ndarray，而非 list
ones，ones_like	ones 根据指定的形状和 dtype 创建一个全 1 数组；ones_like 以另一个数组为参数，并根据其形状和 dtype 创建一个全 1 数组
zeros，zeros_like	类似于 ones 和 ones_like，只不过产生的是全 0 数组而已
empty，empty_like	创建新数组，只分配内存空间但不填充任何值
full，full_like	full 用 full value 中的所有值,根据指定的形状和 dtype 创建一个数组；full_like 使用另一个数组，用相同的形状和 dtype 创建
eye，identity	创建一个正方的 $N \times N$ 单位矩阵(对角线为 1，其余为零)

2.1.1　ndarray 的数据类型

dtype(数据类型)是一个特殊的对象，它含有 ndarray 将一块内存解释为特定数据类型
所需的信息，代码如下：

```
In [12]: arr3 = np.array([1, 2, 3], dtype = np.float64)
arr3
Out[12]: array([ 1.,   2.,   3.])
In [13]: arr4 = np.array([1, 2, 3], dtype = np.int32)
         arr4
Out[13]: array([1, 2, 3])
```

dtype 是 NumPy 如此强大和灵活的原因之一。多数情况下，它直接映射到相应的机器表示，这使得"读写磁盘上的二进制数据流"以及"集成低级语言代码"等工作变得更加简单。

数值型 dtype 的命名形式相同，即：一个类型名(如 float 或 int)，后面跟一个用于表示各元素位长的数字。标准的双精度浮点值(即 Python 中的 float 对象)需要占用 8 字节(即 64 位)。因此，该类型在 NumPy 中就记作 float64。

可以用 astype 的方法显示更改数组的 dtype，代码如下：

```
In [14]: arr5 = np.array([1, 2, 3])
         arr5.dtype
Out[14]: dtype('int32')
In [15]: arr6 = arr5.astype(np.float64)
         arr6
Out[15]: array([ 1.,   2.,   3.])
```

2.1.2 数组和标量之间的运算

用数组表达式代替循环的方法，通常被称作矢量化(Vectorization)，大小相等的数组之间的任何算术运算都会将运算应用到元素集，代码如下：

```
In [16]: arr = np.array([[1. ,2. , 3.], [4. ,5. ,6]])
         arr *arr
Out[16]:
array([[  1.,    4.,    9.],
       [ 16.,   25.,   36.]])
In [17]: arr - arr
Out[17]:
array([[ 0.,   0.,   0.],
       [ 0.,   0.,   0.]])
```

同样，数组和标量的运算也会将那个标量传播到各个元素，代码如下：

```
In [18]: 1 / arr
Out[18]:
array([[ 1.        ,  0.5       ,  0.33333333],
       [ 0.25      ,  0.2       ,  0.16666667]])
In [19]: arr ** 0.5
```

```
Out[19]:
array([[ 1.        ,  1.41421356,  1.73205081],
       [ 2.        ,  2.23606798,  2.44948974]])
```

2.1.3　索引和切片

NumPy 索引和切片是一个内容丰富的主题，因为选取数据子集或单个元素的方式有很多。首先，一维数组的切片索引基本和 Python 列表的切片索引功能一致，代码如下：

```
In [20]: arr = np.arange(10)
         arr
Out[20]: array([0, 1, 2, 3, 4, 5, 6, 7, 8, 9])
In [21]: arr[4]
Out[21]: 4
In [22]: arr[3:7]
Out[22]: array([3, 4, 5, 6])
In [23]: arr[3:5] = 12
         arr
Out[23]: array([ 0,  1,  2, 12, 12,  5,  6,  7,  8,  9])
```

如上所示，当将一个标量赋值给一个切片时(如 arr[3:5] = 12)，该值会自动传播到整个选区。因为数组切片是原始数组视图，这就意味着，如果做任何修改，原始数组视图都会跟着更改，代码如下：

```
In [24]: arr_slice = arr[3:5]
         arr_slice[1] = 100
         arr
Out[24]: array([  0,   1,   2,  12, 100,   5,   6,   7,   8,   9])
In [25]: arr_slice[:] = 250
         arr
Out[25]: array([  0,   1,   2, 250, 250,   5,   6,   7,   8,   9])
```

对于高维数组，能做的事情更多。在一个二维数组中，各索引位置上的元素不再是标量而是一维数组，代码如下：

```
In [26]: arr = np.array([[1, 2, 3], [4, 5, 6], [7, 8, 9]])
         arr[2]
Out[26]: array([7, 8, 9])
```

因此，可以对各个元素进行递归访问，但这样需要做的事情有点多。可以传入一个以逗号隔开的索引列表来选取单个元素。也就是说，下面这两种操作方式是等价的：

```
In [27]: arr[1][2]
Out[27]: 6
```

In [28]: arr[1, 2]

Out[28]: 6

花式索引是利用整数数组进行索引，假设我们有一个 8×4 的数组，代码如下：

In [29]: arr = np.empty((8,4))

　　　　for i in range(8):

　　　　arr[i] = i

　　　　arr

Out[29]:

array([[0.,　0.,　0.,　0.],

　　　　[1.,　1.,　1.,　1.],

　　　　[2.,　2.,　2.,　2.],

　　　　...,

　　　　[5.,　5.,　5.,　5.],

　　　　[6.,　6.,　6.,　6.],

　　　　[7.,　7.,　7.,　7.]])

为了以特定的顺序选取行子集，只需传入一个用于指定顺序的整数列表或 ndarray 即可，代码如下：

In [30]: arr[[4, 3, 0, 6]]

Out[30]:

array([[4.,　4.,　4.,　4.],

　　　　[3.,　3.,　3.,　3.],

　　　　[0.,　0.,　0.,　0.],

　　　　[6.,　6.,　6.,　6.]])

使用负数索引将会从末尾开始选取行，代码如下：

In [31]: arr[[-3, -5, -7]]

Out[31]:

array([[5.,　5.,　5.,　5.],

　　　　[3.,　3.,　3.,　3.],

　　　　[1.,　1.,　1.,　1.]])

一次传入多个数组时，它返回的是一个一维数组，其中的元素对应各个索引元组，代码如下：

In [32]: arr = np.arange(32).reshape((8,4))

　　　　arr

Out[32]:

array([[0,　1,　2,　3],

　　　　[4,　5,　6,　7],

　　　　[8,　9, 10, 11],

```
          ...,
          [20, 21, 22, 23],
          [24, 25, 26, 27],
          [28, 29, 30, 31]])
In [33]: arr[[1,5,7,2], [0,3,1,2]]
Out[33]: array([ 4, 23, 29, 10])
```

它选出的元素其实是(1, 0)、(5, 3)、(7, 1)和(2, 2)这些位置的元素。这个花式索引的结果可能和某些用户预测的不太一样，选取矩阵的行列子集应该是矩形区域的形式才对。下面是得到该结果的一个办法：

```
In [34]: arr[[1, 5,7,2]][:,[0,3,1,2]]
Out[34]:
array([[ 4,  7,  5,  6],
       [20, 23, 21, 22],
       [28, 31, 29, 30],
       [ 8, 11,  9, 10]])
```

另外一个办法就是使用 np.ix_函数，它可以将两个一维数组转换成一个用于选取方形区域的索引器，代码如下：

```
In [35]: arr[np.ix_([1,5,7,2], [0,3,1,2])]
Out[35]:
array([[ 4,  7,  5,  6],
       [20, 23, 21, 22],
       [28, 31, 29, 30],
       [ 8, 11,  9, 10]])
```

注意：花式索引和切片不一样，它是将数据复制到新的数组中。

2.1.4 数组转置和轴对换

转置(Transpose)是重塑的一种特殊形式，它返回的是源数据的视图(不会进行任何复制操作)。数组不仅有 transpose 函数，还有一个特殊的 T 属性，如下所示：

```
In [36]: arr = np.arange(15).reshape(5, 3)
         Arr
Out[36]:
array([[ 0,  1,  2],
       [ 3,  4,  5],
       [ 6,  7,  8],
       [ 9, 10, 11],
       [12, 13, 14]])
```

```
In [37]: arr.T
Out[37]:
array([[ 0,   3,   6,   9, 12],
       [ 1,   4,   7, 10, 13],
       [ 2,   5,   8, 11, 14]])
```

在进行矩阵计算时，经常需要用到该操作，比如利用 np.dot 计算矩阵内积，代码如下：

```
In [38]: arr = np.random.randn(6,3)
         np.dot(arr.T, arr)
Out[38]:
array([[  9.03630405,   0.49388948,  -1.54587135],
       [  0.49388948,   2.25164741,   1.93791071],
       [ -1.54587135,   1.93791071,  10.55460651]])
```

对于高维数组，transpose 需要得到一个由轴编号组成的元组才能对这些轴进行转置，代码如下：

```
In [39]: arr = np.arange(16).reshape((2, 2, 4))
         Arr
Out[39]:
array([[[ 0,   1,   2,   3],
        [ 4,   5,   6,   7]],

       [[ 8,   9, 10, 11],
        [12, 13, 14, 15]]])
In [40]: arr.transpose((1, 0, 2))
Out[40]:
array([[[ 0,   1,   2,   3],
        [ 8,   9, 10, 11]],

       [[ 4,   5,   6,   7],
        [12, 13, 14, 15]]])
```

2.1.5　利用数组进行数据处理

NumPy 数组可以将很多数据处理任务表述为简洁的数组表达式(否则需要编写循环)。矢量化数组运算要比 Python 方式快一两个数量级，尤其是对各种数值运算。如 np.meshgrid 函数接受两个一维数组，并产生两个二维矩阵(对应两个数组中所有的(x, y)对)。代码如下：

```
In [41]: points = np.arange(-5, 5, 0.01)    #1000 个间隔相等的点
         xs, ys = np.meshgrid(points, points)
```

```
                    ys
Out[41]:
array([[-5.  , -5.  , -5.  , ..., -5.  , -5.  , -5.  ],
       [-4.99, -4.99, -4.99, ..., -4.99, -4.99, -4.99],
       [-4.98, -4.98, -4.98, ..., -4.98, -4.98, -4.98],
       ...,
       [ 4.97,  4.97,  4.97, ...,  4.97,  4.97,  4.97],
       [ 4.98,  4.98,  4.98, ...,  4.98,  4.98,  4.98],
       [ 4.99,  4.99,  4.99, ...,  4.99,  4.99,  4.99]])
```

假设我们在一组值上计算函数 $\mathrm{sqrt}(x^2 + y^2)$，这时对函数的求值运算就好办了，把这两个数组当作两个浮点数那样编写表达式，并输出函数值的图形化结果即可，代码如下：

```
In [42]: import matplotlib.pyplot as plt
         z = np.sqrt(xs ** 2 + ys ** 2)
         z
Out[42]:
array([[ 7.07106781, 7.06400028, 7.05693985, ..., 7.04988652, 7.05693985, 7.06400028],
       [ 7.06400028, 7.05692568, 7.04985815, ..., 7.04279774, 7.04985815, 7.05692568],
       [ 7.05693985, 7.04985815, 7.04278354, ..., 7.03571603, 7.04278354, 7.04985815],
       ...,
       [ 7.04988652, 7.04279774, 7.03571603, ..., 7.0286414, 7.03571603, 7.04279774],
       [ 7.05693985, 7.04985815, 7.04278354, ..., 7.03571603, 7.04278354, 7.04985815],
       [ 7.06400028, 7.05692568, 7.04985815, ..., 7.04279774, 7.04985815, 7.05692568]])
In [43]: plt.imshow(z, cmap = plt.cm.gray)
         plt.colorbar()
         plt.title('Image plot of $\sqrt{x^2 + y^2}$ for a grid of values')
Out[43]: <matplotlib.text.Text at 0x1086aa90>
```

输出结果如图 2.1 所示。

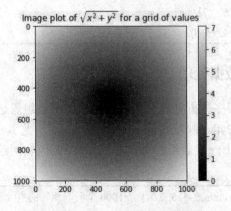

图 2.1 利用数组进行数据处理输出结果

2.1.6　数学和统计方法

可以通过数组上的一组数学函数对整个数组或某个轴向的数据进行统计计算，代码如下：

```
In [44]: arr = np.random.randn(5, 4)          #产生正态分布数据
         arr.mean()
Out[44]: -0.24070480645161735
In [45]: np.mean(arr)
Out[45]: -0.24070480645161735
In [46]: arr.sum()
Out[46]: -4.8140961290323467
```

mean 和 sum 这类的函数可以接受一个 axis 参数(用于计算该轴向上的统计值)，最终结果是一个少一维的数组，代码如下：

```
In [47]: arr.mean(axis = 1)
Out[47]: array([-0.26271711, -0.50185429,  0.38508322, -0.25435201, -0.56968384])
In [48]: arr.sum(0)
Out[48]: array([ 0.81837351, -2.17245972, -4.01616748,  0.55615755])
```

像 cumsum 和 cumprod 之类的方法则不聚合，而是产生一个由中间结果组成的数组，代码如下：

```
In [49]: arr = np.array([[0,1,2], [3,4,5], [6,7,8]])
         arr.cumsum(0)
Out[49]:
array([[ 0,  1,  2],
       [ 3,  5,  7],
       [ 9, 12, 15]], dtype=int32)
In [50]: arr.cumprod(1)
Out[50]:
array([[  0,   0,   0],
       [  3,  12,  60],
       [  6,  42, 336]], dtype=int32)
```

2.2　Pandas

Pandas 的名称来自面板数据(Panel Data)和 Python 数据分析(Data Analysis)。Pandas 是一种基于 NumPy 的数据分析包，最初由 AQR Capital Management 于 2008 年 4 月被作为金融数据分析工具而开发出来，并于 2009 年底开源出来，目前由专注于 Python 数据包开发的 PyData 开发小组继续维护。Pandas 提供了大量的能高效操作大型数据集所需的函数和

方法，它是使 Python 成为强大而高效的数据分析工具的重要因素之一。

2.2.1 Pandas 数据结构

1. Series

Series 是一种类似于一维数组的对象，它是由一组数据及与之相关的一组数据标签(即索引)组成的。仅由一组数据即可产生最简单的 Series，代码如下：

```
In [1]: import pandas as pd
        from pandas import Series, DataFrame
        obj = Series([4, 7, -5, 3])
        obj
Out[1]:
0    4
1    7
2    -5
3    3
dtype: int64
```

Series 的字符串表现形式为：索引在左边，值在右边。因为我们没有为数据指定索引，所以会自动创建一个 0 到 $N-1$(N 为数据长度)的整数型索引。可以通过 Series 的 values 和 index 属性获取其数组表示形式和索引对象，代码如下：

```
In [2]: obj.values
Out[2]: array([ 4,   7, -5,   3], dtype=int64)
In [3]: obj.index
Out[3]: RangeIndex(start=0, stop=4, step=1)
```

通常，我们需要创建的 Series 带有一个可以对各个数据点进行标记的索引，代码如下：

```
In [4]: obj2 = Series([4, 3, -5, 7], index = ['d', 'b', 'a', 'c'])
        obj2
Out[4]:
d    4
b    3
a    -5
c    7
dtype: int64
```

与普通的 NumPy 数组相比，可以通过索引的方式选取 Series 中的单个或一组值，代码如下：

```
In [5]: obj2['a']
Out[5]: -5
```

```
In [6]: obj2[['c', 'a', 'd']]
Out[6]:
c     7
a    -5
d     4
dtype: int64
```

2. DataFrame

DataFrame 是一个表格型的数据结构，它含有一组有序的列，每列可以是不同类型(数值型、字符串、布尔型等)。DataFrame 既有行索引，也有列索引，可以看作是由 Series 组成的字典(共用同一个索引)。跟其他类似的数据结构相比，DataFrame 中面向行和面向列的操作基本是平衡的。构建 DataFrame 的方法有很多，最常见的就是直接传入一个由等长列表或 NumPy 数组组成的字典，代码如下：

```
In [7]: data = {'state': ['Ohio', 'Ohio', 'Ohio', 'Nevada', 'Nevada'],
        'year':[2000, 2001, 2002, 2001, 2002],
        'pop':[1.5, 1.7, 3.6, 2.4, 2.9]}
        frame = DataFrame(data)
        frame
Out[7]:
     pop    state   year
0    1.5    Ohio    2000
1    1.7    Ohio    2001
2    3.6    Ohio    2002
3    2.4    Nevada  2001
4    2.9    Nevada  2002
```

如果指定了列序列，则 DataFrame 的列就会按照指定顺序进行排列，代码如下：

```
In [8]: DataFrame(data, columns = ['year', 'state', 'pop'])
Out[8]:
     year    state   pop
0    2000    Ohio    1.5
1    2001    Ohio    1.7
2    2002    Ohio    3.6
3    2001    Nevada  2.4
4    2002    Nevada  2.9
```

2.2.2　Pandas 文件操作

1. Pandas 读取数据文件

Pandas 提供了一些用于将表格型数据读取为 DataFrame 对象的函数，如表 2.2 所示，其中 read_csv 和 read_table 用得最多。

表 2.2　Pandas 读取文件函数

函数	说　明
read_csv	从文件、URL、文件型对象中加载带分隔符的数据，默认分隔符号为逗号
read_table	从文件、URL、文件型对象中加载带分隔符的数据，默认分隔符为制表符（"\t"）
read_fwf	读取定宽列格式数据(也就是说没有分隔符)
read_clipboard	读取剪贴板中的数据，可以看作是 read_table 的剪贴板版；在将网页转换为表格时非常有用

2. Pandas 导出文件

Pandas 还提供了将 Date Frame 对象存储到文件中的函数，如表 2.3 所示。

表 2.3　Pandas 导出文件函数

函　数	说　明
to_csv(file_path, sep=' ', index=True, header=True)	file_path 表示文件路径；sep 表示分隔符；index 代表是否导出行序号；header 代表是否导出列序号
to_excel(file_path, sep=' ', index=True, header=True)	file_path 表示文件路径；sep 表示分隔符；index 代表是否导出行序号；header 代表是否导出列序号

2.2.3　数据处理

在数据分析中数据清洗占据了大量的工作。数据清洗是数据价值链中最关键的步骤。数据清洗就是处理缺失数据以及清除无意义的信息。而垃圾数据，即使是通过最好的分析，也将产生错误的结果，并误导业务本身。

对缺失值的处理有数据补齐、删除对应行、不处理等几种方法。首先做如下操作：

```
In [9]:
import pandas as pd
import numpy as np
from pandas import DataFrame
data = {'Tom':[170, 26, 30], 'Mike':[175, 25, 28], 'Jane':[170, 26, np.nan], 'Tim':[175, 25, 28]}
data1 = DataFrame(data).T
data1.drop_duplicates()
data1
```

该段代码输出结果如下：

```
Out [9]:
        0      1      2
Jane  170.0  26.0   NaN
Mike  175.0  25.0  28.0
```

Tim	175.0	25.0	28.0
Tom	170.0	26.0	30.0

处理方法一：删除有缺失值的行，代码如下：

```
In [10]:
data2 = data1.dropna()
data2
```

删除后结果如下所示：

```
Out [10]:
```

	0	1	2
Mike	175.0	25.0	28.0
Tim	175.0	25.0	28.0
Tom	170.0	26.0	30.0

通过用 dropna() 方法后，可以看到第一行存在缺失值，故被删掉了。

处理方法二：对缺失值进行填充，比较常用的有均值填充、中位数填充、众数填充等。以下操作采用均值填充：

```
In [11]:
data3 = data1.fillna(data1.mean())
data3
```

结果为：

```
Out [11]:
```

	0	1	2
Jane	170.0	26.0	28.666667
Mike	175.0	25.0	28.000000
Tim	175.0	25.0	28.000000
Tom	170.0	26.0	30.000000

2.2.4　层次化索引

层次化索引是 Pandas 的一个重要功能，它能在一个轴上有多个(两个以上)索引级别，即它能以低维度形式处理高维度数据，代码如下：

```
In [12]:
import pandas as pd
import numpy as np
from pandas import Series,DataFrame
data = Series(np.random.randn(10),
            index = [['a', 'a', 'a', 'b', 'b', 'b', 'c', 'c', 'd', 'd'],
                    [1, 2, 3, 1, 2, 3, 1, 2, 2, 3]])
```

```
data
Out[12]:
a   1    -0.088594
    2     0.316611
    3     1.383978
b   1     0.215510
    2    -0.111913
    3    -0.580355
c   1    -0.048050
    2    -0.054285
d   2    -0.136860
    3    -1.578472
dtype: float64
```

这就是带有多重索引的 Series 格式化输出。下面我们看一下它的索引：

```
In [13]:
data.index
Out[13]:
MultiIndex(levels=[['a', 'b', 'c', 'd'], [1, 2, 3]],
           labels=[[0, 0, 0, 1, 1, 1, 2, 2, 3, 3], [0, 1, 2, 0, 1, 2, 0, 1, 1, 2]])
```

对于一个层次化索引的对象，可以很方便地选取一个数据集，代码如下：

```
In [14]:
data['b']
Out[14]:
1     0.215510
2    -0.111913
3    -0.580355
In [15]:
data['b':'c']
Out[15]:
b   1     0.215510
    2    -0.111913
    3    -0.580355
c   1    -0.048050
    2    -0.054285
dtype: float64
In [16]:
data[['b','d']]
Out[16]:
```

b	1	0.215510
	2	-0.111913
	3	-0.580355
d	2	-0.136860
	3	-1.578472

dtype: float6

甚至还可以在"内层"中进行选取，代码如下：

In [17]:

data[:,2]

Out[17]:

a	0.316611
b	-0.111913
c	-0.054285
d	-0.136860

dtype: float64

层次化索引在数据重塑和基于分组的操作中扮演着重要的角色。比如，一个数据可以通过它的 unstack 方法被重新安排到一个 DataFrame 中，代码如下：

In [18]:

data.unstack()

Out[18]:

	1	2	3
a	-0.088594	0.316611	1.383978
b	0.215510	-0.111913	-0.580355
c	-0.048050	-0.054285	NaN
d	NaN	-0.136860	-1.578472

对于一个 DataFrame 对象，每条轴都可以有分层索引，代码如下：

In [19]:

df = DataFrame(np.arange(12).reshape((4, 3)),

　　　　　index = [['a', 'a', 'b', 'b'], [1, 2, 1, 2]],

　　　　　　columns = [['Ohio', 'Ohio', 'Colorado'],

　　　　　　　　　　['green', 'red', 'green']])

Df

Out[19]:

		Ohio		Colorado
		green	red	green
a	1	0	1	2
	2	3	4	5

b	1	6	7	8
	2	9	10	11

各层都可以有名字(字符串或是别的 python 对象)。如果指定名称，它就会显示在控制台输出中，代码如下：

```
In [20]:
df.index.names = ['key1', 'key2']
df.columns.names = ['state', 'color']
df
Out[20]:
state        Ohio       Colorado
color        green red    green
key1 key2
a    1         0   1        2
     2         3   4        5
b    1         6   7        8
     2         9   10       11
```

由于有了分部的索引，所以可以很轻松地选取列分组，代码如下：

```
In [21]:
df['Ohio']
Out[21]:
color        green  red
key1 key2
a    1         0    1
     2         3    4
b    1         6    7
     2         9    10
```

2.2.5　分级顺序

1. 重新分级排序

有时需要重新调整某条轴上各级别的顺序，或根据指定级别的值对数据进行重新排序。Swaplevel 函数接受两个级别编号或名称，并返回一个互换级别的新对象(但数据不会发生变化)。代码如下：

```
In [22]:
df.swaplevel('key1','key2')
Out[22]:
state        Ohio       Colorado
color        green red    green
```

key2 key1				
1	a	0	1	2
2	a	3	4	5
1	b	6	7	8
2	b	9	10	11

交换级别时也常会用到 sortlevel，而 sortlevel 则根据单个级别中的值对数据进行排序。这样最终结果就是有序的了，代码如下：

```
In [23]:
df.sortlevel(1)
Out[23]:
```

state		Ohio		Colorado
color		green	red	green
key1	key2			
a	1	0	1	2
b	1	6	7	8
a	2	3	4	5
b	2	9	10	11

2. 根据级别汇总统计

许多对 DataFrame 和 Series 的描述和汇总统计都有一个 level 选项，它用于指定在某条轴上求和的级别。代码如下：

```
In [24]:
df.sum(level = 'key2')
Out[24]:
```

state	Ohio		Colorado
color	green	red	green
key2			
1	6	8	10
2	12	14	16

2.2.6　使用 DataFrame 的列

有时需要将 DataFrame 的一个或多个列索引当作行用，或者将 DataFrame 的行索引变成列。代码如下：

```
In [25]:
Df = DataFrame({'a':range(7), 'b':range(7, 0, -1),
                'c':['one', 'one', 'one', 'two', 'two', 'two', 'two'],
                'd':[0, 1, 2, 0, 1, 2, 3]})
```

```
Df
Out[25]:
   a  b    c    d
0  0  7  one  0
1  1  6  one  1
2  2  5  one  2
3  3  4  two  0
4  4  3  two  1
5  5  2  two  2
6  6  1  two  3
```

DataFrame 的 set_index 方法会将一个或多个列转化成行索引，并创建一个新的 DataFrame，代码如下：

```
In [26]:
df1 = df.set_index(['c', 'd'])
df1
Out[26]:
          a  b
c   d
one 0     0  7
    1     1  6
    2     2  5
two 0     3  4
    1     4  3
    2     5  2
    3     6  1
```

DataFrame 的 reset_index 方法会将层次化索引的级别转移到列里面去，代码如下：

```
In [27]:
df1.reset_index()
Out[27]:
     c  d  a  b
0  one  0  0  7
1  one  1  1  6
2  one  2  2  5
3  two  0  3  4
4  two  1  4  3
5  two  2  5  2
6  two  3  6  1
```

2.3 Matplotlib

Matplotlib 是 Python 数据分析重要的可视化工具，可以通过绘图帮助我们找出异常值，可进行必要的数据转换，得出有关模型的思路等。

2.3.1 Figure 和 Subplot

Matplotlib 的图像都位于 Figure 中，你可以用 plt.figure 创建一个新的 Figure，代码如下：

```
In [28]:
import matplotlib.pyplot as plt
fig = plt.figure()          #创建一个新的 Figure，会弹出一个空窗口。
```

plt.figure()的一些选项，特别是 figuresize，可以确保图片保存到磁盘时具有一定的大小和纵横比。plt.gcf()可得到当前 Figure 的引用，必须用 add_subplot 创建一个或多个 subplot 才可以绘图，代码如下：

```
In [29]:
ax1 = fig.add_subplot(2, 2, 1)
```

以上代码的意思是：该图像是 2×2 的(即有 4 个 subplot)，且当前选中的是 4 个 subplot 中的第一个(编号从 1 开始)，如果要把后面的也创建显示出来，可以运行如下代码：

```
In [30]:
ax2 = fig.add_subplot(2, 2, 2)
ax3 = fig.add_subplot(2, 2, 3)
ax4 = fig.add_subplot(2, 2, 4)
Out[30]:
```

输出结果如图 2.2 所示。

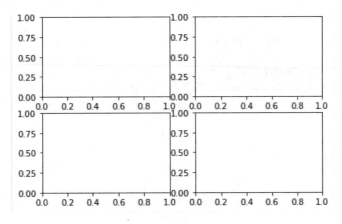

图 2.2　输出结果

这时如果执行一条绘图命令 plt.plot([ ])，matplotlib 就会在最后一个用过的 subplot(没有则创建一个)上进行绘制。相关代码如下：

In [31]:

from numpy.random import randn

plt.plot(randn(50).cumsum(), 'k--')

Out[31]:

输出结果如图 2.3 所示。

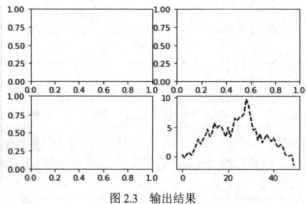

图 2.3　输出结果

'k--' 是一个线型选项，用于告诉 matplotlib 绘制黑色虚线图。上面那些由 fig.add_subplot 所返回的是 AxesSubplot 对象，直接调用其实例方法就可以在其他空着的格子里面绘图了。相关代码如下：

In [32]:

import numpy as np

ax1.hist(randn(100), bins = 20, color = 'k', alpha = 0.3)

ax2.scatter(np.arange(30), np.arange(30) + 3 * randn(30))

Out[32]:

输出结果如图 2.4 所示。

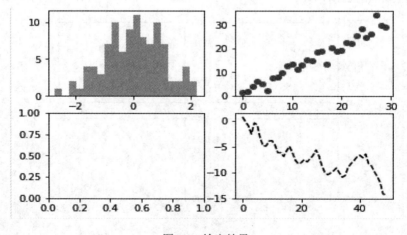

图 2.4　输出结果

Matplotlib 中有各种图标类型。根据特定布局创建 figure 和 subplot 非常常见，于是便有了更为方便的方法即 plt.subplots，它可以创建一个新的 figure，并返回一个含有已创建的 subplot 对象的 NumPy 数组，代码如下：

```
In [33]:
fig, axes = plt.subplots(2,3)
axes
```

输出结果为：

```
Out[33]:
array([[<matplotlib.axes._subplots.AxesSubplot object at 0x0000000012486278>,
    <matplotlib.axes._subplots.AxesSubplot object at 0x0000000013EFF780>,
    <matplotlib.axes._subplots.AxesSubplot object at 0x00000000161A67B8>],
   [<matplotlib.axes._subplots.AxesSubplot object at 0x00000000161FF588>,
    <matplotlib.axes._subplots.AxesSubplot object at 0x0000000016265AC8>,
    <matplotlib.axes._subplots.AxesSubplot object at 0x00000000162BE400>]], dtype=object)
```

plt.subplots 是非常实用的，因为可以轻松地对 axes 数组进行索引，就好像一个二维数组一样，例如，axes[0, 1]；还可以通过 sharex 和 sharey 指定 subplot 应该具有相同的 x 轴或 y 轴。在比较相同范围内的数据时，这也非常实用，否则 matplotlib 会自动缩放各图表的界限。关于 subplots 的更多信息，如表 2.4 所示。

表 2.4　pyplot.subplots 的参数

参数	说　　明
nrows	subplot 的行数
ncols	subplot 的列数
sharex	所有 subplot 应该使用相同的 x 轴刻度(调节 xlim 会影响所有的 subplot)
sharey	所有 subplot 应该使用相同的 y 轴刻度(调节 ylim 会影响所有的 subplot)
subplot_kw	用于创建各 subplot 的关键字字典
**fig_kw	创建 figure 时的其他关键字

2.3.2　调整 subplot 周围的间距

默认情况下，matplotlib 会在 subplot 外围留下一定的边距，并在 subplot 之间留下一定的间距。间距与图像的高度和宽度有关，因此，如果你调整了图像大小，间距也会自动调整。利用 figure 的 subplot_adjust()方法可以轻而易举地修改间距，wspace 和 hspace 用于控制宽度和高度的百分比，可以用作 subplot 之间的间距，在这个例子里我们将间距收缩到 0，相关代码如下所示：

```
In [34]:
fig, axes = plt.subplots(2,2,sharex = True, sharey = True)
```

```
    for i in range(2):
        for j in range(2):
            axes[i,j].hist(randn(500),bins = 50, color = 'k', alpha = 0.5)
    plt.subplots_adjust(wspace = 0, hspace = 0)
    Out[34]:
```

输出结果如图 2.5 所示。

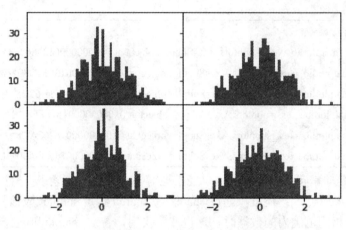

图 2.5   输出结果

由此不难看出其中的轴标签重叠了。matplotlib 不会检查轴标签是否重叠，所以对于这种情况，只能自己设定刻度位置和刻度标签。

2.3.3   颜色、标记和线型

Matplotlib 的 plot 函数可以接受一组 x、y 坐标和一个表示颜色和线型的字符串缩写。常用的颜色都有一个缩写词，要使用其他任意颜色则可以通过指定其 RGB 值的形式使用。例如要根据 x 和 y 绘制红色虚线，可以执行如下代码：

```
    In [35]:
    plt.plot(x, y, 'r--')
```

这种在一个字符串中指定颜色和线型的方式非常方便，也可以通过下面这种更为明确的方式得到同样的效果：

```
    In [36]:
    plt.plot(x, y, linestyle = '--', color = 'r')
```

2.3.4   刻度标签和图例

对于大多数的图标装饰项而言，其实现方式主要有两种：使用过程型的 pyplot 接口和更为面向对象的原生 Matplotlib API。pyplot 接口的设计目的就是交互式作用，含有诸如 xlim、xticks 和 xticklabels 之类的方法，它们分别控制图表的范围、刻度位置和刻度标签等。其使用方式有以下两种：

(1) 调用时不带参数，则返回当前的参数值。例如，plt.xlim()返回当前 *x* 轴的绘图范围。

(2) 调用时带参数，则设置参数。plt.xlim([0, 100])会将 *x* 轴的范围设置为 0 到 100。

这些方法都是对当前或最近创建的 AxesSubplot 起作用，它们各自对应 subplot 对象上的两个方法。以 xlim 为例，就是 ax.get_xlim 和 ax.set_xlim。为了说明轴的自定义，下面创建一个简单的图像并绘制一段随机漫步图例，相关代码如下所示：

In [37]:

```
fig = plt.figure()
ax = fig.add_subplot(1, 1, 1)
ax.plot(randn(1000).cumsum())
```

Out[37]:

输出结果如图 2.6 所示。

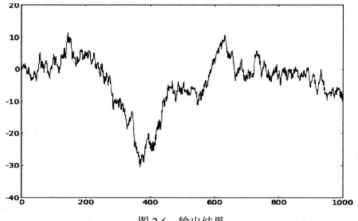

图 2.6　输出结果

要修改 *x* 轴刻度最简单的办法是使用 set_xticks 和 set_xticklabels。前者告诉 Matplotlib 要将刻度放在数据范围中的哪些位置，默认情况下这些位置也就是刻度标签。

2.3.5　添加图例

图例(Legend)是另外一种用于表示图标元素的重要工具。添加图例的方式有两种，最简单的就是在添加 subplot 的时候传入 label 参数，代码如下：

In [38]:

```
fig = plt.figure()
ax = fig.add_subplot(1, 1, 1)
ax.plot(randn(1000).cumsum(), 'k', label = 'one')
```

当需要对图中的线进行注解时，可用下面这样的代码添加图例，可以通过给定 loc 参数来指定图例所在位置，"best"表示它会自动找一个最佳位置，相关代码如下所示：

In [39]:

```
fig = plt.figure()
ax = fig.add_subplot(1, 1, 1)
```

```
ax.plot(randn(1000).cumsum(), 'k', label = 'one')

ax.plot(randn(1000).cumsum(), 'k--', label = 'one')

ax.plot(randn(1000).cumsum(), 'k.', label = 'one')

ax.legend(loc = 'best')

Out[39]:
```

输出结果如图 2.7 所示。

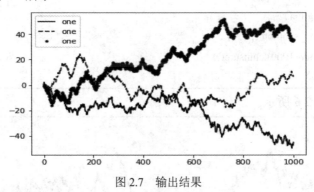

图 2.7　输出结果

2.3.6　将图表保存到文件

利用 plt.savefig 方法可以将当前图表保存到文件。该方法相当于 Figure 对象的 savefig 实例方法。例如，要将图表保存为 SVG 格式文件，需用如下代码：

```
In [40]:

plt.savefig('figpath.svg')
```

文件类型是通过文件扩展名推断出来的。因此，如果你使用的是.jpg 就会得到一个 jpg 格式的文件。在发布图片时最常用到的两个重要的选项是 dpi(控制"每英寸点数"分辨率)和 bbox_inches(剪除当前图表周围的空白部分)。如果你想得到一个指定分辨率的文件，可以用下面的语句：

```
In [41]:

plt.savefig('figpath.svg', dpi = xxx, bbox_inches = 'tight')
```

dpi 表示想要得到的分辨率，bbox_inches = 'tight'表示得到的图片带有最小的白边。figure.savefig 方法的参数说明如表 2.5 所示。

表 2.5　figure.savefig 参数说明

参数	说　　明
fname	含有文件路径的字符串，或者 Python 的文件型对象，图像格式由文件扩展名推断而出
dpi	图像的分辨率(每英寸点数)，默认等于 100
facecolore	图像的背景颜色，默认为白色
egdecolor	图像四周的颜色，默认为白色
format	显示设置文件格式("png"，"pdf"，"svg"，"jpg"，…)
bbox_inches	图像需要保存的部分。如果设置为 'tight'，则会尝试剪掉图像周围的空白部分

2.4　Scikit-learn

Scikit-learn 机器学习框架始于 2007 年的 Google Summer of Code 项目，最初由 David Cournapeau 开发，已经发展更新了超过 10 年时间，目前 Scikit-learn 库(https:// scikit-learn.org/ stable/)已经成为 Python 中最重要的机器学习工具，该库建立在 NumPy、SciPy 和 Matplotlib 之上，集成了大量成熟的机器学习算法，图 2.8 是官方提供的 Scikit-learn 库结构图，由分类(Classification)、回归(Regression)、聚类(Clustering)、降维(Dimensionality Reduction)几部分组成。

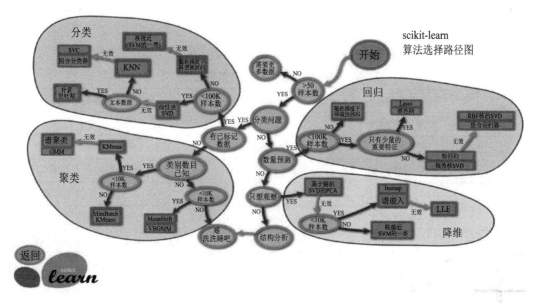

图 2.8　Scikit-learn 算法库框架图

由图 2.8 可见，Scikit-learn 是一个简洁、高效的算法库，可以实现数据预处理、分类、回归、聚类、降维、模型选择等常用的机器学习算法。

(1) 分类是指识别给定对象的所属类别，属于监督学习的范畴，最常见的应用场景包括垃圾邮件检测和图像识别等。目前 Scikit-learn 已经实现的算法包括支持向量机(SVM)、最近邻、逻辑回归、随机森林、决策树以及多层感知器(MLP)神经网络等。

(2) 回归是指预测与给定对象相关联的连续值属性，最常见的应用场景包括预测药物反应和股票价格等。目前 Scikit-learn 已经实现的算法包括支持向量回归(SVR)、岭回归、Lasso 回归、弹性网络(Elastic Net)、最小角回归(LARS)、贝叶斯回归以及各种不同的鲁棒回归算法等，同时 Scikit-learn 还针对每种算法都提供简单明了的用例参考。

(3) 聚类是指自动识别具有相似属性的给定对象，并将其分组为集合，属于无监督学习的范畴，最常见的应用场景包括顾客细分和试验结果分组。目前 Scikit-learn 已经实现的算法包括 K-Means 聚类、谱聚类、均值偏移、分层聚类、DBSCAN 聚类等。

(4) 降维是指使用主成分分析(PCA)、非负矩阵分解(NMF)或特征选择等降维技术来减少要考虑的随机变量的个数，其主要应用场景包括可视化处理和效率提升。

(5) 此外，Scikit-learn 还具有模型选择和数据预处理的相关功能。

模型选择是指对于给定参数和模型的比较、验证和选择，其主要目的是通过参数调整来提升精度。目前 Scikit-learn 实现的模块包括格点搜索、交叉验证和各种针对预测误差评估的度量函数。

数据预处理是指数据的特征提取和归一化，是机器学习过程中的第一个也是最重要的一个环节。这里归一化是指将输入数据转换为具有零均值和单位权方差的新变量，但由于大多数时候都做不到精确等于零，因此会设置一个可接受的范围，一般都要求落在 0～1之间。而特征提取是指将文本或图像数据转换为可用于机器学习的数字变量。

总的来说，Scikit-learn 实现了一整套用于数据降维、模型选择、特征提取和归一化的完整算法模块，并且 Scikit-learn 针对每个算法和模块都提供了丰富的参考样例和详细的说明文档。

Scikit-learn 框架还提供了一些常用的数据集，如表 2.6 所示。

表 2.6　Scikit-learn 常用数据集

序号	数据集名称	描述数据	数据描述
1	鸢尾花数据集	load_iris()	用于多分类任务的数据集
2	波士顿房价数据集	load_boston()	用于回归任务的经典数据集
3	糖尿病数据集	load_diabetes()	用于回归任务的经典数据集
4	手写数字数据集	load_digits()	用于多分类任务的数据集
5	乳腺癌数据集	load_breast_cancer()	用于二分类任务的经典数据集
6	体能训练数据集	load_linnerud()	用于多变量回归任务的数据集

Scikit-learn 中除包含上述常用的数据集之外，还封装了大量的其他数据集，读者可以通过 help 命令查看 Scikit-learn 框架中还可提供的数据集。

2.5　TensorFlow

TensorFlow 是谷歌(Google)公司在 2015 年 9 月开源的一个基于数据流图(Data Flow Graphs)的深度学习框架，用于数值计算的开源软件库。数据流图用"节点"(Nodes)和"线"(Edges)的有向图来描述数学计算。"节点"一般用来表示在图中施加的数学操作，也可以表示数据输入(Feed in)起点/输出(Push out)终点，或者是读取/写入持久变量(Persistent Variable)的终点。图中的"线"表示"节点"之间相互联系的多维数据数组的输入/输出关系。这些数据"线"可以输运"size 可动态调整"的多维数据数组，即"张量"(Tensor)。张量从图中流过的直观图像是这个工具取名为"TensorFlow"的原因。一旦输入端的所有张量都准备好，节点将被分配到各种计算设备完成异步并行地执行运算(输入、塑性、RELU 非线性激活层、Logic 逻辑层 soffmax 输出、交叉熵、梯度、SGD 训练)，即多维数组从数据流图一端流动到另一端。图 2.9 为 TensorFlow 模型框架及其数据流动示意图。

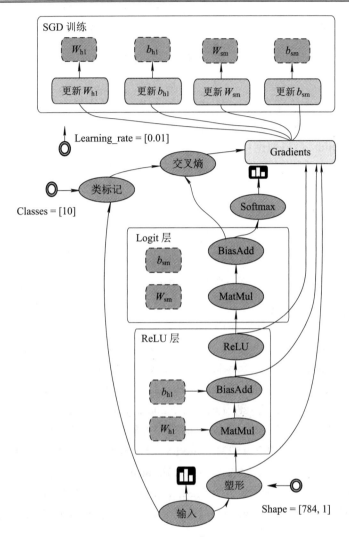

图 2.9 TensorFlow 模型框架及其数据流动示意图

　　TensorFlow 可以利用一个长短期记忆神经网络将输入序列映射到多维序列，同时使用另一个长短期记忆神经网络从多维序列中生成输出序列。想象一下，如果输入序列是英文，输出序列是中文，那么 TensorFlow 就组成了一个智能翻译系统；如果输入序列是问题，输出序列是答案，那么 TensorFlow 就组成了一个 Siri；如果输入序列是图片，输出序列是文字，那么 TensorFlow 就组成了一个图片识别系统。还有很多种如果，让 TensorFlow 有了无限的可能。

　　目前 TensorFlow 框架支持 Python 和 C++ 程序开发语言，同时支持 Windows、Linux、Mac 乃至移动手机端等多种平台。它灵活的架构可以在多种平台上展开计算，例如台式计算机中的一个或多个 CPU(或 GPU)、服务器、移动设备等。TensorFlow 最初由 Google 大脑小组(隶属于 Google 机器智能研究机构)的研究员和工程师们开发出来，用于机器学习和深度神经网络方面的研究，但这个系统的通用性使其也可广泛用于其他计算领域，轰动一时的 AlphaGo 就是使用 TensorFlow 进行训练的。

本 章 小 结

本章介绍了机器学习的 Python 常用库：NumPy 数值计算库是数据分析的基础，它将数据转化为数组进行计算；Pandas 是 Python 数据分析的标准库，里面包含了很多数据分析的工具；Matplotlib 是将数据可视化的库，可以让我们对数据有一个更加直观和清晰的认识；Scikit-learn 是一个集成了很多机器学习算法的库；TensorFlow 是一个集成了很多深度学习模型框架的库。

习　　题

1. 创建一个长度为 10 的一维全为 0 的 ndarray 对象，然后让第 3 个元素等于 5。

2. 利用 Matplotlib 画出一个 1000 步的随机漫步"Random Walk"的图例，通过 set_xticks 和 set_xticklabels 将其放在最佳位置。

3. 根据如下原始数据集 raw_data 生成一个 DataFrame，并将其赋值给变量 army。

raw_data = {'regiment': ['Nighthawks', 'Nighthawks', 'Nighthawks', 'Nighthawks', 'Dragoons', 'Dragoons', 'Dragoons', 'Dragoons', 'Scouts', 'Scouts', 'Scouts', 'Scouts'],'company': ['1st', '1st', '2nd', '2nd', '1st', '1st', '2nd', '2nd','1st', '1st', '2nd', '2nd'], 'deaths': [523, 52, 25, 616, 43, 234, 523, 62, 62, 73, 37, 35], 'battles': [5, 42, 2, 2, 4, 7, 8, 3, 4, 7, 8, 9], 'size': [1045, 957, 1099, 1400, 1592, 1006, 987, 849, 973, 1005, 1099, 1523], 'veterans': [1, 5, 62, 26, 73, 37, 949, 48, 48, 435, 63, 345], 'readiness': [1, 2, 3, 3, 2, 1, 2, 3, 2, 1, 2, 3], 'armored': [1, 0, 1, 1, 0, 1, 0, 1, 0, 0, 1, 1], 'deserters': [4, 24, 31, 2, 3, 4, 24, 31, 2, 3, 2, 3], 'origin': ['Arizona', 'California', 'Texas', 'Florida', 'Maine', 'Iowa', 'Alaska', 'Washington', 'Oregon', 'Wyoming', 'Louisana', 'Georgia']}

第 3 章　数据的特征工程

 本章学习目标:

- 掌握特征工程(Feature Engineering)的定义以及处理过程
- 掌握数据预处理的步骤
- 掌握数据预处理方法，包括数据标准化与归一化
- 掌握特征选择(Feature Selection)的方法
- 掌握数据降维的方法，包括主成分分析法(PCA)、线性判别分析法(LDA)、非线性降维(KPCA)、局部线性嵌入算法(LLE)等
- 应用 Python 实现数据预处理、特征选择、数据降维等

特征工程是机器学习的第一步，涉及清理现有数据集、提高信噪比和降低维数的所有技术。本章将详细讲解特征工程的过程，包含特征提取、特征构建、特征选择等模块。特征工程的目的是筛选出更好的特征，以获取更好的训练数据。数据和特征决定了机器学习的上限，而模型和算法只是逼近这个上限而已。因为好的特征具有更强的灵活性，可以用简单的模型做训练，更可以得到优秀的结果。由此可见，特征工程在机器学习中占有相当重要的地位。

3.1　特　征　工　程

3.1.1　特征工程的定义

特征工程就是一个把原始数据转变成特征的过程，这些特征可以很好地描述数据并且使建立的模型在未知数据上的表现性能可以达到最优(或者接近最优性能)。特征工程是利用数据领域的相关知识来创建能够使机器学习算法达到最优性能的过程，数据特征工程框架如图 3.1 所示。

从数学的角度来看，特征工程就是人工地去设计输入变量。在实际应用当中，大多数算法对输入数据有很强的假设，当使用原始数据集时，它们的性能可能会受到负面影响。此外，数据很少是各方向同性的，通常有一些特征可以确定样本的一般行为，而相关的其他特征则不提供任何额外的信息。因此，重要的是清楚地观察数据集，并且了解用于减少特征数量或仅选择最佳特征的最常用算法。纵观 Kaggle、KDD 等国内外大大小小的比

赛，每个竞赛的冠军其实并没有用到很高深的算法，大多数都是在特征工程这个环节做了出色的工作，然后再使用一些常见的算法得到出色的性能，可以说特征工程是机器学习成功的关键。

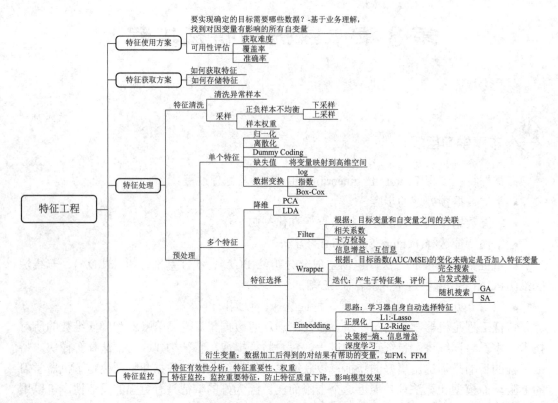

图 3.1　数据特征工程框架

3.1.2　特征工程的处理过程

为了使预测模型的性能达到最佳，不仅要选取最好的算法，还要尽可能地从原始数据中获取更多的信息。因此，特征工程要做的就是为预测模型获取更好的训练数据。在特征工程里有两个重要的问题，即特征提取(Feature Extraction)和特征选择(Feature Selection)。

特征提取是通过映射(变换)的方法将高维的特征向量度换为低维特征向量。特征选择是从原始特征中挑选出一些最具代表性、分类性能好的特征以达到降低特征间维数的方法。特征提取和特征选择方法都是降低计算可销并获得更加泛化的模型。

通常而言，工程上常用的特征选择方法有以下几种：

(1) 计算每一个特征与响应变量的相关性。工程上常用的手段有计算皮尔逊相关系数和互信息量。皮尔逊系数只能衡量线性相关性，而互信息量则能够很好地度量非线性相关性，但是计算相对复杂一些，sklearn 的 MINE 包含这个工具，得到相关性之后就可以排序选择特征了。

(2) 构建单个特征的模型，通过模型的准确性为特征排序，借此来选择特征。如当选择到了目标特征之后，基于决策树的特征选择方法，再用来训练最终的模型。

(3) 通过 L1 正则项来选择特征。L1 正则方法具有稀疏解的特性，因此天然具备特征选择的特性，但是要注意 L1 没有选到的特征不代表不重要，原因是两个具有高相关性的特征可能只保留了一个，如果要确定哪个特征重要，应再通过 L2 正则方法交叉检验。

(4) 训练能够对特征打分的预选模型。随机森林(Random Forest)和逻辑回归(Logistic Regression)等都能对模型的特征打分，通过打分获得相关性后再训练最终模型。

(5) 通过特征组合后再来选择特征。如对用户 id 和用户特征组合来获得较大的特征集再来选择特征，这种做法在推荐系统和广告系统中比较常见，这也是所谓亿级甚至十亿级特征的主要来源，原因是用户数据比较稀疏，组合特征能够同时兼顾全局模型和个性化模型。

(6) 通过深度学习来进行特征选择。目前这种手段正在随着深度学习的流行而成为一种手段，尤其是在计算机视觉领域，原因是深度学习具有自动学习特征的能力，从深度学习模型中选择某一神经层的特征后就可以用来进行最终目标模型的训练了。

3.1.3 特征工程的重要性

特征工程本质上是一项工程活动，它的目的是最大限度地从原始数据中提取特征，以供算法和模型使用。

模型的预测结果主要取决于选择的模型、获取的数据以及使用的特征，甚至用来评估问题精度的客观方法。同时，实验结果还受到许多相互依赖的属性的影响，需要能够很好地描述数据内部结构的好特征。

(1) 只要特征选得好，即使是一般的模型也能获得很好的性能，因为大多数模型在好的数据特征下表现的性能不错。

(2) 特征越好，构建的模型越简单，即便参数不是最优的，模型性能仍然会表现的很好，这样就不需要花太多的时间去寻找最优参数，这大大地降低了模型的复杂度，使模型趋于简单。

(3) 好特征的灵活性在于它允许选择不复杂的模型，同时运行速度也更快，也更容易理解和维护。特征工程的最终目的就是提升模型的性能。

3.2 数据预处理

3.2.1 创建训练集和测试集

Scikit-learn 提供了用于测试的内置数据集，这些数据集包含在 sklearn.datasets 中，每个数据集都包含输入集(特征集) "X" 和标签(目标值) "Y"。这些数据集易于使用，在许多情况下是测试模型而不加载更复杂数据集的最佳选择。例如，IRIS(鸢尾花卉)数据集(用于分类问题的测试)，导入 IRIS 数据集的代码如下：

```
from sklearn.datasets import load_boston
boston= load_boston()
```

```
X= boston.data
Y= boston.target
print('特征集的 Shape: ', X.shape)
//特征集的 Shape: (506,13)
print('目标集的 Shape: ', Y.shape)
//目标集的 Shape: (506,)
```

可以看到，这个数据集有 13 个特征和 1 个目标值。

IRIS 数据集由 Fisher 在 1936 年整理，包含 150 个样本、4 个特征(Sepal.Length(花萼长度)、Sepal.Width(花萼宽度)、Petal.Length(花瓣长度)、Petal.Width(花瓣宽度))，特征值都为正浮点数，单位为厘米。目标值为鸢尾花的分类(Iris Setosa(山鸢尾)、Iris Versicolour(杂色鸢尾)、Iris Virginica(维吉尼亚鸢尾))。

假如我们不想使用 Scikit-learn 提供的数据集。Scikit-learn 还提供从头开始创建用户自己的特定数据集的功能，相关的方法有：

(1) make_classification( )：用于创建适用于测试分类算法的数据集；

(2) make_regression( )：用于创建适用于测试回归模型的数据集；

(3) make_blobs( )：用于创建适用于测试聚类算法的数据集。

当数据集足够大时，可将其分成训练集和测试集，前者用于训练模型，后者用于测试模型性能。在某些情况下，甚至还会再分出一个数据集作为交叉验证集，这种处理方式适用于有多种模型可供选择的情况。

执行数据集分割的操作有两个主要的规则：

(1) 两个数据集必须反映原始数据分布，否则在数据集失真的情况下得到的模型对于真实样本的预测效力会比较差；

(2) 原始数据集在分为训练集和测试集之前必须随机混合以避免连续元素之间的相关性。

使用 Scikit-learn 可以用 train_test_split()函数来快速实现数据集的分割。代码如下：

```
from sklearn.model_selection import train_test_split
X_train, X_test, y_train, y_test =train_test_split (X, y, test_size=0.25, random_state=1000)
```

这里前两个位置参数分别是特征集和目标集，参数 test_size(以及 training_size)用于指定放入测试/训练集中的数据占整个数据集的百分比。另一个重要参数是 random_state，random_state 则是指定一个随机种子，它可接受 Numpy 的 RandomState 生成器或整数种子。在许多情况下为实验提供可重复性，必须避免使用不同的种子和不同的随机分列。

在上述程序中，训练集的比例为 75%，测试集的比例为 25%。在经典的机器学习任务中，这是一个常见的比例，但是在深度学习中将训练集扩展到总数据的 98%会很有用。正确的拆分百分比取决于具体方案，一般来说训练集(以及测试集)必须代表整个数据生成过程。

当种子保持相等时，所有实验会得到相同的结果，且可以在其他研究者的不同环境中重现。代码如下：

```
from sklearn.utils import check_random_state
rs=check_random_state=(1000)
X_train, X_test, Y_train, Y_test =train_test_split (X,Y, test_size=0.25, random_state=rs)
```

3.2.2　数据正则化、标准化与归一化

1. 正则化(Regularization)

正则化是一种防止模型过拟合(Over-Fitting)，提高模型泛化能力的有效手段。过拟合可以理解为模型太过复杂，过分的考虑当前数据的分布结构，过分的拟合当前的数据。在机器学习领域，正则化的过程是对于每个样本将样本缩放到单位范数，正则化产生了稀疏性(Sparsity)，减少了特征向量个数，降低了模型的复杂度。通常使用二次型或其他方法计算两个样本之间的相似性，常见机器学习正则化技术有 L1 和 L2 范数。

L1 范数是指 x 向量元素中各个元素的绝对值之和，它能够生成稀疏权值矩阵，即产生一个"稀疏规则算子"(Lasso Regularization)以用于特征选择，p 范数中的 p 取 1 则为 1 范数。

$$\| x \|_1 = \sum_{i=1}^{n} | x_i |$$

比如，向量 $A = [1, -1, 3]$，那么 A 的 L1 范数为 $|1| + |-1| + |3|$。

L2 范数是向量元素绝对值平方和的 1/2 次方，即欧几里得距离 Euclidean 范数或者 Frobenius 范数，p 范数中的 p 取 2 则为 2 范数。

$$\| x \|_2 = \sqrt{\sum_{i=1}^{n} | x_i |^2}$$

Lp 范数为 x 向量各个元素绝对值 p 次方和的 $1/p$ 次方。

正则化等价于带约束目标函数中的约束项，以平方误差损失函数和 L2 范数为例，优化问题的数学模型如下：

$$J(\theta) = \sum_{i=1}^{n} (y_i - \theta^{\mathrm{T}} x_i)^2$$

$$\text{s.t.} \ \ \| \theta \|_2^2 \leqslant C$$

其中 n 为样本的特征个数，参数 C 为常数。

针对上述带约束条件优化问题，引入正则化项 λ(惩罚项)并利用先验知识 θ，θ 体现了人们对问题解的认知程度或者对解的估计，采用拉格朗日乘积算子法可转化为无约束优化问题，即

$$J(\theta) = \sum_{i=1}^{n} (y_i - w^{\mathrm{T}} x_i)^2 + \lambda(\| \theta \|_2^2 - C)$$

在机器学习中 L1 范数和 L2 范数可以看作是损失函数的惩罚项。所谓惩罚，是指对损失函数中的某些参数做一些限制。L1 范数实际是一种对于成本函数求解最优的过程，因此，L1 范数正则化通过向成本函数中添加 L1 范数，使得学习得到的结果满足稀疏化，从而方便人们提取特征，即 L1 范数可以使权值稀疏，方便特征提取。L2 正则化的表现更加稳定，由于有用的特征往往对应系数非零，L2 范数可以防止过拟合，提升模型的泛化能力。

在机器学习领域认为通过引入平衡偏差(Bias)与方差(Variance)、拟合能力与泛化能力、经验风险(平均损失函数)与结构风险(损失函数+正则化项)，能够显著减少方差而不过度增加偏差的策略都可以认为是正则化技术；而在深度学习领域推广的正则化技术还有 Dropout 层、集成学习、多任务学习、对抗训练、参数共享等。

学习方法的泛化能力是指由该方法学习到的模型对未知数据的预测能力，是学习方法的重要性质。现实中采用最多的办法是通过测试泛化误差(Generalization Error)来评价学习方法的泛化能力。泛化误差界刻画了学习算法的经验风险与期望风险之间的偏差和收敛速度。机器学习的泛化误差、偏差、方差和模型复杂度的关系如图 3.2 所示。

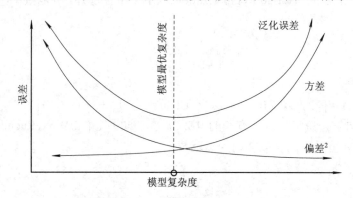

图 3.2 泛化误差、偏差、方差和模型复杂度的关系

2. 数据标准化(Standardization)

为了保证分析结果的可靠性，需要对原始指标数据进行标准化处理，依照特征矩阵的列将数据按比例缩放，去除数据的单位限制，将其转化为无量纲的纯数值，通过求解 Z-score 等方法将样本的特征值转换到同一量纲下并落入一个小的特定区间，便于不同单位或量级的指标能够进行比较和加权。标准化后的数据均值为 0，标准差为 1。

目前数据标准化的方法有多种，归结起来可以分为直线型方法(如极值法、标准差法)、折线型方法(如三折线法)、曲线型方法(如半正态性分布)。使用 sklearn 中的 preprocessing 库(如表 3.1 所示)可以进行数据标准化与归一化处理。

表 3.1 sklearn preprocessing 库功能介绍

类	功能	说 明
StandardScaler	无量纲化	特征缩放将特征值转换至服从标准正态分布
MinMaxScaler	无量纲化	将属性缩放到一个指定的最大和最小值，通常是 0～1 之间
Normalizer	归一化	将样本映射到指定的量纲范围，常见的映射有[0, 1]和[-1, 1]

1) Min-Max 标准化(Min-Max Normalization)

Min-Max 标准化也称为离差标准化,是对原始数据的线性变换,利用边界值信息将特征的取值区间缩放到某个特定的范围[0, 1],使得标准化的数据结果可映射为 0~1 之间的小数。

转换函数为

$$x' = \frac{x - \text{Min}}{\text{Max} - \text{Min}}$$

如果想要将数据映射到[-1, 1],则将公式换成:

$$x' = \frac{x - \text{Mean}}{\text{Max} - \text{Min}}$$

其中,Max 为样本数据的最大值,Min 为样本数据的最小值,Mean 表示数据的均值。

使用 preprocessing 库的 MinMaxScaler 类对数据进行标准化的代码如下:

```
from sklearn import preprocessing
from sklearn.preprocessing import MinMaxScaler
#返回值为缩放到[0, 1]区间的数据
MinMaxScaler().fit_transform(iris.data)
```

2) Z-score 标准化(Z-score Standardization)

这种方法是把有量纲表达式变成无量纲表达式,即对原始数据的均值(Mean)和标准差(Standard Deviation)进行标准化,经过处理的数据符合标准正态分布。

标准差公式:

$$\sigma = \sqrt{\frac{1}{N} \sum_{i=1}^{N} (x_i - \mu)^2}$$

Z-score 标准化转换公式为:

$$Z = \frac{x - \mu}{\sigma}$$

其中,μ 为所有样本数据的均值,σ 为所有样本数据的标准差。

使用 preprocessing 库的 StandardScaler 类对数据进行标准化的代码如下:

```
from sklearn import preprocessing
from sklearn.preprocessing import StandardScaler
#返回值为标准化后的数据
StandardScaler().fit_transform(iris.data)
```

3) 两种归一化方法的使用场景

(1) 在分类、聚类算法中,需要使用距离来度量计算相似性或者使用 PCA 技术进行降维的时候,第二种方法(Z-score standardization)表现更好。为分析标准化方法对方差、协方差的影响,可以进行如下推导。

假设数据为 2 个维度,下面分析均值为 0 对方差、协方差的影响。

使用 Z-score 标准化进行计算，先不做方差归一化，只做 0 均值化，

$$x' = x - \bar{x}, \quad y' = y - \bar{y}$$

新数据的协方差为

$$\sigma'_x = \frac{1}{n}\sum_{i=1}^{n}(x'_i - \bar{x}')(y'_i - \bar{y}')$$

由于 $\bar{x}' = 0, \ \bar{y}' = 0$，因此

$$\sigma'_{xy} = \frac{1}{n}\sum_{i=1}^{n}(x'_i)(y'_i)$$

原始数据协方差为

$$\sigma_{xy} = \frac{1}{n}\sum_{i=1}^{n}(x_i - \bar{x})(y_i - \bar{y}) = \frac{1}{n}\sum_{i=1}^{n}(x'_i)(y'_i)$$

因此 $\sigma'_{xy} = \sigma_{xy}$，做方差归一化后，有

$$x'' = \frac{x - \bar{x}}{\sigma_x}, \qquad y'' = \frac{y - \bar{y}}{\sigma_y}$$

方差归一化后的协方差为

$$\sigma''_{xy} = \frac{1}{n}\sum_{i=1}^{n}(x''_i - 0)(y''_i - 0) = \frac{1}{n}\sum_{i=1}^{n}\left(\frac{x - \bar{x}}{\sigma_x}\right)\left(\frac{y - \bar{y}}{\sigma_y}\right) = \frac{1}{n\sigma_x\sigma_y}\sum_{i=1}^{n}(x - \bar{x})(y - \bar{y}) = \frac{\sigma_{xy}}{\sigma_x\sigma_y}$$

使用 Min-Max 标准化方法进行计算时，为了方便分析只对 x 维进行线性函数变换

$$x' = C_x \cdot x, \quad y' = C_y \cdot y$$

计算协方差：

$$\sigma'_{xy} = \frac{1}{n}\sum_{i=1}^{n}(c_x x_i - c_x \bar{x})(c_y y_i - c_y \bar{y}) = c_x c_y \sigma_{xy}$$

第一种方法线性变换后，其协方差产生了倍数值的缩放，因此这种方式无法消除量纲对方差、协方差的影响，对 PCA 分析影响巨大；同时，由于量纲的存在，使用不同的量纲时距离的计算结果会不同。

(2) 在不涉及距离度量、协方差计算、数据不符合正态分布的时候，可以使用第一种方法或其他归一化方法。比如图像处理中，将 RGB 图像转换为灰度图像后将其值限定在 (0, 255) 的范围。第二种归一化方式中，新的数据由于对方差进行了归一化，这时候每个维度的量纲其实已经等价了，每个维度都服从均值为 0、方差 1 的正态分布，在计算距离的时候，每个维度都是去量纲化的，避免了不同量纲的选取对距离计算产生的巨大影响。

3. 数据归一化(Normalization)

数据归一化就是把样本数据经过处理后限制在特定范围内，其目的在于使样本向量在点乘运算或其他核函数计算相似性时拥有统一的标准，即都转化为"单位向量"。

$$x' = \frac{x - \text{Mean}}{\sigma}$$

归一化的第一个目标是为了使数据处理方便而提出来的，把数据映射到 0～1 范围之内处理，更加便捷快速，应该归到数字信号处理范畴之内。

使用 preproccessing 库的 Normalizer 类对数据进行归一化的代码如下：

```
from sklearn.preprocessing import Normalizer


#归一化，返回值为归一化后的数据
Normalizer().fit_transform(iris.data)
```

归一化的第二个目标是简化计算方式，即将有量纲的表达式经过变换，化为无量纲的表达式，成为纯量。比如，复数阻抗可以归一化书写：$Z = R + \text{j}\omega L = R(1 + \text{j}\omega L/R)$，复数部分变成了纯数量，没有量纲。

下面是使用 MaxAbsScaler 函数来进行特征缩放，$x_1 = x/|\max(x)|$，用原来的特征数据除以一维度特征最大值的绝对值，将原来的特征缩放至[-1, 1]。代码如下：

```
import numpy as np
from sklearn import svm, preprocessing
X_train=np.array([[1, -1, 2], [2, 0, 0], [0, 1, -1]])
#通过 MaxAbsScaler 函数可以将特征数据缩放到[1, −1]，且不会改变原来数据的稀疏性
x=preprocessing.MaxAbsScaler().fit(X_train)          #计算得到相关特征的最大值
result=x.transform()                                  #得到相关的结果
Print(result)
```

程序运行结果如下：

　　[[0.5, −1, 1], [1, 0, 0], [0, 1, −0.5]]

4. 数据正则化、标准化和归一化的好处

1) 提升模型精度

在机器学习中的许多算法的目标函数都是假设所有的特征是零均值并且具有同一阶数上的方差。如果某个特征的方差比其他特征大几个数量级，那么它就会在学习算法中占据主导位置，导致学习器并不能像我们所期望的那样从样本数据的其他特征中进行学习。

如在 KNN 中需要计算待分类点与所有实例点的距离。假设每个实例点(Instance)由 n 个特征(Features)构成。如果我们选用的距离度量为欧氏距离，当数据预先没有经过归一化时，那么绝对值大的特征在欧氏距离计算的时候起决定性作用。因此，归一化是让不同维度之间的特征在数值上有一定的比较性，进而提高分类器的准确性。

2) 提升模型收敛速度

对于线性模型来说数据归一化后，最优解的寻优过程明显会变得平缓，更容易正确地

收敛到最优解。如预测房价的例子中自变量为面积、房间数，因变量为房价。

那么可以得到的公式为：

$$y = \theta_1 x_1 + \theta_2 x_2$$

其中，x_1 代表房间数，x_2 代表面积，θ_1 和 θ_2 分别代表 x_1 和 x_2 变量前面的系数。

寻找最优解的过程也就是在寻找使得损失函数值最小的 θ_1 和 θ_2。图 3.3 代表的是损失函数的等高线。假如只有这两个特征对其进行优化，则会得到一个窄长的椭圆形，导致在梯度下降时，梯度的方向为垂直等高线的方向而走之字形路线，这样会使迭代很慢，相比之下，归一化后迭代就会很快，如图 3.3 所示，图(a)是没有经过归一化的，在梯度下降的过程中，走的路径更加的曲折，而图(b)明显路径更加平缓，收敛速度更快。

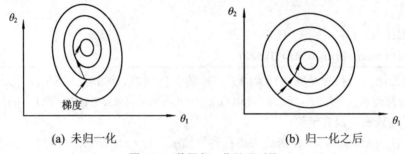

(a) 未归一化　　　　　　　　(b) 归一化之后

图 3.3　数据归一化处理对比

3.3　特征选择

当数据预处理完成后，需要从多个特征中选择一组对结果预测最有用的、最具统计意义的特征子集，然后将数据输入机器学习模型进行训练。需要从两方面考虑来选择特征：

(1) 特征是否发散：如果一个特征不发散，例如方差接近于 0，也就是说样本在这个特征上基本上没有差异，那么这个特征对于样本的区分并没有什么用。

(2) 特征与目标的相关性：与目标相关性高的特征应当优先选择；其次，特征与特征之间相关性高的，应当去除掉其中一个特征，因为它们是相互替代的。

特征选择过程一般包括子集生成、评价函数、停止准则与结果验证四个部分，如图 3.4 所示。

(1) 子集生成：是搜索特征子集的过程，负责为评价函数提供特征子集。

(2) 评价函数：是评价一个特征子集好坏程度的准则。

(3) 停止准则：是与评价函数相关的一个阈值，当评价函数值达到这个阈值后就可停止搜索。

(4) 结果验证：在验证数据集上验证选出来的特征子集的有效性。

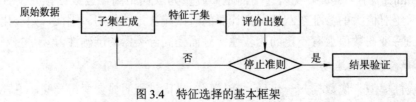

图 3.4　特征选择的基本框架

使用 sklearn 中的 feature_selection 库来进行特征选择，根据特征选择的形式可以将特征子集选择方法分为三种：

(1) Filter(过滤法)：按照发散性或者相关性对各个特征进行评分，设定阈值或者待选择阈值的个数，选择特征。具体实现方法有方差选择法、相关系数法和卡方检验法等。

(2) Wrapper(包装法)：用选取的特征子集对样本集进行分类，根据目标函数(通常是预测效果评分)作为衡量特征子集好坏的标准，经过比较选出最好的特征子集。具体实现方法有递归特征消除法。

(3) Embedded(嵌入法)：先使用某些机器学习的算法和模型进行训练，得到各个特征的权值系数，再根据系数从大到小选择特征。类似于 Filter 方法，但它是通过训练来确定特征的优劣。具体实现方法有基于惩罚项的特征选择法和基于树模型的特征选择法等。

3.3.1　方差选择法

使用方差选择法，先要计算各个特征的方差，然后再根据阈值，选择方差大于阈值的特征。使用 feature_selection 库的 VarianceThreshold 类来选择特征的代码如下：

```
from sklearn. feature_selection import VarianceThreshold
#方差选择法，返回值为特征选择后的数据，参数 Threshold 为方差的阈值
VarianceThreshold(threshold=3).fit_transform(iris.data)
```

3.3.2　递归消除特征法

递归消除特征法使用一个基模型来进行多轮训练，每轮训练后，消除若干权值系数的特征，再基于新的特征集进行下一轮训练。使用 feature_selection 库的 RFE 类来选择特征的代码如下：

```
from sklearn. feature_selection import RFE
from sklearn. linear_model import LogisticRegression
#递归特征消除法，返回特征选择后的数据
#参数 estimator 为基模型，n_features_to_select 为选择的特征个数
RFE(estimator=LogisticRegression(), n_features_to_select=2).fit_transform(iris.data, iris.target)
```

3.3.3　带惩罚项的特征选择法

使用带惩罚项的基模型，除了筛选出特征外，同时也进行降维。使用 feature_selection 库的 SelectFromModel 类结合带 L1 惩罚项的逻辑回归模型，来选择特征的代码如下：

```
from sklearn.feature_selection import SelectFromModel
from sklearn.linear_model import LogisticRegression
#带 L1 惩罚项的逻辑回归作为基模型的特征选择
SelectFromModel(LogisticRegression(penalty="l1", C=0.1)).fit_transform(iris.data, iris.target)
```

L1 惩罚项降维的原理在于保留多个对目标值具有同等相关性的特征中的一个，所以

没选到的特征不代表不重要，故可结合 L2 惩罚项来优化。具体操作为：若一个特征在 L1 中的权值为 1，选择在 L2 中权值差别不大且在 L1 中权值为 0 的特征构成同类集合，将这一集合中的特征平分 L1 中的权值，故需要构建一个新的逻辑回归模型，代码如下：

```
from sklearn.linear_model import LogisticRegression
class LR(LogisticRegression):
    def __init__(self, threshold=0.01, dual=False, tol=1e-4, C=1.0, fit_intercept=True,
            intercept_scaling=1, class_weight=None, random_state=None, solver='liblinear',
            max_iter=100, multi_class='ovr', verbose=0, warm_start=False, n_jobs=1):
#权值相近的阈值
self.threshold = threshold
LogisticRegression.__init__(self, penalty='l1', dual=dual, tol=tol, C=C,
fit_intercept=fit_intercept, intercept_scaling=intercept_scaling,
class_weight=class_weight,random_state=random_state, solver=solver, max_iter=max_iter,
multi_class=multi_class, verbose=verbose, warm_start=warm_start, n_jobs=n_jobs)
#使用同样的参数创建 L2 逻辑回归
self.l2 = LogisticRegression(penalty='l2', dual=dual, tol=tol, C=C, fit_intercept=fit_intercept,
intercept_scaling=intercept_scaling, class_weight = class_weight, random_state=random_state,
solver=solver, max_iter=max_iter, multi_class=multi_class, verbose=verbose,
warm_start=warm_start, n_jobs=n_jobs)
    def fit(self, X, y, sample_weight=None):
#训练 L1 逻辑回归
    super(LR, self).fit(X, y, sample_weight=sample_weight)
    self.coef_old_ = self.coef_.copy()
#训练 L2 逻辑回归
    self.l2.fit(X, y, sample_weight=sample_weight)
        cntOfRow, cntOfCol = self.coef_.shape
#权值系数矩阵的行数对应目标值的种类数目
        for i in range(cntOfRow):
            for j in range(cntOfCol):
                coef = self.coef_[i][j]
                #L1 逻辑回归的权值系数不为 0
                if coef != 0:
                    idx = [j]
                    #对应在 L2 逻辑回归中的权值系数
                    coef1 = self.l2.coef_[i][j]
                    for k in range(cntOfCol):
                        coef2 = self.l2.coef_[i][k]
#在 L2 逻辑回归中，权值系数之差小于设定的阈值，且在 L1 中对应的权值为 0
if abs(coef1-coef2) < self.threshold and j != k and self.coef_[i][k] == 0:
```

```
                                     idx.append(k)
              #计算这一类特征的权值系数均值
              mean = coef / len(idx)
              self.coef_[i][idx] = mean
    return self
```

使用 feature_selection 库的 SelectFromModel 类结合带 L1 以及 L2 惩罚项的逻辑回归模型，来选择特征的代码如下：

```
from sklearn.feature_selection import SelectFromModel
#带 L1 和 L2 惩罚项的逻辑回归作为基模型的特征选择
#参数 threshold 为权值系数之差的阈值
SelectFromModel(LR(threshold=0.5, C=0.1)).fit_transform(iris.data, iris.target)
```

3.4　数据降维

数据降维的过程就是先进行投影变换，将原高维空间中的数据点映射到低维空间中，即找一个使其目标最大化的低维空间。这就意味着最佳的低维空间必定是高维空间无数个线性变换出的空间中的一个。因此降维的本质是学习一个映射函数 $f: \boldsymbol{x} \rightarrow \boldsymbol{y}$，其中 $\boldsymbol{x}$ 是原始数据点的表达，目前多使用向量表达形式；$\boldsymbol{y}$ 是数据点映射后的低维向量表达，通常 $\boldsymbol{y}$ 的维度小于 $\boldsymbol{x}$ 的维度；映射函数 f 可能是显式的或隐式的、线性的或非线性的，如图 3.5 所示。

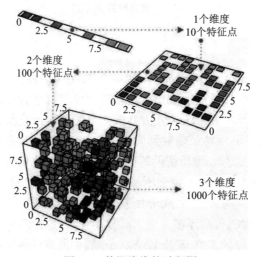

图 3.5　数据降维的过程图

数据降维有以下作用：

(1) 降低时间复杂度和空间复杂度；

(2) 节省了提取不必要特征的开销；

(3) 去掉数据集中夹杂的噪声，实现数据可视化；

(4) 较简单的模型在小数据集上有更强的鲁棒性；

(5) 当数据有较少的特征时，可以更好地解释数据，便于提取知识。

数据降维的方法主要分为线性方法和非线性方法，其中前者主要有主成分分析法(PCA)、线性判别分析(LDA)、矩阵分解(SVD)等多种方式，后者则包括等距映射算法(ISOMAP)，局部线性嵌入算法(LLE)、核方法(KPCA)以及多维缩放(MDS)等，如图 3.6 所示。

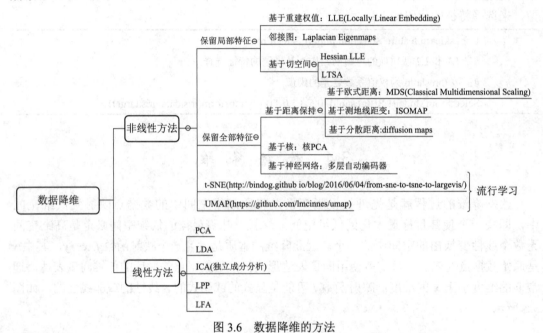

图 3.6　数据降维的方法

3.4.1　主成分分析法

主成分分析法(Principal Component Analysis，PCA)是一种无监督的降维方法，指将 n 个指标变量$(X_1, X_2, \cdots, X_n)$通过线性变换，尽量减少原指标包含信息的损失，并选出较少的 m 个重要变量 F_m 的一种多元统计分析方法，以达到对所收集数据进行全面分析的目的。PCA 的主要思想是将 n 维特征映射到 k 维上$(k < n)$，这 k 维是全新的正交特征，也被称为主成分，主成分是在原有 n 维特征的基础上重新构造出来的 k 维特征。

设 F_1 表示原变量的第一个线性组合所形成的主成分指标，即 $F_1 = a_{11}X_1 + a_{21}X_2 + \cdots + a_{n1}X_n$，由数学知识可知，每一个主成分所提取的信息量可用其方差来度量，其方差 $\text{Var}(F_1)$越大，表示 F_1 包含的信息越多。通常希望第一主成分 F_1 所包含的信息量最大，因此在所有的线性组合中选取的F_1应该是$X_1, X_2, \cdots, X_n$中所有线性组合中方差最大的，故称 F_1 为第一主成分。如果第一主成分不足以代表原来 n 个指标的信息，再考虑选取第二个主成分指标 F_2，为有效地反映原信息，F_1 已有的信息就不需要再出现在 F_2 中了，即 F_1 与 F_2 要保持独立、不相关，用数学语言表达就是协方差 $\text{Cov}(F_1, F_2) = 0$，所以 F_2 是与 F_1 不相关的$X_1, X_2, \cdots, X_n$的所有线性组合中方差最大的，因此称 F_2 为第二主成分。依次类推，构造出 $F_1, F_2, \cdots, F_m$在为原变量指标$X_1, X_2, \cdots, X_n$中的第一、第二、…、第 m 个主成分，即

$$
\begin{cases}
F_1 = \alpha_{11}X_1 + \alpha_{12}X_2 + \cdots + \alpha_{1n}X_n \\
F_2 = \alpha_{21}X_1 + \alpha_{22}X_2 + \cdots + \alpha_{2n}X_n \\
\qquad\qquad\vdots \\
F_m = \alpha_{m1}X_1 + \alpha_{m2}X_2 + \cdots + \alpha_{mn}X_n
\end{cases}
$$

　　PCA 的工作过程如图 3.7 所示，可理解为从原始的空间中顺序地找一组相互正交的坐标轴，新的坐标轴的选择与数据本身是密切相关的。其中，第一个新坐标轴选择的是原始数据中方差最大的方向，第二个新坐标轴选取的是与第一个坐标轴正交的平面中使得方差最大的，第三个坐标轴是与第 1、2 个轴正交的平面中方差最大的。依次类推，可以得到 n 个这样的坐标轴。通过这种方式获得新的坐标轴，可以发现大部分方差都包含在前面 k 个坐标轴中，后面的坐标轴所含的方差几乎为 0。这样可以只保留前面 k 个含有绝大部分方差的坐标轴。这相当于只保留包含绝大部分方差的维度特征，而忽略包含方差几乎为 0 的特征维度，即实现了对数据特征的降维处理。

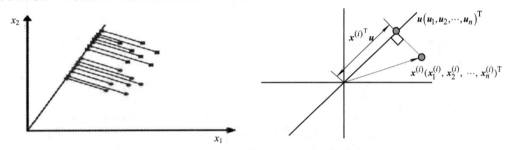

图 3.7　主成分分析法(计算投影)的工作过程

主成分分析算法如下：

(1) 输入：样本集 $D = \{x_1, x_2, \cdots, x_n\}$；低维空间维数为 d。

(2) 输出：投影矩阵 $U = \{u_1, u_2, \cdots, u_n\}$。

(3) 算法步骤如下：

① 对所有样本进行中心化操作：

$$
x_1 \leftarrow x_1 - \frac{1}{n}\sum_{j=1}^{N} x_j
$$

② 计算样本的协方差矩阵 XX^{T}。

③ 对协方差矩阵 XX^{T} 做特征值分解

④ 取最大的 n 个特征值对应的特征向 $u_1, u_2, \cdots, u_n$，构建投影矩阵 $U = [u_1, u_2, \cdots, u_n]$。

通常低维空间维数 d 的选取方法有两种：

(1) 通过交叉验证法选取较好的 d。

(2) 从算法原理的角度设置一个阈值，如 $t = 95\%$，然后选取使得下式成立的最小 d 的

$$
\frac{\displaystyle\sum_{i=1}^{d} \lambda_i}{\displaystyle\sum_{i=1}^{N} \lambda_i} \geq t
$$

式中，λ_i 从大到小排列。

PCA 降维的两个准则：

(1) 最近重构性：样本集中所有点重构后距离原来点的误差之和最小。

(2) 最大可分性：样本点在低维空间的投影尽可能分开。

sklearn 的 PCA 使用 svd_flip 函数实现选择特征降维，具体 Python 代码如下：

```
#使用 sklearn 主成分分析法(PCA)，返回降维后的数据
from sklearn.decomposition import PCA
import numpy as np
X = np.array([[-1, 1], [-2, -1], [-3, -2], [1, 1], [2, 1], [3, 2]])
pca=PCA(n_components=1) pca.fit(X)
#参数 n_components 为主成分数目
print(pca.transform(X))
```

结果如下：

[[0.50917706][2.40151069][3.7751606][−1.20075534][−2.05572155][−3.42937146]]

用 PCA 可视化 scikit-learn 自带的 MNIST 手写数字识别数据集。首先做如下操作：

```
from sklearn.datasets import load-digits
from sklearn.decomposition import PCA
digits=load-digits()
```

具有随机 MNIST 手写数字的数据集如图 3.8 所示。

图 3.8　MNIST 数据集信息

每个图像是 64 特征维的无符号整数(8×8 位)数值(0, 255)的向量，因此变量的初始数量为 64。可以看到，图像中黑色像素通常是主要的，并且手写的 10 个数字基本符号是相似的，所以在几个变量上假设高互相关和低方差是合理的。尝试使用 36 个主成分，代码如下：

```
from sklearn import datasets
from sklearn import decomposition
import matplotlib.pyplot as plt
import numpy as np
import seaborn
from mpl_toolkits.mplot3d import Axes3D
%matplotlib notebook

mnist = datasets.load_digits()
X = mnist.data
y = mnist.target
```

```
pca = decomposition.PCA(n_components=3)
new_X = pca.fit_transform(X)

fig = plt.figure()
ax = fig.gca(projection='3d')
ax.scatter(new_X[:, 0], new_X[:, 1], new_X[:, 2], c=y, cmap=plt.cm.Spectral)
plt.show()
```

新变量依据原始变量的解释能力(总方差)从高到低排序，第一个为第一主成分，第二个为第二主成分，以此类推。假如需要降到三维便可数据可视化，那就取前三个主成分作为原始属性的代表。现在每个样本有 64 个属性，那么每个样本就有 3 个属性，这样就可以绘图了。

图 3.9 是显示 MNIST 数字示例的图，图 3.9(a)表示最重要的主元信息，而图 3.9(b)是其他的主元提供了信息的细节。图 3.9 中每个颜色代表一个数字(0~9)，大致看出每类数字分布在相近的区域。可以使用 pca.explained_variance_ratio_ 查看各个主成分解释的总方差，[0.14890594, 0.13618771, 0.11794594]，这三个主成分解释了大约 40%的原始信息，这个比例还是很低的，但这里的目的是可视化而不是抽取信息。使用 pca.get_covariance()得到应用主成分分析(PCA)法将高维数据降维在二维或者三维呈现可视化的变换矩阵。

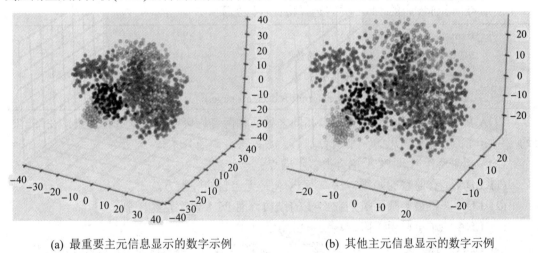

(a) 最重要主元信息显示的数字示例　　　　　　　(b) 其他主元信息显示的数字示例

图 3.9　MNIST 数字示例图

3.4.2　线性判别分析法

线性判别分析法(LDA)是一种有监督的降维方法，也就是说它的数据集的每个样本是有类别输出的。LDA 要将数据在低维度上进行投影，投影后希望每一种类别的数据的投影点应尽可能地接近，而不同类别的数据的类别中心之间的距离应尽可能地大，即"投影后类内方差最小，类间方差最大"。LDA 在模式识别领域，比如人脸识别、舰艇识别等图形图像识别领域中有非常广泛的应用。

LDA 进行降维的算法流程如下：

输入：k 类数据集 $D_{m \times n} = \{(x_1, y_1), (x_2, y_2), \cdots, (x_n, y_n)\}$，其中任意样本 x_i 为 m 维向量，定义 $y_i \in \{C_1, C_2, \cdots, C_k\}$，降维后得到的维度是 d。

输出：降维后的样本集 D。

(1) 计算每个类样本的均值向量 u_j 和所有数据集的均值向量 u；

(2) 计算散度矩阵，包括类内散度矩阵 S_w 和类间散度矩阵 S_b；

(3) 计算矩阵 $S_w^{-1} S_b$ 的特征向量 $(e_1, e_2, \cdots, e_m)$ 和对应的特征值 $(\lambda_1, \lambda_2, \cdots, \lambda_m)$；

(4) 选择 d 个最大特征值对应的矩阵 $W_{m \times k}$，矩阵的每一列表示特征向量；

(5) 对样本数据集 D 进行降维，得到对应的降维数据集 $Y_{k \times n}$，变换公式为 $Y = X \times W$。其中，Y 是变换后的新属性，X 是原始属性，W 是变换矩阵，而这个变换矩阵的列是 $X^T = X$ 的特征向量。Y 中的新变量依据该变量对原始变量的解释能力(解释的总方差)从高到低排序，那么第一个就称为第一主成分，第二个就称为第二主成分，以此类推。

实际上 LDA 除了可以用于降维以外，还可以用于分类。一个常见的 LDA 分类基本思想是假设各个类别的样本数据符合高斯分布，这样利用 LDA 进行投影后，可以利用极大似然估计计算各个类别投影数据的均值和方差，进而得到该类别高斯分布的概率密度函数。当一个新的样本到来后，我们可以将它投影，然后将投影后的样本特征分别代入各个类别的高斯分布概率密度函数，计算它属于这个类别的概率，最大的概率对应的类别即为预测类别。

使用 sklearn.lda 库的 LDA 类的选择特征代码如下：

```
from sklearn.lda import LDA
#线性判别分析法，返回降维后的数据
#参数 n_components 为降维后的维数
LDA(n_components=2).fit_transform(iris.data, iris.target)
```

LDA 用于降维时和 PCA 有很多相同之处，如两者均可以对数据进行降维，在降维时均使用矩阵特征分解的思想，且两者都假设数据符合高斯分布。

LDA 用于降维时和 PCA 也有很多不同点：

(1) LDA 是有监督的降维方法，而 PCA 是无监督的降维方法。

(2) LDA 降维最多降到类别数 $k-1$ 的维数，而 PCA 没有这个限制。

(3) LDA 除了可以用于降维，还可以用于分类。

(4) LDA 选择分类性能最好的投影方向，而 PCA 选择样本点投影具有最大方差的方向。

这些不同点可以从图 3.10 形象地看出，在某些数据分布下 LDA 比 PCA 降维较优。

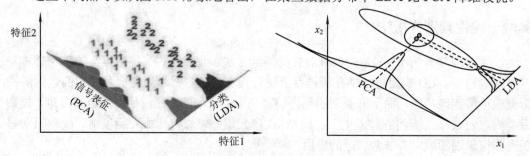

图 3.10　LDA 与 PCA 降维过程图

　　PCA 希望在映射后的低维空间中保持样本的最大方差，而 LDA 是为了让映射后的样本有最好的分类性能，希望类间散度大，类内散度小。如果我们更希望直接寻找一个低维空间，使其保持高维空间的结构，这个寻找最类似结构的过程往往是原始空间的非线性变换。

3.4.3　非线性降维

　　在讲述 PCA 降维算法时提到，PCA 只能处理线性数据的降维，本质上都是线性变换，并且它仅是筛选方差最大的特征，去除特征之间的线性相关性。对于线性不可分的数据常常效果很差。目前，非线性降维主要有两种方法：一种是基于核函数的非线性降维方法，另一种是基于特征值的非线性降维方法(流型学习)。

1. KPCA 算法与核函数

　　KPCA 的中文名称为"核主成分分析"，是对 PCA 算法的非线性扩展。核函数(Kernel Function)K 是一个强大的工具，它提供了一个从线性到非线性的连接以及任何可以只表示两个向量之间内积的算法(协方差矩阵)。为了更好地处理非线性数据，引入非线性映射函数 ϕ，即 $K(x, y) = <\phi(x), \phi(y)>$，其中 x 和 y 是低维的输入向量，ϕ 是从低维到高维的映射，$<x, y>$ 是 x 和 y 的内积。核函数有很多种类，比如是连续的、对称的等，现列举一些常用的核函数。

　　(1) 线性核：函数是将 2 个向量求内积加上个常数，只能解决线性可分问题，如果将线性核函数应用在 KPCA 中，推导之后和原始 PCA 算法一模一样。线性核函数的表达式如下：

$$k(x, y) = x^{\mathrm{T}} y + c$$

其中，参数 c 可以调整。

　　(2) 多项式核：相对于线性核稍微复杂一点。由于多了指数 d，所以多项式核可以处理非线性问题，非常适合于所有训练数据都归一化的问题。多项式核函数的表达式如下：

$$k(x, y) = (ax^{\mathrm{T}} y + c)^{d}$$

参数 a、c、d 都可以调。

　　(3) 高斯核：是径向基函数核(RBF)的一个典型代表。高斯核在计算中涉及两个向量的欧氏距离(L2 范数)计算，可调参数只有一个 σ(所有样本数据的标准差)，它控制着函数的作用范围。高斯核函数的表达式如下：

$$k(x, y) = \exp\left(-\frac{\| x - y \|^2}{2\sigma^2}\right)$$

　　(4) 指数核：是径向基函数核(RBF)一个典型代表，和高斯核很像，只是将 L2 范数变成 L1 范数。指数核函数的表达式如下：

$$k(x, y) = \exp\left(-\frac{\| x - y \|}{2\sigma^2}\right)$$

(5) 拉普拉斯核：也是一种径向基函数核(RBF)，完全等价于指数核，唯一的区别在于前者对参数的敏感性降低。拉普拉斯核函数的表达式如下：

$$k(\boldsymbol{x}, \boldsymbol{y}) = \exp\left(-\frac{\|\boldsymbol{x} - \boldsymbol{y}\|}{\sigma}\right)$$

基于核函数的主成分分析(KPCA)法是对 PCA 算法的非线性扩展，KPCA 降维算法的关键是利用核函数的特点，先是将原始数据通过核函数映射到高维度空间，再利用 PCA 算法进行降维。言外之意，PCA 是线性的，其对于非线性数据往往显得无能为力。例如，不同人之间的人脸图像，肯定存在非线性关系，在基于 ORL 数据集的实验中，PCA 能够达到的识别率只有88%，而同样是无监督学习的KPCA算法，能够轻松地达到93%左右的识别率，这其中很大一部分原因是，KPCA 能够挖掘到数据集中蕴含的非线性信息。

基于核技巧 KPCA 进行核化的原理如下：

(1) PCA 求解目标为

$$\left(\sum_{i=1}^{m} z_i z_i^{\mathrm{T}}\right) \boldsymbol{W} = \lambda \boldsymbol{W}$$

式中，z_i 是样本点 $\boldsymbol{x}_i$ 在高维特征空间中的像，去除平均值，进行中心化处理，简化得

$$\boldsymbol{W} = \sum_{i=1}^{m} \frac{z_i(z_i^{\mathrm{T}} \boldsymbol{W})}{\lambda} = \sum_{i=1}^{m} z_i \boldsymbol{\alpha}_i$$

(2) 假定 z_i 是由原始属性空间中的样本点 $\boldsymbol{x}_i$ 通过映射 ϕ 产生的，则

$$\left(\sum_{i=1}^{m} \phi(\boldsymbol{x}_i)\phi(\boldsymbol{x}_i)^{\mathrm{T}}\right) \boldsymbol{W} = \lambda \boldsymbol{W}$$

$$\boldsymbol{W} = \sum_{i=1}^{m} \phi(\boldsymbol{x}_i)\boldsymbol{\alpha}_i$$

引入核函数，计算核矩阵 $\boldsymbol{k}$，且

$$k(\boldsymbol{x}_i, \boldsymbol{x}_j) = \phi(\boldsymbol{x}_i)^{\mathrm{T}} \phi(\boldsymbol{x}_j)$$

计算核矩阵的特征值和特征向量，简化后得 $\boldsymbol{KA} = \lambda \boldsymbol{A}$，其中 $\boldsymbol{k}$ 为 $\boldsymbol{K}$ 对应的核矩阵，$(\boldsymbol{K})_{ij} = k(\boldsymbol{x}_i, \boldsymbol{x}_j)$，$\boldsymbol{A} = (\alpha_1, \alpha_2, \cdots, \alpha_m)$。

(3) 将特征向量按对应特征值的大小排列成矩阵，取前 k 行组成的矩阵即为降维后的数据，即新样本 $\boldsymbol{x}_i$ 投影到子空间第 j 维的线性表示 z_{new} 为降维之后的向量，即

$$z_{\text{new}} = \boldsymbol{w}_j^{\mathrm{T}} \phi(x) = \sum_{i=1}^{m} \alpha_i^j k(x_i, x)$$

利用 Python 做了如下仿真实验，分别比较 PCA 与 KPCA 之间的效果、KPCA 基于不同核函数的效果、二者对于原始数据的要求，以及效果随着参数变化的规律。

```
from sklearn.datasets import make_moons
from sklearn.decomposition import PCA
from sklearn.decomposition import KernelPCA
import matplotlib.pyplot as plt
import numpy as np

x2, y2 = make_moons(n_samples=100, random_state=123)

if __name__ == "__main__":
    pca = PCA(n_components=2)
    x_spca = pca.fit_transform(x2)
    fig, ax = plt.subplots(nrows=1, ncols=3, figsize=(14, 6))
    ax[0].scatter(x_spca[y2 == 0, 0], x_spca[y2 == 0, 1], color='red', marker='^', alpha=0.5)
    ax[0].scatter(x_spca[y2 == 1, 0], x_spca[y2 == 1, 1], color='blue', marker='o', alpha=0.5)
    ax[1].scatter(x_spca[y2 == 0, 0], np.zeros((50, 1)) + 0.02, color='red', marker='^', alpha=0.5)
    ax[1].scatter(x_spca[y2 == 1, 0], np.zeros((50, 1)) + 0.02, color='blue', marker='o', alpha=0.5)
    ax[0].set_xlabel('PC1')
    ax[0].set_ylabel('PC2')
    ax[1].set_ylim([-1, 1])
    ax[1].set_yticks([])
    ax[1].set_xlabel('PC1')

    kpca = KernelPCA(n_components=2, kernel='rbf', gamma=15)
    x_kpca = kpca.fit_transform(x2)

    ax[2].scatter(x_kpca[y2 == 0, 0], x_kpca[y2 == 0, 1], color='red', marker='^', alpha=0.5)
    ax[2].scatter(x_kpca[y2 == 1, 0], x_kpca[y2 == 1, 1], color='blue', marker='o', alpha=0.5)
    plt.show()
```

PCA 与 KPCA 的仿真结果如图 3.11 所示。

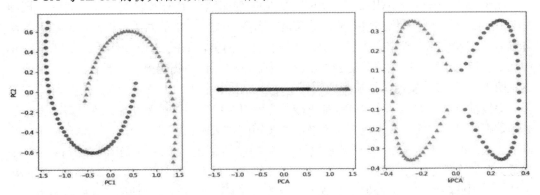

图 3.11　PCA 与 KPCA 之间的仿真结果比较

2. 局部线性嵌入算法

局部线性嵌入(Locally Linear Embedding，LLE)算法是一种非线性降维算法，它能够使降维后的数据较好地保持原有拓扑结构。所谓局部线性，即认为在整个数据集的某个小范围内，数据是线性的，就比如虽然地球是圆的，但我们还是可以认为篮球场是个平面；而这个"小范围"，最直接的办法就是 k-近邻原则。这个"近邻"的判断也可以是不同的依据，比如欧氏距离、测地距离等。LLE 算法是流形学习方法最经典的工作之一，它已经广泛应用于图像数据的分类与聚类、文字识别、多维数据的可视化以及生物信息学等领域中。

可以构造一个简单的样例数据来可视化一个二维流形，LLE 算法可以用图 3.12 所示的例子来描述，代码如下：

```
import matplotlib.pyplot as plt
from mpl_toolkits.mplot3d import Axes3D
from sklearn import    datasets

X, c = datasets.samples_generator.make_s_curve(1000, random_state=2018)

ax = Axes3D(plt.figure())
ax.scatter(X[:,0],X[:,1],X[:,2],c=c，cmap=plt.cm.hsv)
plt.title('Sample')
plt.show()
```

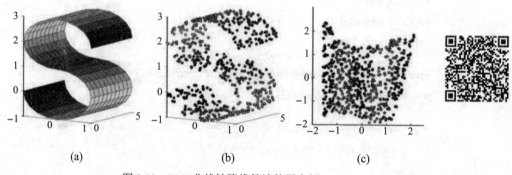

(a)　　　　　　　　　(b)　　　　　　　　　(c)

图 3.12　LLE 非线性降维算法使用实例

在图 3.12 中可以看出 LLE 能成功地将三维非线性数据映射到二维空间中。把图3.12(a)中红颜色和蓝颜色的数据分别看成是分布在三维空间中的两类数据，通过 LLE 算法降维后，则数据在二维空间中仍能保持相对独立的两类，如图 3.12(b)所示。在图 3.12(b)中如果将黑色小圈中的数据映射到二维空间中，映射后的数据仍能保持原有的数据流形，这说明 LLE 算法确实能保持流形的领域不变性。由此看出 LLE 算法可以应用于样本的聚类。而线性方法，如 PCA 和 MDS 都不能与它比拟。LLE 算法能解决非线性映射，但是当处理数据的维数过大、数量过多、涉及的稀疏矩阵过大时，不易于处理。在球形面中，当缺少北极面时，应用 LLE 算法则能很好地将其映射到二维空间中，如图 3.12(c)所示。如果数据分布在整个封闭的球面上，LLE 则不能将它映射到二维空间，且不能保持原有的数据流形。因此我们在处理数据中，首先假设数据不是分布在闭合的球面或者椭球面上。

LLE 算法主要分为三个步骤：

(1) 寻找每个样本点的 k 个近邻点，LLE 算法认为每一个数据点 x_i(D 维数据)可以用其 k 近邻数据点的线性加权组合构造得到，如图 3.13 所示。

$$x_i = \sum_{j=1}^{k} w_{ji} x_{ji}$$

式中，w_i 是 $k \times 1$ 的列向量，w_{ji} 是 w_i 的第 j 行，x_{ji} 是 x_i 的第 j 个近邻点($1 \leqslant j \leqslant k$)，即

$$w_i = \begin{bmatrix} w_{1i} \\ w_{2i} \\ \vdots \\ w_{ki} \end{bmatrix} \qquad x_i = \begin{bmatrix} x_{1i} \\ x_{2i} \\ \vdots \\ x_{Di} \end{bmatrix}$$

注意此处 x_i 中的维度为 D，不可以把 x_{ji} 视为 x_i 中的第 j 个元素。

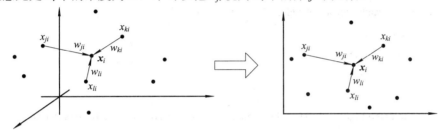

图 3.13　LLE 降维实现过程

(2) 由每个样本点的近邻点计算出该样本点的局部重建权值矩阵，最小化损失函数如下：

$$\underset{w}{\mathrm{argmin}} \sum_{i=1}^{N} \left(\left\| x_i - \sum_{j=1}^{k} w_{ji} x_{ji} \right\|_2^2 \right)$$

求解上式可得到权重系数

$$w = [w_1, w_2, \cdots, w_N]$$

其中 w(维度为 $k \times N$)对应于 N 个数据点，即 N 列 w_i ($i = 1, 2, \cdots, N$)。

(3) 由该样本点的局部重建权值矩阵和其近邻点计算出该样本点的输出值。

LLE 认为将原始数据从 D 维降到 d 维后，x_i($D \times 1$)→y_i($d \times 1$)依旧可以表示为其 k 近邻的线性组合，且组合系数不变，即仍然是 w_i，再一次通过最小化损失函数：

$$\underset{Y}{\mathrm{argmin}} \sum_{i=1}^{N} \left(\left\| y_i - \sum_{j=1}^{k} w_{ji} y_{ji} \right\|_2^2 \right)$$

最终得到降维后位于低维空间的数据：

$$Y = [y_1, y_2, \cdots, y_n]$$

以下是对 IRIS 数据集进行了 LLE 降维的 Python 源码，结果演示如图 3.14 所示。

```
import numpy as np
```

```
import matplotlib.pyplot as plt
from sklearn import datasets, decomposition, manifold

def load_data():
    iris=datasets.load_iris()
    return iris.data,iris.target
def test_LocallyLinearEmbedding(*data):
    X,Y=data
    for n in [4,3,2,1]:
        lle=manifold.LocallyLinearEmbedding(n_components=n)
        lle.fit(X)
        print("reconstruction_error_(n_components=%d):%s"%(n,lle.reconstruction_error_))
def plot_LocallyLinearEmbedding_k(*data):
    X,Y=data
    Ks=[1,5,25,Y.size-1]
    fig=plt.figure()
    #
    colors=((1,0,0),(0,1,0),(0,0,1), (0.5,0.5,0), (0,0.5,0.5), (0.5,0,0.5), (0.4,0.6,0), (0.6,0.4,0),
        (0,0.6,0.4), (0.5,0.3,0.2))
    for i,k in enumerate(Ks):
        lle=manifold.LocallyLinearEmbedding(n_components=2,n_neighbors=k)
        X_r=lle.fit_transform(X)
        ax=fig.add_subplot(2,2,i+1)
        colors = ((1, 0, 0), (0, 1, 0), (0, 0, 1), (0.5, 0.5, 0), (0, 0.5, 0.5), (0.5, 0, 0.5), (0.4, 0.6, 0),
            (0.6, 0.4, 0), (0, 0.6, 0.4), (0.5, 0.3, 0.2))
        for label,color in zip(np.unique(Y),colors):
            position=Y==label
            ax.scatter(X_r[position,0],X_r[position,1],label="target=%d"%label,color=color)
    ax.set_xlabel("X[0]")
    ax.set_ylabel("Y[0]")
    ax.legend(loc="best")
    ax.set_title("k=%d"%k)
    plt.suptitle("LocallyLinearEmbedding")
    plt.show()

X,Y=load_data()
test_LocallyLinearEmbedding(X,Y)
plot_LocallyLinearEmbedding_k(X,Y)
```

其中 reconstruction_error_为重构后的总误差。

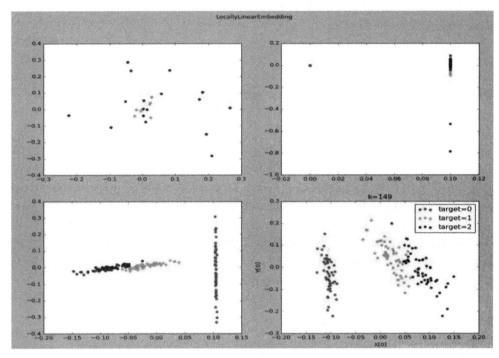

图 3.14　LLE 算法降维结果图

本 章 小 结

　　特征是数据中抽取出来的对结果预测有用的信息，可以是文本或者数据。特征工程是使用专业背景知识和技巧处理数据，使得特征能在机器学习算法上发挥更好的作用的过程。"工欲善其事，必先利其器"，特征工程可以理解为利其器的过程。互联网公司里大部分复杂的模型都是极少数的数据科学家在做，而大多数工程师做的事情基本上是使用本章讲述的数据预处理方法(标准化、归一化方法)不断地数据清洗，并使用主成分分析法(PCA)与线性判别分析法(LDA)进行高维数据的线性降维，或使用局部线性嵌入法(LLE)与核方法的(KPCA)进行高维数据的非线性降维，进而为某项具体业务不断地分析并可视化数据特征。

习　　题

1. 特征工程是什么？
2. 数据预处理中标准化与归一化的区别有哪些？
3. 简述特征选择的 Filter、Wrapper、Embedded 方法。
4. 如何使用主成分分析法(PCA)与线性判别分析法(LDA)进行线性降维的过程？
5. 如何使用局部线性嵌入法(LLE)与核方法(KPCA)进行非线性降维？

第 4 章　无监督学习

 本章学习目标：

- 理解无监督学习的概念和主要应用(聚类分析)
- 掌握聚类分析中距离的计算方法
- 理解 K-Means 算法及其改进算法即 K-Means++算法的原理
- 理解 Mean Shift 算法的原理(主要是获取核密度估计的过程)
- 理解 DBSCAN 算法的原理(包含密度定义、密度聚类思想等)
- 应用 Python 实现 K-Means 算法、Mean Shift 算法和 DBSCAN 算法
- 分析 K-Means 算法、Mean Shift 算法以及 DBSCAN 算法在聚类分析中的优缺点

本章主要介绍机器学习中的无监督学习。无监督学习(Unsupervised Learning)是机器学习的一种方法，该方法没有给定事先标记过的训练示例，可自动对输入的数据进行分类或分群。无监督学习的主要应用包括聚类分析(Cluster Analysis)、关系规则(Association Rule)、维度缩减(Dimensionality Reduce)等。它是监督式学习和强化学习等策略之外的一种选择。

本章主要关注无监督聚类，聚类的目的在于把相似的东西聚在一起，而并不关心这一类是什么。因此，一个聚类算法通常只需要知道如何计算相似度就可以开始工作了。

4.1　K-Means 算法

K-Means 算法一般是指 K 均值聚类算法(K-Means Clustering Algorithm)，它是一种迭代求解的聚类分析算法，它实现起来比较简单，聚类效果也不错，因此应用很广泛。算法的主要步骤是：将数据预分为 K 组，则随机选取 K 个对象作为初始的聚类中心，然后计算每个对象与各个种子聚类中心之间的距离，把每个对象分配给距离它最近的聚类中心。聚类中心以及分配给它们的对象就代表一个聚类。每分配一个样本，聚类的聚类中心会根据聚类中现有的对象被重新计算。这个过程将不断重复直到满足某个终止条件。终止条件可以是没有(或最小数目)对象被重新分配给不同的聚类、没有(或最小数目)聚类中心再发生变化、误差平方和局部最小。

4.1.1　K-Means 算法原理

K-Means 算法是基于相似性的聚类算法，那么首先需要定义的就是相似性该如何度量。

"距离"是一种很好的度量相似性的工具。例如小王月收入 5000 元，小赵月收入 4500 元，李总月收入 10 000 元，小王和小赵的月收入距离(如曼哈顿距离，Manhattan Distance)为 $|5000-4500|=500$，小王和李总的月收入距离为 $|10\,000-5000|=5000$，可以推断小王和小赵是同阶层的，小王和李总是不同阶层的。

当然距离的定义也有好几种，在不同的问题中可以选择不同的距离定义。常用的距离有：

(1) 曼哈顿距离：

$$d = \sum_{i=1}^{n} |x_i - y_i|$$

(2) 欧几里得距离(即欧氏距离)：

$$d = \sqrt{\sum_{i=1}^{n}(x_i - y_i)^2}$$

(3) 闵可夫斯基距离：

$$d = \sqrt[p]{\sum_{i=1}^{n}(|x_i - y_i|)^p}$$

式中，$p=1$ 时为曼哈顿距离，$p=2$ 时为欧氏距离。

K-Means 算法的思想是对于给定的样本集，按照样本之间的距离大小，将样本集划分为 K 个簇，让簇内的点尽量紧密地连在一起，而让簇间的距离尽量大。

如果用数据表达式表示，假设簇划分为$(C_1, C_2, \cdots, C_k)$，则我们的目标是最小化平方误差 E：

$$E = \sum_{i=1}^{k}\sum_{x \in C_i} \| x - \mu_i \|_2^2$$

其中，μ_i 是 C_i 的均值向量，有时也称为质心，表达式为

$$\mu_i = \frac{1}{|C_i|}\sum_{x \in C_i} x$$

求上式的最小值并不容易，这是一个 NP 难问题，因此只能采用启发式的迭代方法。K-Means 的启发式方法用图 4.1 就可以形象地描述。

在图 4.1 中，图(a)表达了初始的数据集，假设 $k=2$。在图(b)中，我们随机选择了两个 k 类所对应的类别质心，即图(b)中的黑色和灰色方块质心，然后分别求样本中所有点到这两个质心的距离，并标记每个样本的类别为与该样本距离最小的质心的类别，如图(c)所示，经过计算样本与黑色质心和灰色质心的距离，我们得到了所有样本点的第一轮迭代后的类别。此时对当前标记为黑色和灰色的点分别求其新的质心，如图(d)所示，新的黑色质心和灰色质心的位置已经发生了变动。图(e)和图(f)重复了图(c)和(d)的过程，即将所有点的类别标记为距离最近的质心的类别并求新的质心。最终我们得到的两个类别如

图(f)所示。

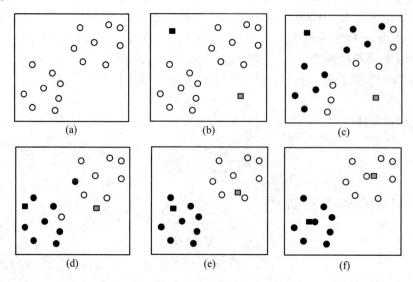

图 4.1　K-Means 启发式方法示例

当然在实际的 K-Means 算法中，我们一般会多次运行图 4.1(c)和(d)，这样才能达到最终的比较优的类别。

4.1.2　K-Means 算法流程

输入：样本集 $D = \{x_1, x_2, \cdots, x_m\}$，聚类的簇树 k，最大迭代次数 N。

输出：簇划分 $C = \{C_1, C_2, \cdots, C_k\}$。

(1) 从数据集 D 中随机选择 k 个样本作为初始的 k 个质心向量：$\{\mu_1, \mu_2, \cdots, \mu_k\}$

(2) 对于 $n = 1, 2, \cdots, N$：

① 将簇划分 C 初始化为 $C_t = \varnothing, t = 1, 2, \cdots, k$。

② 对于 $i = 1, 2, \cdots, m$，计算样本 x_i 和各个质心向量 $\mu_j (j = 1, 2, \cdots, k)$ 的距离，即 $d_{ij} = \| x_i - \mu_j \|_2^2$，将 x_i 标记最小的 d_{ij} 所对应的类别 λ_i，此时更新 $C_{\lambda_i} = C_{\lambda_i} \bigcup \{x_i\}$。

③ 对于 $j = 1, 2, \cdots, k$，对 C_j 中所有的样本点重新计算新的质心 $\mu_j = \dfrac{1}{|C_j|} \sum_{x \in C_j} x$。

④ 如果所有的 k 个质心向量都没有发生变化，则转到步骤(3)。

(3) 输出簇划分 $C = \{C_1, C_2, \cdots, C_k\}$。

4.1.3　K-Means 存在的问题

K-Means 聚类算法简单，易于实现，但存在两个问题：

(1) 需要人工设定聚类类别个数 k，有的时候 k 没法正确地设定，这导致 K-Means 存在很大局限性。

(2) K-Means 算法对于初始中心存在较大的敏感性，不同的初始中心很可能导致不同的聚类结果，这是我们不想得到的结果。

对于第一个问题，人们开发了其他聚类算法；对于第二个问题，人们补充定义了初始中心的条件，变成了 K-Means++ 算法。

4.1.4　K-Means 优化(K-Means++算法)

K-Means++ 算法的主要特点就是在确定 K-Means 算法的初始中心的时候加了条件，在确定初始中心时要尽可能保证各中心距离最远。

K-Means++ 算法对于初始化质心的优化策略如下：

(1) 从输入的数据点集合中随机选择一个点作为第一个聚类中心 $\boldsymbol{\mu}_1$。

(2) 对于数据集中的每一个点 x_i，计算它与已选择的聚类中心中最近聚类中心的距离 $D(\boldsymbol{x}_i) = \mathrm{argmin} \parallel \boldsymbol{x}_i - \boldsymbol{\mu}_r \parallel_2^2$, $r = 1, 2, \cdots, k_{\mathrm{selected}}$。

(3) 选择一个新的数据点作为新的聚类中心，选择的原则是：$D(\boldsymbol{x})$较大的点，被选取作为聚类中心的概率较大。

(4) 重复(2)和(3)，直到选择出 k 个聚类质心。

(5) 利用这 k 个质心来作为初始化质心去运行标准的 K-Means 算法。

4.1.5　K-Means 算法实现

K-Means 算法的核心是计算样本点 x_i 到聚类中心的距离列阵，并找到距离最近的聚类中心。代码如下：

```
def distance(dataloop, center):
    m = center.shape[0]
    dis = np.zeros((m,1))
    dataloop = np.array(dataloop)
    deltavector = center - dataloop

    for loop in range(m):
        dis[loop] = deltavector[loop].dot(deltavector[loop].T)
    return dis

def find(dis):
    return np.argmin(dis)
```

K-Means 算法的主要代码如下：

```
def kmeans(data, k, inicenter):
    m = int(data.shape[0])
    label = np.ones((m,1))*-1
    center = inicenter
    changed = True
```

```
    while changed:
        changed = False

        for loopi in range(m):
            dis = distance(data.iloc[loopi], center)
            index = find(dis)

            if label[loopi]!=index:
            # label changed
                label[loopi] = index
                changed = True

        if changed:
        # calculate new center if label changed
            for loopj in range(0,k):
                temp = data[label==loopj].mean()
                newcenter = np.array(temp)
                center[loopj] = newcenter
    return label
```

　　K-Means 算法对于初始中心位置具有很大的敏感性，不同的初始中心很有可能会得到不同的聚类结果，图 4.2 就是采用不同的初始聚类中心得到的结果。

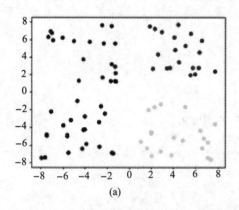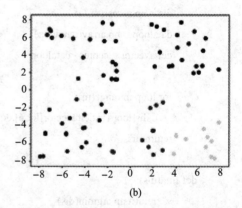

(a)　　　　　　　　　　　　　　　(b)

图 4.2　K-Means 算法初始中心位置敏感性示例

　　为了改善这种情况，需要在初始中心的选取上采取一定的策略。下面采用轮盘法实现 K-Means++ 算法，代码如下：

```
def inicenter(data, k):
    m,n = data.shape
    loop = np.random.randint(0,m)
    center = np.zeros((k, n))
```

```
        center[0] = data.iloc[loop]

        for loopi in range(1,k):
            dis_sum = 0
            nearlist = []
            for loopj in range(m):
                dis = distance(data.iloc[loopj], center[0:loopi])
                index = find(dis)
                nearlist.append(np.float(dis[index]))
                dis_sum += np.float(dis[index])
            dis_sum = dis_sum * np.random.random()
            for loopk in range(m):
                dis_sum -= nearlist[loopk]
                if dis_sum<0:
                    center[loopi] = np.copy(data.iloc[loopk])
                    break
    return center
```

K-Means++ 算法的结果比较稳定，如图 4.3 所示。

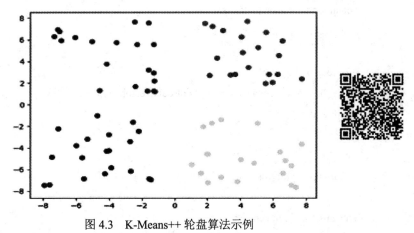

图 4.3　K-Means++ 轮盘算法示例

K-Means++ 算法的 Python 完整源代码如下：

```
def inicenter(data, k):
    m,n = data.shape
    loop = np.random.randint(0,m)
    center = np.zeros((k, n))
    center[0] = data.iloc[loop]

    for loopi in range(1,k):
        dis_sum = 0
```

```
                nearlist = []
                for loopj in range(m):
                    dis = distance(data.iloc[loopj], center[0:loopi])
                    index = find(dis)
                    nearlist.append(np.float(dis[index]))
                    dis_sum += np.float(dis[index])
                dis_sum = dis_sum * np.random.random()
                for loopk in range(m):
                    dis_sum -= nearlist[loopk]
                    if dis_sum<0:
                        center[loopi] = np.copy(data.iloc[loopk])
                        break

        return center

def distance(dataloop, center):
    m = center.shape[0]
    dis = np.zeros((m,1))
    dataloop = np.array(dataloop)
    deltavector = center - dataloop

    for loop in range(m):
        dis[loop] = deltavector[loop].dot(deltavector[loop].T)
    return dis

def find(dis):
    return np.argmin(dis)

def kmeans(data, k, inicenter):
    m = int(data.shape[0])
    label = np.ones((m,1))*-1
    center = inicenter
    changed = True

    while changed:
        changed = False

        for loopi in range(m):
```

```
                dis = distance(data.iloc[loopi], center)
                index = find(dis)

                if label[loopi]!=index:
                # label changed
                    label[loopi] = index
                    changed = True

            if changed:
            # calculate new center if label changed
                for loopj in range(0,k):
                    temp = data[label==loopj].mean()
                    newcenter = np.array(temp)
                    center[loopj] = newcenter
    return label


if __name__=='__main__':
    data = []
    with open(r'data.txt') as f:
        for loopi in f.readlines():
            line = loopi.strip().split('\t')
            temp = [float(line[0]), float(line[1])]
            data.append(temp)
    data = pd.DataFrame(data, columns=['x','y'])
    center = inicenter(data,4)
    label = kmeans(data, 4, center)
        colors = ['green', 'red', 'blue','yellow']
    for loopi in range(4):
        plt.scatter(data[label==loopi].x, data[label==loopi].y, color='green' )
    plt.show()
```

部分数据集如下：

1. 2.29693419524775　　5.59018489409611
2. -1.65945644047067　　1.24998175001933
3. -7.11109228594546　　6.94390514108144
4. -1.60636900702686　　7.53795273430285
5. -3.57348527642213　　5.75114608400441
6. -7.31721716500413　　6.30418091404833
7. -6.05051246793066　　6.20192727687441

8.	-4.17182936556511	3.74558913673918
9.	-1.29745215195992	5.58834523124290
10.	-1.24578025360506	2.19830681468093
11.	-6.89670842825716	5.94232261613726
12.	-1.20585052767569	1.22282992464194
13.	-1.29983136229938	2.93846089472623
14.	-4.60237045894011	1.32319973441808
15.	-2.39803671777840	1.67992246865093
16.	-7.00679562960949	6.76420479829105
17.	-5.04767102161608	5.86380036083072
18.	-1.58985132367653	3.21969636042602
19.	-2.45454869308312	7.65155434186849
20.	-1.28355301524968	1.24112256352036

4.1.6　K-Means 算法实例应用

首先，在 Python 中安装 sklearn 机器学习库：

```
1. pip install numpy
2. pip install scipy
3. pip install sklearn
```

然后，从 sklearn 库中引入 K-Means 聚类算法及导入鸢尾花数据集——IRIS(鸢尾花卉)数据集(用于分类问题的测试)。IRIS 数据集由 Fisher 在 1936 年整理，包含 150 个样本、4 个特征。这 4 个特征为 Sepal.Length(花萼长度)、Sepal.Width(花萼宽度)、Petal.Length(花瓣长度)、Petal.Width(花瓣宽度)，特征值都为正浮点数，单位为厘米。目标值为鸢尾花的分类：Iris Setosa(山鸢尾)、Iris Versicolour(杂色鸢尾)，Iris Virginica(维吉尼亚鸢尾)。导入代码如下：

```
import matplotlib.pyplot as plt
import numpy as np
from sklearn.cluster import KMeans
from sklearn.datasets import load_iris
```

引入鸢尾花数据集，绘制数据分布图，代码如下：

```
iris = load_iris()
X = iris.data[:,2:]              #取最后两个特征
plt.scatter(X[:, 0], X[:, 1], c = "red", marker='o', label='see')    plt.xlabel('petal length')
plt.ylabel('petal width')
plt.legend(loc=2)
plt.show()
```

运行结果如图 4.4 所示。

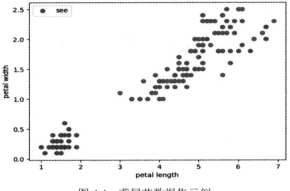

图 4.4　鸾尾花数据集示例

假设我们规定要聚的类别为 3 个，也就是设定 $k=3$，则相关代码如下：

```
estimator = KMeans(n_clusters=3)#构造聚类器
estimator.fit(X)#聚类
label_pred = estimator.labels_ #获取聚类标签
```

用图像来输出最终的聚类情况，代码如下：

```
#绘制 k-means 结果
x0 = X[label_pred == 0]
x1 = X[label_pred == 1]
x2 = X[label_pred == 2]
plt.scatter(x0[:, 0], x0[:, 1], c = "red", marker='o', label='label0')
plt.scatter(x1[:, 0], x1[:, 1], c = "green", marker='*', label='label1')
plt.scatter(x2[:, 0], x2[:, 1], c = "blue", marker='+', label='label2')
plt.xlabel('petal length')
plt.ylabel('petal width')
plt.legend(loc=2)
plt.show()
```

运行结果如图 4.5 所示。

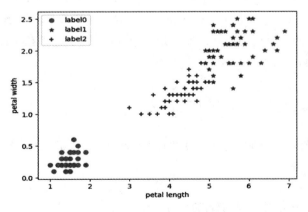

图 4.5　K-Means 算法鸾尾花数据集聚类

4.2 Mean Shift 算法

顾名思义，Mean Shift 算法是由 Mean(均值)和 Shift(偏移)组成的。Mean Shift 算法的本质是就求解一个向量，使得圆心一直往数据集密度最大的方向移动。说得再简单一点也就是有一个点 x，周围有很多点 x_i，每次迭代的时候我们计算点 x 移动到每个点所需要的偏移量之和，求平均就得到平均偏移量。该偏移量包含大小和方向，方向就是周围分布密集的方向。然后点 x 往平均偏移量方向移动，再以此为新起点，找到圆里面点的平均位置作为新的圆心位置，不断迭代直到满足一定条件结束。Mean Shift 算法的基本工作原理如图4.6所示。Mean Shift 作为一种聚类方法，在计算机视觉领域的图像平滑、分割和视频跟踪等方面有着非常广泛的应用。

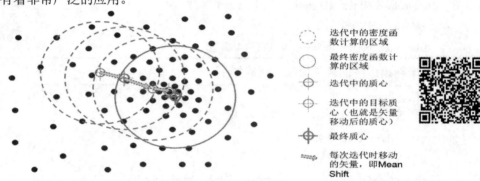

图 4.6 Mean Shift 算法的基本工作原理

4.2.1 核密度估计

Mean Shift 算法其实是一种核密度估计算法，它将每个点移动到密度函数的局部极大值点处，即密度梯度为 0 的点(也叫作模式点)。Mean Shift 算法用核函数估计样本的密度，最常用的核函数是高斯核。它的工作原理是在数据集上的每一个样本点都设置一个核函数，然后对所有的核函数相加，得到数据集的核密度估计(Kernel Density Estimation)。

假设 $\{x_1, x_2, \cdots, x_n\}$ 为一组 n 个独立同分布的 d 维随机向量，核函数 K 的带宽参数为 h。不同带宽，聚类的效果也会不同，如果是同带宽 h 的情况，则在 d 维特征空间上概率密度函数 $f_n(X)$ 的核函数估计为

$$f_n(X) = \frac{1}{nh^d} \sum_{i=1}^{n} K\left(\frac{x - x_i}{h}\right)$$

其中 $K(x)$ 是径向对称函数(Radially Symmetric Kernels)，定义满足核函数条件的 $K(x)$ 为

$$K(x) = c_{k,d} K(\| x \|^2)$$

其中系数 $c_{k,d}$ 是归一化常数，使 $K(x)$ 的积分等于 1。

4.2.2　Mean Shift 算法的基本形式

Mean Shift 算法的主要思路是计算当前点 x 与其周围半径 R 内的向量距离的偏移均值 M，移动该点到其偏移均值，然后以此为新的起始点继续移动；当该点不再移动时，其与周围点形成一个类簇，计算这个类簇与历史类簇的距离，如果小于阈值即合并为同一个类簇，不满足则自身形成一个类簇，直到所有的数据点选取完毕。如图 4.7 所示，x 为蓝色点，所有黑边灰色点都是超球体内的其他样本点，红边白点为所有样本点的均值点。

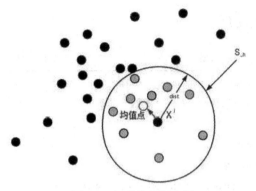

图 4.7　超球体数据点例

在 d 维空间，$x_i \in \mathbf{R}^d$ 为 n 个样本点集合，在空间中任选一点 x，Mean Shift 向量的定义为

$$M_h(x) = \frac{1}{k} \sum_{x_i \in S_h}^{n} (x_i - x)$$

其中 S_h 为以 x 为中心 h 为半径包含 k 个样本点的高维球体，且满足以下关系的 y 点的集合：

$$S_h(x) = \{y : (y - x_i)^T (y - x_i) < h^2\}$$

而漂移的过程就是通过计算 x 的偏移均值向量 $M_h(x)$，更新球圆心 x 位置以发现其倾向于向有效区域中样本密度高(即概率密度大)的地方移动，更新公式为

$$x = x + M_h(x) = \frac{1}{k} \sum_{x_i \in S_h} x_i$$

4.2.3　Mean Shift 算法的基本流程

假设在一个多维空间中有很多数据点需要进行聚类，Mean Shift 算法的基本流程如下：

(1) 在未被标记的数据点中随机选择一个点作为起始中心点(Center)；

(2) 找出离起始中心点(center)为中心距离、在带宽(bandwidth)之内出现的所有数据点，记做集合 M，认为这些点同属于一个聚类 C，同时在该聚类中记录数据点出现的次数加 1；

(3) 以起始中心点(center)为中心点，计算从起始中心点(center)开始到集合 M 中每个元素的向量，将这些向量相加，得到向量 shift；

(4) center = center + shift，即起始中心点(center)沿着向量 shift 方向移动，移动距离为 $\|$shift$\|$；

(5) 重复步骤(2)、(3)、(4)，直到移动距离为||shift||很小(就是迭代到收敛)，记为此时的起始中心点(center)。注意，这个迭代过程中遇到的点都应该归类到簇 C；

(6) 如果收敛时当前簇 C 的起始中心点(Center)与其他已经存在的簇 C_2 中心的距离小于阈值，那么把 C_2 与 C 合并，数据点出现次数也对应合并，否则把 C 作为新的聚类；

(7) 重复步骤(1)、(2)、(3)、(4)、(5)直到所有点都被标记为已访问；

(8) 输出结果为簇划分分类 $C = (C_1, C_2, \cdots, C_k)$。根据每个类对每个点的访问频率，取访问频率最高的那个类，作为当前点集的所属类。

4.2.4　Mean Shift 算法实现

首先是建立距离阵列计算函数，代码如下：

```
def distance(loop, data):
    m = int(data.shape[0])
    dis = np.zeros((m,1))
    delta = data-loop
    for loopi in range(m):
        dis[loopi] = np.dot(delta[loopi], delta[loopi])
    dis = np.sqrt(dis)
    return dis
```

Means Shift 算法的主要代码如下：

```
def meanshift(data, h, delta):
    m = data.shape[0]
    max_dis = 1
    min_dis = delta
    dealed = np.zeros((m,1))
    ones = np.ones((m,1))
    data_new = data.copy()
    # do when ||m_h(X^i)-X^i||<delta
    while max_dis>delta:
        max_dis = 0
        for loopi in range(int(data.shape[0])):
            # select undealed node
            if(dealed[loopi]==0):
            # dis is distance vector
            # guass is kernel value of all node in X^i
                dis = distance(data_new[loopi], data)
                guass = 1/(math.sqrt(2*math.pi)*h)*np.exp(-dis**2/h**2)
                sum1 = guass.T.dot(data)
                sum2 = guass.T.dot(ones)
```

```
        mh = sum1/sum2
        vector = mh-data_new[loopi]
        # get max value
        if(max_dis<np.linalg.norm(vector)):
            max_dis = np.linalg.norm(vector)
        # if ||vector||<min_dis, do nothing
        if(np.linalg.norm(vector)<min_dis):
            dealed[loopi] = 1
        else:
            data_new[loopi] = mh


    return data_new
```

结果如图 4.8 所示。

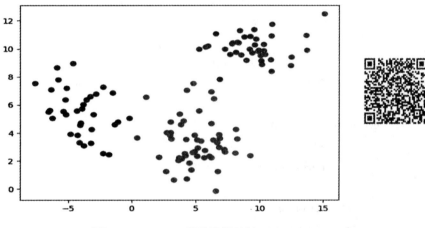

图 4.8　Mean Shift 算法聚类示例

Mean Shift 算法的完整代码如下：

```
import pandas as pd
import numpy as np
import matplotlib.pyplot as plt
import math as math


def meanshift(data, h, delta):
    m = data.shape[0]
    max_dis = 1
    min_dis = delta
    dealed = np.zeros((m,1))
    ones = np.ones((m,1))
    data_new = data.copy()
```

```
        while max_dis>delta:
            max_dis = 0
            for loopi in range(int(data.shape[0])):
                if(dealed[loopi]==0):
                    dis = distance(data_new[loopi], data)
                    guass = 1/(math.sqrt(2*math.pi)*h)*np.exp(-dis**2/h**2)
                    sum1 = guass.T.dot(data)
                    sum2 = guass.T.dot(ones)
                    mh = sum1/sum2

                    vector = mh-data_new[loopi]
                    if(max_dis<np.linalg.norm(vector)):
                        max_dis = np.linalg.norm(vector)
                    if(np.linalg.norm(vector)<min_dis):
                        dealed[loopi] = 1
                    else:
                        data_new[loopi] = mh
        return data_new


def distance(loop, data):
    m = int(data.shape[0])
    dis = np.zeros((m,1))

    delta = data-loop
    for loopi in range(m):
        dis[loopi] = np.dot(delta[loopi], delta[loopi])
    #dis = delta.dot(delta.T)
    dis = np.sqrt(dis)
    return dis


def group(data_new, delta):
    m = data_new.shape[0]
    label = np.zeros((m,1))
    number = 1
    for loopi in range(m):
        if(label[loopi]==0):
            deltadata = data_new - data_new[loopi]
            dis = (deltadata * deltadata).sum(axis=1)
```

```
            label[dis<delta] = number
            number += 1
        return label


if __name__=='__main__':
    data = []
    with open(r'x\data.txt') as f:
        for loop in f.readlines():
            line = loop.strip().split('\t')
            temp = [float(line[0]), float(line[1])]
            data.append(temp)
    data1 = np.array(data)
    data_new = meanshift(data1, 2.8, 1e-6)
    label = group(data_new, 1e-6)

    data2 = pd.DataFrame(data, columns=['x', 'y'])
    label2 = pd.DataFrame(label, columns=['label'])

    data_set = pd.concat([data2, label2], axis=1)

    colors = ['black','green', 'red', 'blue','yellow', 'hotpink']

    for loopi in range(int(label.max())+1):
        plt.scatter(data_set[data_set.label==loopi].x, data_set[data_set.label==loopi].y,
color=colors[loopi])
    plt.show()
```

部分数据集如下：

1. 10.91079039 8.389412017
2. 9.875001645 9.9092509
3. 7.8481223　10.4317483
4. 8.534122932 9.559085609
5. 10.38316846 9.618790857
6. 8.110615952 9.774717608
7. 10.02119468 9.538779622
8. 9.37705852　9.708539909
9. 7.670170335 9.603152306
10. 10.94308287 11.76207349
11. 9.247308233 10.90210555
12. 9.54739729　11.36170176

13.　7.833343667 10.363034

14.　10.87045922 9.213348128

15.　8.228513384 10.46791102

16.　12.48299028 9.421228147

17.　6.557229658 11.05935349

18.　7.264259221 9.984256737

19.　4.801721592 7.557912927

20.　6.861248648 7.837006973

4.2.5　Mean Shift 算法实例应用

从 sklearn 库中引入 Mean Shift 聚类算法。代码如下：

```
import numpy as np
from sklearn.cluster import MeanShift
from matplotlib import pyplot
from mpl_toolkits.mplot3d import Axes3D
from sklearn.datasets import make_blobs

fig = pyplot.figure()
ax = fig.add_subplot(111, projection='3d')

# 生成 3 组数据样本
centers = [[2,1,3], [6,6,6], [10,8,9]]
x,_ = make_blobs(n_samples=200, centers=centers, cluster_std=1)
for i in range(len(x)):
    ax.scatter(x[i][0], x[i][1], x[i][2])
pyplot.show()
```

初始三维图效果如图 4.9 所示。

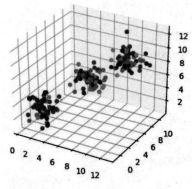

图 4.9　初始三维图效果图

对上面数据进行 MeanShift 聚类分组，完整代码如下：

```
clf = MeanShift()
clf.fit(x)

labels = clf.labels_        # 每个点对应的组
cluster_centers = clf.cluster_centers_  #每个组的"中心点"
#print(labels)
print(cluster_centers)

colors = ['r', 'g', 'b']
for i in range(len(x)):
    ax.scatter(x[i][0], x[i][1], x[i][2], c=colors[labels[i]])

ax.scatter(cluster_centers[:,0], cluster_centers[:,1], cluster_centers[:,2], marker='*', c='k', s=200,
    zorder=10)

pyplot.show()
```

Mean Shift 聚类分组结果如图 4.10 所示。

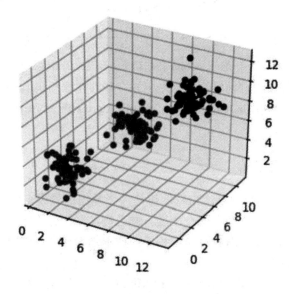

图 4.10　Mean Shift 分组结果图

4.3　DBSCAN 聚类算法

　　K-Means 和 Mean Shift 聚类算法都是基于距离的聚类算法，存在共同的局限性，即只能在凸集上进行(如图 4.11 所示)，在非凸集上会导致错误的结果，如图 4.12 所示。

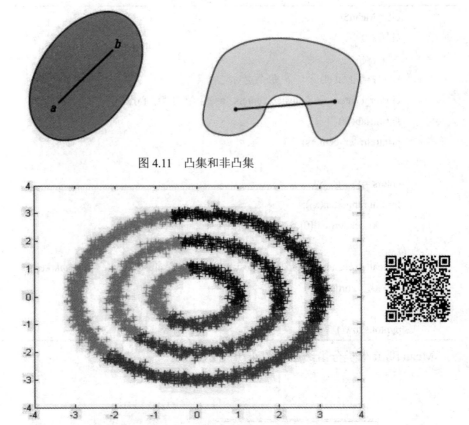

图 4.11　凸集和非凸集

图 4.12　K-Means 在非凸集上聚类出现错误

　　基于密度的聚类算法很好地解决了这个问题，能够在非凸集上获得很好的聚类结果。DBSCAN(Density-Based Spatial Clustering of Application with Noise)算法就是一种典型的基于密度的聚类算法。

4.3.1　DBSCAN 聚类定义

　　DBSCAN 的聚类定义很简单：由密度可达关系导出的最大密度相连的样本集合，即为我们最终聚类的一个类别，或者说一个簇。通过将紧密相连的样本划为一类，这样就得到了一个聚类类别。通过将所有各组紧密相连的样本划为各个不同的类别，则我们就得到了最终的所有聚类类别结果。

　　DBSCAN 算法中有两个重要参数：ε 和 MinPts。ε 是定义密度时的邻域半径，MinPts 为定义核心点时的阈值。在 DBSCAN 算法中将数据点分为以下三类：

　　(1) 核心点(Core points)：核心点在基于密度的簇内部。点的邻域由距离函数和用户指定的距离参数 ε 决定。核心点的定义是，如果该点的给定邻域内的点的个数超过给定的阈值 MinPts，其中 MinPts 也是一个用户指定的参数。

　　(2) 边界点(Border points)：边界点不是核心点，但它落在某个核心点的邻域内。

　　(3) 噪声点(Noise)：噪声点是即非核心点也是非边界点的任何点。如下图的 N 点。

　　如图 4.13 所示，A 为核心对象，B、C 为边界点，N 为离群点，圆圈代表 ε 邻域。

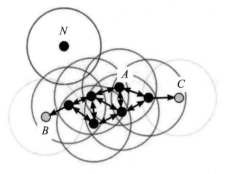

图 4.13　DBSCAN 算法中的样本点示例

　　假设图 4.13 中 MinPts = 3，红色的点都是核心对象，因为其 ε 邻域至少有 3 个样本。所有核心对象密度直达的样本在以红色核心对象为中心的超球体内，如果不在超球体内，则不能密度直达。图中用箭头连起来的核心对象组成的密度可达样本序列。在这些密度可达的样本序列的 ε 邻域内所有的样本相互都是密度相连的。

　　假设样本集是 $D = (x_1, x_2, \cdots, x_m)$，则 DBSCAN 具体的密度描述定义如下：

　　(1) ε-邻域：对于 $x_j \in D$，其 ε-邻域包含样本集 D 中与 x_j 的距离不大于 ε 的子样本集，即 $N_\varepsilon(x_j) = \{x_i \in D \,|\, \mathrm{distance}(x_i, x_j) \leqslant \varepsilon\}$，这个子样本集的个数记为 $|N_\varepsilon(x_j)|$。

　　(2) 核心对象：对于任一样本 $x_j \in D$，如果其 ε-邻域对应的 $N_\varepsilon(x_j)$ 至少包含 MinPts 个样本，即如果 $|N_\varepsilon(x_j)| \geqslant \mathrm{MinPts}$，则 x_j 是核心对象。

　　(3) 密度直达：如果 x_i 位于 x_j 的 ε-邻域中，且 x_j 是核心对象，则称 x_i 由 x_j 密度直达。注意，反之不一定成立，即此时不能说 x_j 由 x_i 密度直达，除非 x_i 也是核心对象。

　　(4) 密度可达：对于 x_i 和 x_j，如果存在样本序列 $p_1, p_2, \cdots, p_T$，满足 $p_1 = x_i$，$p_T = x_j$，且 $p_t + 1$ 由 p_t 密度直达，则称 x_j 由 x_i 密度可达。也就是说，密度可达满足传递性。此时序列中的传递样本 $p_1, p_2, \cdots, p_{T-1}$ 均为核心对象，因为只有核心对象才能使其他样本密度直达。注意，密度可达也不满足对称性，这个可以由密度直达的不对称性得出。

　　(5) 密度相连：对于 x_i 和 x_j，如果存在核心对象样本 x_k，使 x_i 和 x_j 均由 x_k 密度可达，则称 x_i 和 x_j 密度相连。注意密度相连关系是满足对称性的。

4.3.2　DBSCAN 聚类算法

　　DBSCAN 聚类算法的流程如下：

　　输入：样本集 $D = (x_1, x_2, \cdots, x_m)$，邻域参数$(\varepsilon, \mathrm{MinPts})$，样本距离度量方式。

　　输出：簇划分 C。

　　(1) 计算所有样本点互相的距离矩阵。

　　(2) 计算样本点的 ε 邻域，并计算密度。

　　(3) 若样本点为非核心点，则标记；若样本点为核心点，则做以下步骤：

　　① 将所有直接密度可达的样本点标记为同一类别。

　　② 从这些点中计算是不是另一个核心点，如果是，则将该核心点内的所有点标记为同一类别，如果不是，则跳过。

　　③ 直到 x_i 的 ε 邻域内所有样本点都被搜索完。

(4) 重复上述过程，直到核心点均被处理，将未处理的样本点标记为噪声点。

4.3.3　DBSCAN 算法实现

首先需要计算半径 ε，根据最少数目 MinPits 选择出核心对象，包括距离矩阵计算和邻域内样本点的获取。代码如下：

```python
def distance(data):
    m = data.shape[0]
    dis = np.zeros((m,m))
    for loopi in range(int(data.shape[0])):
        for loopj in range(loopi+1,int(data.shape[0])):
            # vector = X(i)-X(j)
            vector = data.iloc[loopi] - data.iloc[loopj]
            dis[loopi, loopj] = np.dot(vector, vector)
    dis = np.sqrt(dis + dis.T)
    return dis


def find(dis,epsilon):
    index = []
    for loop in range(len(dis)):
        if d[loop]<epsilon:
            index.append(loop)
    return index
```

DBSCAN 算法主程序代码如下(依次从核心点出发找到所有密度可达的点，直到所有的核心点都被处理)：

```python
def dbscan(data,epsilon,minpts):

    m = data.shape[0]
    dealed = np.zeros((m, 1))
    label = np.zeros((m,1))
    nodetype = np.zeros((m,1))
    dis = distance(data)
    number = 1
    for index in range(int(data.shape[0])):
        #node is not dealed
        if(dealed[index]==0):
            d = dis[index,:]
            #index2 is a list node ID of X(index)'s e-domain
            index2 = find(d, epsilon)
```

```
            if len(index2)<2:
            # noise
                dealed[index] = 1
                nodetype[index] = -1
            elif len(index2)<minpts:
            # not core point, maybe noise or bonder
                dealed[index] = 1
                nodetype[index] = 0
            elif(len(index2)>minpts-1):
            # core point
                dealed[index] = 1
                nodetype[index, 0] = 1
                for loopi in index2:
                    label[loopi, 0] = number

                while len(index2):
                # figure out the undealed node in e-domain
                    if(dealed[index2[0], 0]==0):
                        dealed[index2[0]] = 1
                        d = dis[index2[0], :]
                        index_temp = find(d, epsilon)

                        if (len(index_temp)>minpts):
                        # core point
                            for loopj in index_temp:
                                label[loopj, 0] = number
                                if(dealed[loopj]==0 and (loopj not in index2)):
                                    index2.append(loopj)

                        elif(len(index_temp)>1):
                        #   not core point
                            for   loopj in index_temp:
                                label[loopj, 0] = number
                                dealed[loopj] = 1
                    del index2[0]

                number += 1
    return label
```

从结果不难发现，随 ε 值减小，聚类相对集中，噪声点变多，而随 MinPts 值增大，聚类相对集中，噪声点变多，最终好的结果取决于怎么取到合适的参数。

DBSCAN 算法的完整代码如下：

```python
import numpy as np
import pandas as pd
import matplotlib.pyplot as plt

def distance(data):
    m = data.shape[0]
    dis = np.zeros((m,m))
    for loopi in range(int(data.shape[0])):
        for loopj in range(loopi+1,int(data.shape[0])):
            vector = data.iloc[loopi] - data.iloc[loopj]
            dis[loopi, loopj] = np.dot(vector, vector)
    dis = np.sqrt(dis + dis.T)
    return dis

def find(d,epsilon):
    index = []
    for loop in range(len(d)):
        if d[loop]<epsilon:
            index.append(loop)
    return index

def dbscan(data,epsilon,minpts):

    m = data.shape[0]
    dealed = np.zeros((m, 1))
    label = np.zeros((m,1))
    nodetype = np.zeros((m,1))
    dis = distance(data)
    number = 1
    for index in range(int(data.shape[0])):
        if(dealed[index]==0):
            d = dis[index,:]
            index2 = find(d, epsilon)
            if len(index2)<2:
                dealed[index] = 1
                nodetype[index] = -1
            elif len(index2)<minpts:
                dealed[index] = 1
                nodetype[index] = 0
```

```
            elif(len(index2)>minpts-1):
                dealed[index] = 1
                nodetype[index, 0] = 1
                for loopi in index2:
                    label[loopi, 0] = number

                while len(index2):
                    if(dealed[index2[0], 0]==0):
                        dealed[index2[0]] = 1
                        d = dis[index2[0], :]
                        index_temp = find(d, epsilon)
                        print(index_temp)
                        if (len(index_temp)>minpts):
                            for loopj in index_temp:
                                label[loopj, 0] = number
                                if(dealed[loopj]==0 and (loopj not in index2)):
                                    index2.append(loopj)
                        elif(len(index_temp)>1):
                            for   loopj in index_temp:
                                label[loopj, 0] = number
                                dealed[loopj] = 1

                    del index2[0]
                number += 1
    return label


if __name__=='__main__':
    data = []
    with open(r'data.txt') as f:
        for line in f.readlines():
            line = line.strip().split('\t')
            temp = [float(line[0]),float(line[1])]
            data.append(temp)
    data = pd.DataFrame(data, columns=['x', 'y'])
    label = dbscan(data, 0.8, 5)
    label = pd.DataFrame(label, columns=['label'])
    data = pd.concat([data, label], axis=1)
    labelnum = max(data.label)
    colors = ['black','green', 'red', 'blue','yellow', 'hotpink']
```

```
for loopi in range(1,int(labelnum)+1):
        plt.scatter(data[data.label==loopi].x, data[data.label==loopi].y, color=colors[loopi])

plt.scatter(data[data.label == 0].x, data[data.label == 0].y, color=colors[0])
plt.scatter(data[data.label == -1].x, data[data.label == -1].y,color=colors[0])
plt.show()
```

部分数据集如下：

```
1.   # data set
2.   1.658985    4.285136
3.   -3.453687   3.424321
4.   4.838138    -1.151539
5.   -5.379713   -3.362104
6.   0.972564    2.924086
7.   -3.567919   1.531611
8.   0.450614    -3.302219
9.   -3.487105   -1.724432
10.  2.668759    1.594842
11.  -3.156485   3.191137
12.  3.165506    -3.999838
13.  -2.786837   -3.099354
14.  4.208187    2.984927
15.  -2.123337   2.943366
16.  0.704199    -0.479481
17.  -0.392370   -3.963704
18.  2.831667    1.574018
19.  -0.790153   3.343144
20.  2.943496    -3.357075
21.  -3.195883   -2.283926
```

4.3.4　DBSCAN 算法实例应用

首先，我们生成一组随机数据，为了体现 DBSCAN 在非凸数据集上的聚类优点，我们生成了三簇数据，两组是非凸的。初始样本如图 4.14 所示，代码如下：

```
import numpy as np
import matplotlib.pyplot as plt
from sklearn import datasets
%matplotlib inline
X1, y1=datasets.make_circles(n_samples=5000, factor=.6, noise=.05)
X2, y2 = datasets.make_blobs(n_samples=1000, n_features=2, centers=[[1.2,1.2]], cluster_std =
```

```
[[.1]], random_state=9)

X = np.concatenate((X1, X2))
plt.scatter(X[:, 0], X[:, 1], marker='o')
plt.show()
```

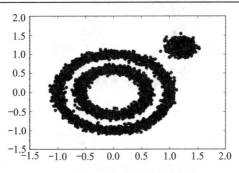

图 4.14　初始样本

首先我们来看看 K-Means 的聚类效果，代码如下：

```
from sklearn.cluster import KMeans
y_pred = KMeans(n_clusters=3, random_state=9).fit_predict(X)
plt.scatter(X[:, 0], X[:, 1], c=y_pred)
plt.show()
```

K-Means 对于非凸数据集的聚类表现不好，这从上述代码输出的聚类效果图可以明显看出(见图 4.15)。

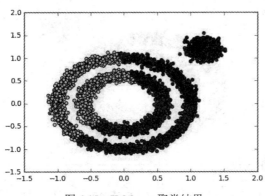

图 4.15　K-Means 聚类结果

使用 DBSCAN 效果如何呢？我们先不调参直接用默认参数，看看聚类效果，代码如下：

```
from sklearn.cluster import DBSCAN
y_pred = DBSCAN().fit_predict(X)
plt.scatter(X[:, 0], X[:, 1], c=y_pred)
plt.show()
```

输出效果如图 4.16 所示。可见输出让我们很不满意，DBSCAN 居然认为所有的数据都是一类！

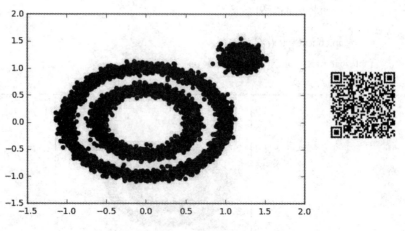

图 4.16　DBSCAN 默认参数聚类结果

我们对 DBSCAN 的两个关键参数 ε 和 MinPts 进行调参。从图 4.16 可以发现，类别数太少，故需要增加类别数，那么我们可以减少 ε-邻域的大小，默认是 0.5，我们减到 0.1 看看效果。代码如下：

```
y_pred = DBSCAN(eps = 0.1).fit_predict(X)
plt.scatter(X[:, 0], X[:, 1], c=y_pred)
plt.show()
```

调参后聚类结果如图 4.17 所示。

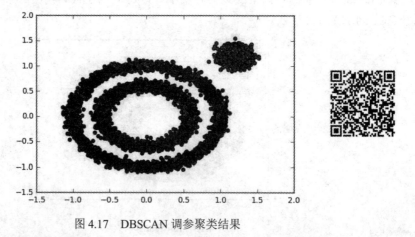

图 4.17　DBSCAN 调参聚类结果

从图 4.17 可以看到聚类效果有了改进，至少边上的那个簇已经被发现出来了。此时我们需要继续调参增加类别，有两个方向都是可以的，一个是继续减少 ε，另一个是增加 MinPts。我们现在将 MinPts 从默认的 5 增加到 10，代码如下：

```
y_pred = DBSCAN(eps = 0.1, min_samples = 10).fit_predict(X)
plt.scatter(X[:, 0], X[:, 1], c=y_pred)
plt.show()
```

DBSCAN 调参优化聚类输出的效果图如图 4.18 所示。

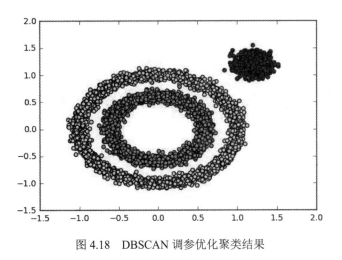

图 4.18　DBSCAN 调参优化聚类结果

本 章 小 结

"物以类聚，人以群分"，聚类分析将大量数据中具有"相似特征"的数据点或样本划分为一个类别，实现了样本集在没有真实值(No Ground Truth)模式下的无监督学习。本章主要针对凹凸不同的数据集以及数据样本集的密度不均匀性、群类别间的差异性特征分析等问题，结合 Sklean 的 Numpy 和 Matplotlib 开源库详细介绍了无监督学习聚类(Clustering)算法中常用的 K-means 算法、Mean Shift 算法以及 DBSCAN 算法的基本原理和具体的实现算法。当然无监督学习还有 BIRCH 方法、高斯混合模型、贝叶斯高斯混合模型等算法，等待着读者们深入的学习和研究。

习　　题

1. 判断下列哪些选项是无监督学习(多选)。
(1) 给定标记为垃圾邮件/非垃圾邮件的电子邮件，学习垃圾邮件过滤器。
(2) 给定一组在网络上找到的新闻文章，将它们分组为一组关于同一故事的文章。
(3) 给定一个客户数据数据库，自动发现细分市场并将客户分组到不同的细分市场。
(4) 给定一组被诊断为是否患有糖尿病的患者，学习将新患者分类为是否患有糖尿病。
2. K-Means 算法的原理和工作流程是什么？K-Mean 算法中的 k 值如何选取？K-Means 算法中常用到的中心距离的度量有哪些？
3. Mean Shift 算法的原理和工作流程是什么？Mean Shift 算法中 mean shift 向量的基本形式是什么？
4. DBSCAN 算法的原理和工作流程是什么？DBSCAN 算法中的核心点、噪声点和边界点该怎么理解？
5. K-Means 算法、Mean Shift 算法和 DBSCAN 算法各自的优缺点是什么？

第 5 章　决　策　树

 本章学习目标:

- 掌握决策树分类方法的思想
- 理解决策树的分类过程，包括特征选择、决策树构造、剪枝以及分类正确率衡量等
- 了解随机森林与决策树算法之间的关联
- 理解决策树在随机森林算法中的使用
- 理解随机森林的构造思想、袋外错误率的计算方法
- 分析决策树与随机森林分类各自的优缺点
- 应用 Python 的 sklearn 模型库中的决策树、随机森林模块实现分类

5.1　决　策　树　简　介

决策树(Decision Tree)是机器学习中最为普遍、也是使用最为广泛的分类算法。决策树以流程图的形式表示，如图 5.1 所示的决策树示例，针对问题"是否接受面试单位提供的职位"，构建形成决策树流程图。图中包含了三个元素，分别为：以框形表示的判断结点，以椭圆形表示的终止结点，以箭头表示的分支判断。

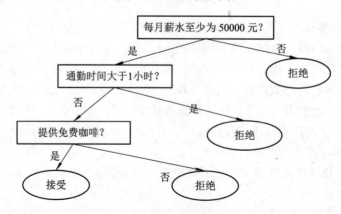

图 5.1　决策树示例

该决策树首先判断所提供的职位的薪水。如果薪水每月小于 50 000 元，则拒绝职位邀约。如果薪水大于等于 50 000 元，则判断通勤时间是否大于 1 小时，如果是，则拒绝该职

位。如果通勤时间小于等于 1 小时，则接着判断工作单位是否提供免费的咖啡。如果提供，则接受该职位，否则，拒绝该职位。

上述的内容可以用 If-Then 规则的形式表示，该树共包含了两个类别：接受和拒绝。该决策树包含的分类规则有：If 每月薪水<50 000 元，Then 拒绝；If(每月薪水≥50 000 元)∧(通勤时间>1 小时)，Then 拒绝；If(每月薪水≥50 000 元)∧¬(通勤时间>1 小时)∧(提供免费咖啡)，Then 接受；If(每月薪水≥50 000 元)∧¬(通勤时间>1 小时)∧¬(提供免费咖啡)，Then 拒绝。决策树中包含的规则的数量正好等于终止结点的个数。分类规则中，符号"∧"表示命题的"与"运算，符号"¬"表示命题的"非"运算。

图 5.1 中所示的决策树还有一个重要的关注点，即判断结点的出现顺序，在下文我们将其称之为分类结点或分支结点。从以上示例可看出，决策树表达的树结构直观且易于理解，这也是决策树分类方法的优势之一。另外，对于用户来说，即使对数据蕴含的信息并不熟悉，也能从中提取出分类规则，并建立形成决策树，这是该方法的另一优点。而根据提供的数据集，构建决策树的过程就是分类规则建立的过程，也就是机器学习的过程。所以构造决策树的过程是决策树分类方法的核心。

5.2　决策树构造

决策树分类算法可以划分为三个阶段：特征选择、决策树构造和决策树剪枝。在这一节中我们主要介绍特征选择和决策树构造这两个阶段。其中，特征选择存在多种常用的方法，下面主要介绍信息增益、信息增益率和基尼系数，而这三种方法分别对应了 ID3、C4.5 和 CART 决策树算法。在 5.2.4 节中将以伪代码的形式阐述决策树递归构造的过程。决策树剪枝将在 5.3 节中阐述。

分类结点是从数据集包含的特征中选取的。此时，我们就需讨论哪个特征具有更好的分类作用，通过建立特征的评估方法进行特征选择。建立特征评估方法，需要引入以下几个概念：信息增益、信息增益率和基尼系数。

5.2.1　信息增益

在介绍信息增益前，先回顾一下信息熵(Entropy)的概念。就像我们需要对距离、重量等生活中的事物进行度量一样，对信息的多少也需要进行度量。克劳德·艾尔伍德·香农(Claude Elwood Shannon)借鉴了热力学中的概念，将熵引入到了信息论中，用于度量集合的信息量。香农被称为信息论之父，由于熵的名字来源于香农，所以也被称为香农熵。

在给出熵的计算之前，先看一下信息的概念，对于待分类事物，它可能被划分在多个类别 x_i $(i = 1, 2, \cdots, m)$ 中，x_i 的信息定义为

$$l(x_i) = -\mathrm{lb}p(x_i)$$

式中，$p(x_i)$ 为事物选择类别 x_i 的概率。对于给定的数据集 D，假设它包含了 m 个类别，则每个类别出现的概率为 $|D_i| / |D| (i = 1, 2, \cdots, m)$，即为 $p(x_i)$。其中，$|D|$ 为数据集包含的样本数量，$|D_i|$ 为属于类别 D_i 的样本数量。

当前数据集 D 的信息期望值定义为它的信息熵，即所有类别所有可能值包含的信息期

望值，由以下公式计算获得：

$$H(D) = -\sum_{i=1}^{m} p(x_i)\mathrm{lb}p(x_i)$$

式中，m 为所有类别的数目。信息熵越小，代表信息包含的不确定性越小，即它的纯度越高。

信息增益(Information Gain)定义为以某一特征划分数据集，划分前后数据集的熵值之差。

假定我们选择特征 A，在数据集中它具有 v 个不同值 $\{a_1, a_2, \cdots, a_v\}$。用特征 A 可将数据集 D 划分为 v 个不同的子集 $\{D_1, D_2, \cdots, D_v\}$。

D_j 包含了 D 中的样本，它们在 A 上具有 a_j 的值。如果以 A 作为数据集的划分特征，则这些子集对应集合 D 的结点生长出来的分支。

由特征 A 对数据集划分成子集后的信息熵由下式给出：

$$E(A) = \sum_{j=1}^{v} \frac{|D_j|}{|D|} H(D_j)$$

其中，$|D_j|$ 表示子集 D_j 包含的样本数量。$H(D_j)$ 的计算公式如下：

$$H(D_j) = -\sum_{i=1}^{m} p(x_i\,|\,D_j)\mathrm{lb}p(x_i\,|\,D_j)$$

其中，$p(x_i\,|\,D_j)$ 表示在划分的 D_j 子集中，类别 x_i 出现的条件概率。

根据特征 A 划分所获得的信息增益计算公式为

$$\mathrm{Gain}(D,A) = H(D) - E(A)$$

当给定数据集后，$H(D)$ 的值是不变的。当 $E(A)$ 的值越小时，信息增益的值越大，说明使用特征 A 对数据集进行划分获得的纯度提升越大。反之，则纯度提升小。

我们在做特征选择时，首先选择信息增益值大的特征作为决策树根结点的分类特征。经典的决策树分类算法 ID3 就是以信息增益作为评估方法来进行特征选择的。

5.2.2　信息增益率

在给定的数据集中，对特征进行信息增益度量存在一个内在偏置，即它偏袒具有较多值的属性，对决策树构造与泛化使用易带来不好的影响。

例如，在数据集中有一个特征为日期，那么它将有大量取值，因而这个特征可能会有非常高的信息增益值。当它被选作树的根结点的分类属性时，会形成一颗非常宽的树，这棵树可以理想地分类训练数据，但是对于测试数据的分类性能可能会相当差。

为了避免上述缺点，信息增益率(Information Gain Ratio)被提出以用于评估特征，进而决定分类结点。经典的 C4.5 决策树算法就是使用信息增益率进行特征选择，从而改进信息增益对特征度量不准确的问题。

信息增益率的计算公式如下：

$$\text{GainRatio}(D, A) = \frac{\text{Gain}(D, A)}{\text{Split}(A)}$$

其中，$\text{Gain}(D, A)$为特征 A 在数据集 D 下的信息增益值。其中，$\text{Split}(A)$的计算如下：

$$\text{Split}(A) = -\sum_{j=1}^{v} \frac{|D_j|}{|D|} \text{lb} \frac{|D_j|}{|D|}$$

特征 A 的取值数目越大，即 v 越大，$\text{Split}(A)$的值也会越大。

　　C4.5 算法采用信息增益率克服了 ID3 算法中用信息增益选择特征时偏向于取值较多的特征的不足。但是对所有特征采用信息增益率，可能会造成偏向于那些取值较少的特征的问题。因而通常会应用一些启发式规则，先计算所有特征的信息增益值，对那些信息增益值高于平均值的特征采用信息增益率度量，并选取增益率大的特征作为最优特征选择。

5.2.3　基尼系数

　　除了上述的信息增益和信息增益率之外，基尼系数(Gini Index)是另一种特征选择方法。CART 决策树算法(Classification and Regression Trees，CART)便是采用了该方法来评估特征。基尼系数的计算公式如下：

$$\text{Gini}(D) = \sum_{i=1}^{m} p(x_i) \cdot (1 - p(x_i)) = 1 - \sum_{i=1}^{m} p(x_i)^2$$

　　它所表达的含义是，如果数据集 D 中共有 m 个类别，样本被划分到每类别 $i(i = 1, 2, \cdots, m)$中，那么样本被正确划分到类别 i 中的概率 $p(x_i)$乘以样本被错误划分到类别之中的概率 $1 - p(x_i)$，即为基尼系数。

　　基尼系数越小，表明样本被错分的概率越小，数据集 D 的纯度越高；反之，被错分的概率越大。

　　特征 A 的基尼系数可被定义为：

$$\text{Gini}(D, A) = \sum_{j=1}^{v} \frac{|D_j|}{|D|} \text{Gini}(D_j)$$

　　计算所有特征的基尼系数，选择基尼系数最小的特征作为最优划分特征。

5.2.4　递归构造决策树

　　构造决策树 GenerateTree()函数递归调用了它自身，以实现决策树的创建过程。首先判断是否分支中的所有样本都属于同一类，如果是，则无须继续下分，直接返回类标签，结束运行，这也是算法运行的终止条件；如果否，则需要继续下分。创建决策树分支的第一步就是寻找最优划分特征，即能更好地对数据集进行分类的特征，在前面几个小节中，我们分别给出了信息增益、信息增益率、基尼系数的评估方法。在确定了最优特征 "A*" 后，根据其对数据集划分，创建分支。在每个分支包含的子集中，递归调用GenerateTree(S*, A/{A*})函数，直到不再继续下分为止，则结束算法过程。在这里说明一下符号表示，"S*" 表示创建的分支子集，"A/{A*}" 表示从特征集中去除已经用于划

分的最优特征"A*"后的特征子集,从该特征子集中再进一步寻找最优特征。决策树的构建过程实现伪代码如下所示:

```
#构建决策树 GenerateTree(Samples, Attribute_list)
输入：训练数据集 Samples；特征集 Attribute_list
输出：决策树类标签
If 数据集中每个子项属于同一分类：
    Return 类标签；
Else
    计算每个特征的信息增益、信息增益率或基尼系数等
    寻找划分数据集的最优特征 A*
    划分数据集
    创建分支节点
    For 每个划分的子集 S*
        递归调用函数 GenerateTree(S*, A/{A*})
        增加分支到分支结点上
    EndFor
EndIf
```

5.3　决策树剪枝

在递归构造决策树后,一棵决策树就已经基本形成了,它包含了分类规则,可用于预测测试集的类别标签。但是,这棵构造完成的决策树没有考虑噪声,因此生成的决策树与训练数据集完全拟合。

但是在有噪声的情况下,将导致过拟合,即生成的决策树分类规则对训练数据集完全拟合,反而使得它对测试数据集、现实数据的分类预测性能下降,决策树的泛化能力较差。

为了提高决策树的泛化能力,需要对它进行剪枝(Pruning),同时该技术能使决策树得到简化而变得更容易理解。

剪枝的过程是:把决策树中过于细分的叶结点剪掉,从而退回到它的父结点,或者父结点的父结点。剪枝过后,这些结点成了叶结点,从而终止了这棵树的进一步增长。过于细分的叶结点出现的原因可能是数据量过少,导致噪声数据增加,而根据这些数据构造形成的树规则,对现实数据的分类是没有什么影响力的。因为现实世界的数据一般不是完美的,可能某些特征上有缺值、数据不完整、不准确,甚至是错误的。根据这些噪声数据构造决策树对树的泛化能力是没有帮助的。

剪枝技术有两种基本的策略:预先剪枝(Pre-pruning)和后剪枝(Post-pruning)。

预先剪枝是在构造树的同时进行剪枝。因而它需要在构造树的过程中,判定是继续对训练子集进行划分还是停止。而决定终止条件的依据有:可以设置作为叶结点或者根结点需要包含的最少样本数量;决策树的层数;结点的熵小于某个阈值。上述三个因素都可以作为参数,应用到算法设计过程中,以达到剪枝的目标。

后剪枝，顾名思义，是在决策树构造完成后，应用剪枝以得到精简版的决策树。所以，它包含了两个阶段：拟合(Fitting)与化简(Simplifying)。

拟合是指生成一棵与训练数据集完全拟合的决策树。化简是指从树的叶结点开始逐步向根的方向剪枝。剪枝时要用到一个测试或验证数据集。假设剪掉某个叶结点后，其在测试数据集上的分类准确率不降低(或者可以建立其他的判断标准，该标准不会变得更坏)，则剪去该叶结点。直到判定所有的叶结点，如果剪去它会导致树的分类性能变差，此时便终止，得到了一棵泛化能力良好的决策树。

在实际中，后剪枝效果要好于预先剪枝，后剪枝方法是目前使用最普遍的方法。这是因为在构造树的过程中，预先精确估计树何时停止增长是一件困难的事。后剪枝决策树的欠拟合风险较小，泛化性能要优于预先剪枝决策树；后剪枝树在完成剪枝后，通常比预先剪枝决策树保留了更多的分支；由于要在构造完树之后，再进行判定剪枝条件，因而后剪枝的计算复杂度较大。剪枝过程中一般要涉及一些统计参数或阈值设置，还需防止过分剪枝(Over-pruning)带来的反作用。

上述介绍的后剪枝方法，也可以称之为错误率降低剪枝(Reduced-Error Pruning，REP)，以验证集作为评估决策树分类正确率的依据，对决策树的剪枝建立上不会降低在验证集上的分类正确率。除此之外，还有悲观错误剪枝法(Pessimistic-Error Pruning，PEP)、代价复杂度剪枝(Cost-Complexity Pruning，CCP)和基于错误的剪枝(Error-Based Pruning，EBP)，它们是根据剪枝前后的错误率、错分样本和树的规模、错分样本数作为判断基准，从而决定是否实行剪枝。所以需要建立目标函数，如果目标函数满足某些条件，则判定剪枝与否。后面三种剪枝方法，想要更深入了解的读者，可自行阅读参考文献。

剪枝阶段完成后，一棵具有良好泛化能力的决策树就生成了。下一阶段，我们通过实例，说明决策树的实现过程，并对决策树进行绘制与存储。Python 提供了很好用的库，为我们完成程序绘制与存储工作提供了便利。

5.4 实例：应用决策树预测鸢尾花分类

5.4.1 鸢尾花数据集简介

sklearn 作为重要的 Python 实现库，可支持分类、聚类、回归等机器学习算法。它内置了大量的数据集，我们在这一节中用于决策树分类实现的鸢尾花(Iris)数据集便是其中的一种。

整个数据集共划分成 3 个类别，分别为山鸢尾(Setosa)、杂色鸢尾(Versicolour)和维吉尼亚鸢尾(Virginica)，这三个类别分别用"0""1"和"2"表征，每个类别分别包含了 50 个样本数。

根据给定的数据集，通过特征选择、决策树构造和剪枝过程，建立形成决策树。在实际的花类判别中，当给定一朵鸢尾花的 4 个特征取值，便可应用决策树判断它属于哪一类。

5.4.2 数据集分析与可视化

在下载数据集后，将其保存为"Iris.cvs"文件，运行如下代码可得到如表 5.1 所示的结果。

```
#数据集分析
import pandas as pd
iris = pd.read_csv('iris.csv')
iris.describe()
iris.plot(kind='box', subplots=True, layout=(2,2), sharex=False, sharey=False)
```

表 5.1　鸢尾花数据集分析

属性	Sepal.Length	Sepal.Width	Petal.Length	Petal.Width
count	150	150	150	150
mean	5.843333	3.057333	3.758	1.199333
std	0.828066	0.435866	1.765298	0.762238
min	4.3	2	1	0.1
25%	5.1	2.8	1.6	0.3
50%	5.8	3	4.35	1.3
75%	6.4	3.3	5.1	1.8
max	7.9	4.4	6.9	2.5

从运行结果可以观察并分析这个数据集的特征属性，包括每个特征属性的取值总数 (count)，均值 (mean)，标准差 (std)，最小值 (min)，位于四分之一、二分之一以及四分之三处的取值，以及最大值。

Python 可以支持从多元的可视角度观察与分析数据集，执行上述数据集分析代码的最后一行，可输出图 5.2，它将每个特征的取值用一个箱形图表示。

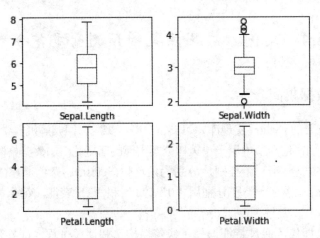

图 5.2　鸢尾花数据集中每个特征的箱形表示

5.4.3　实现决策树分类

决策树分类实现代码如下所示：

```
#构造、输出打印决策树并预测
from sklearn import datasets
import numpy as np
from sklearn import tree
from sklearn.tree.export import export_text

#装载数据集
iris = datasets.load_iris()
iris_data=iris['data']
iris_label=iris['target']
iris_target_name=iris['target_names']
X=np.array(iris_data)
Y=np.array(iris_label)

#训练模型、构造决策树
clf=tree.DecisionTreeClassifier(criterion='entropy', max_depth=3)
clf=clf.fit(X,Y)

#这里预测当前输入的值的所属分类
print('类别是',iris_target_name[clf.predict([[12, 1, -1, 10]])])

#打印树
r = export_text(clf, feature_names=iris['feature_names'])

print(r)
```

代码结构主要划分成以下几步：

(1) 第一步，先装载数据集，并定义了"X"与"Y"，分别对应样本的特征数据集(data)和样本的分类标签集(target)。

(2) 第二步，训练决策树分类模型，sklearn 库中包含了决策树算法，通过声明"from sklearn import tree"，可在接下来的代码中调用决策树算法。调用的函数为 tree.DecisionTreeClassifier()。该函数共包含了 12 个参数，这 12 个参数的默认取值如下：

tree.DecisionTreeClassifier(*,　criterion = 'gini',　splitter = 'best',　max_depth = None, min_samples_split = 2, min_samples_leaf = 1, min_weight_fraction_leaf = 0.0, max_features = None, random_state = None, max_leaf_nodes = None, min_impurity_decrease = 0.0, class_weight = None, ccp_alpha = 0.0)

对这些参数的设置与调整，会影响决策树生成的性能。

criterion = 'gini'，表示特征选择方法使用的是基尼系数，在 5.2.3 节已详细介绍过它的计算方式；设置为 'entropy' 对应信息增益，默认取值为 'gini'。

splitter = 'best'，表示在选择分支结点时，优先选择最佳特征，而它的另一取值为

'random'，则表示随机选择分支结点，random_state 也体现的是相同的设置。从我们之前对决策树构造过程的分析，设置取值为 'best'，而非随机选择特征，这样更符合决策树构造原理。

max_depth 表示树的最大深度。min_samples_split 表示结点划分时，结点上的最小样本数量。min_samples_leaf 表示叶结点上的最小样本数量。这 3 个参数的设置，可用于控制决策树构造时花费的时间复杂度。

min_weight_fraction_leaf 表示叶结点上样本权重和的最小值。

max_features 表示在寻找最优划分属性时，允许搜索的最大属性个数。

random_state 表示每次在划分结点时，特征是随机挑选的。

max_leaf_nodes 表示决策树的最大叶子节点个数。

min_impurity_decrease，当对结点划分时，会引起不纯度值(Impurity，默认采用 'gini' 值)的减少，并且减少的值大于或等于参数值时，对结点进行划分。

class_weight 表示为分类标签设置权重。在判断分类的时候，不是以样本数量计算，而是以样本权重计，因为在一些特殊情况下，某类的样本数量远远大于另一类的样本，此时设置权重，则不会使得建立分类标签时严重偏向于样本数量更多的类别。

ccp_alpha 表示剪枝时允许的最大复杂度，默认为不剪枝。

在实现代码中，我们设置了 max_depth，即最大深度为 3，设置 criterion 为 entropy，其他的参数都采用了默认值。因为给定的鸢尾花数据集本身是非常规范、完备的，且样本数据分类是均衡的，每个类别各包含了 50 个样本数。再调用 fit()函数，将"X"和"Y"输入到分类器中进行训练。

(3) 第三步，训练完毕后，即决策树分类模型建立完成后，我们要应用该模型预测未知数据的类别。调用 predict()函数，运行的结果是"类别是 setosa"。

(4) 第四步，我们希望能将训练完成的决策树打印输出，以便用户能更直观地观察这棵树，如图 5.3 所示。从这棵树中包含的分类规则可以得出，我们要预测的鸢尾花属于最上层的分支 petal length (cm) <= 2.45 所属的分类。

```
|--- petal length (cm) <= 2.45
|    |--- class: 0
|--- petal length (cm) >  2.45
|    |--- petal width (cm) <= 1.75
|    |    |--- petal length (cm) <= 4.95
|    |    |    |--- class: 1
|    |    |--- petal length (cm) >  4.95
|    |    |    |--- class: 2
|    |--- petal width (cm) >  1.75
|    |    |--- petal length (cm) <= 4.85
|    |    |    |--- class: 2
|    |    |--- petal length (cm) >  4.85
|    |    |    |--- class: 2
```

图 5.3　决策树输出打印

图 5.3 中对决策树的表达形式不太直观，且决策树中包含的信息不够丰富。我们采用

另一种方法将树打印输出。代码如下所示，其中 clf 是代码"构造、输出打印决策树并预测"中训练构成的决策树模型。在 D 盘指定的目录下，建立"decisiontree.dot"的文件用于存储输出的决策树。使用 export_graphviz()方法输出，并且需要事先声明。要实现该方法，需要安装 GraphViz 画图软件，它是开源软件，安装过程可自行实现。

```
#将决策树模型以 dot 格式文件输出
from sklearn.tree import export_graphviz


with open("D:\classificaiton\decisiontree.dot", "w") as wFile:

    export_graphviz(clf,out_file=wFile,feature_names=iris['feature_names'])
```

代码执行完成后，在命令行中执行"dot -Tpdf decisiontree.dot -o decisiontree.pdf"，将 dot 文件转换为 pdf 文件，它的图形输出如图 5.4 所示。该图中每个结点包含了相关的分类信息、每个结点的信息增益值、每个分支下样本的数目。预测未知样本的类别时，能直观地观察到分支路线。

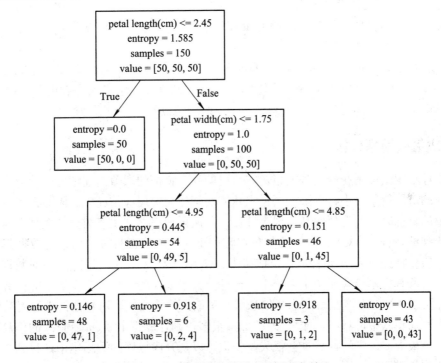

图 5.4　鸢尾花的决策树模型的图形化输出

5.4.4　决策树存储

根据样本数据集，构造决策树模型要花费的时间较长。但是一旦创建完成，使用它进行分类预测，花费的时间却很短。因此我们有必要将决策树模型存储，并在使用的时候能够读取并调用该决策树。将决策树写入文件并从文件中读取的实现如代码"pickle 模块存储决策树"所示。

Python 中模块 pickle 序列化对象，支持在磁盘上保存和读取对象。任何对象都可以执行序列化操作，字典、列表也是可以被保存的，代码如下所示：

```
# pickle 模块存储决策树
import pickle

#存储
fw=open('tree.txt', 'wb')
pickle.dump(r, fw)
fw.close()

#读取输出
fr=open('tree.txt', 'rb')
pickle.load(fr)
```

首先以二进制格式('wb')打开文本文件 'tree.txt'，再调用 dump()函数将决策树对象 "r"转换成二进制文件存储起来。

在读取决策树文件并打开后，调用 load()函数将二进制文件转换为可读对象，即决策树输出。

注意：我们这里使用的版本是 Python 3，它包含的 pickle 模块是以二进制形式存储的，因而使用 'wb'；而在 Python 2 版本中，pickle 模块是以 ASCII 码保存的，使用 'w'。同样，在读取文件中，'rb'、'r' 与 Python 3、Python 2 相对应。

5.4.5　决策树模型分析

我们仔细观察鸢尾花分类数据集，它给出的 4 个特征的取值是连续值，而非离散值。连续特征的可取值数目不再有限，根据它建立决策树会使树非常庞大。因而，当我们遇到连续取值的特征时，首先要对其实现离散化，其次再递归建立决策树分类模型。

对于连续特征值，C4.5 算法的处理过程如下：首先根据特征取值，对数据集进行升序排序，假设特征 A 共有 n 种取值，取值为 $a_j(j=1, 2, \cdots, n)$；用阈值 a_j 对数据集动态地划分，将所有样本包含在两个划分中，一部分大于 a_j，另一部分小于等于 a_j；针对每个 a_j 计算对应划分的信息增益率；选择信息增益率最大的特征值，对数据集进行离散化。

从上面的步骤中可看出，如果 a_j 的数量很多，则计算每个候选阈值 a_j 的信息增益率后，再选择最大值，它的计算量会很大。我们可以从升序排序的数据集中，找到中位数并计算它的信息增益率，再往两端扩展，这样更有助于提升计算效率。

从 5.4.4 节中输出的决策树模型可看出，决策树函数 tree.DecisionTreeClassifier()中已经包含了连续值离散化的工作。

决策树构造中还有一个重要的问题是如何处理缺失值。鸢尾花数据集的数据是非常完善的，没有特征属性存在缺失值，减少了决策树分类由于数据噪声引起的分类不准确的问题。但是，在实际中属性存在缺失值是不可避免的。此时就需要思考如何处理它们。

缺失值可以分为两种情形：一是训练样本中存在缺失值；二是测试样本中存在缺失值。当训练样本中存在缺失值时，需要计算具有缺失值属性的信息增益值、增益率等。如果缺失值的数量极少，可以直接将样本抛弃；如果数量较多，根据已知的值，对每个值赋予一定的概率，根据概率取值，补充缺失值。如果是第二种情形，当测试样本存在缺失值时，要将该样本划分到哪个类别呢？可采用的方法是，计算该样本对所有可能的分支的类别概率，选择分支概率最大的类别作为它的类别标签。

上述对缺失值处理的解决方案都是实践中常用的方法。但是，事实上，我们无法预知缺失值的实际值，这些方法是对缺失值的一种预测估计，目的是不会致使模型和预测分类产生过大的偏差。

5.4.6 K 折交叉验证

对于分类模型来说，评估它的性能是必不可少的步骤。通常的做法是将样本数据集划分成两个部分：训练集、测试集(或验证集)。先用训练集建立决策树分类模型，再用测试集评估分类效果，并计算分类准确率。因而，性能的评估结果与所选择的训练集、测试集有直接的联系。如果选用相同的训练集和测试集，则评估结果无法令人置信。

常用的评估分类模型的方法有保持法和 K 折交叉验证法(K-Fold Cross Validation)。保持法是将三分之一的样本数据分配到训练集，三分之二的数据分配到测试集。使用训练集得到决策树分类模型，再用测试集评估准确率。

K 折交叉验证法的工作原理是，将样本数据集均等地分成 k 份样本子集，每份样本子集包含的数据量相同。选择其中的 1 份作为测试集，剩下的 $k-1$ 份作为训练集，训练分类模型，计算分类准确率。这 k 份样本子集轮流作为测试集，剩余的 $k-1$ 份用于训练模型，并得到分类准确率。总共得到的分类准确率是 k 个数值，这 k 个数值的均值作为最终的分类准确率。通常 k 的取值为 10，所以被称之为 10 折交叉验证(10-fold Cross Validation)。

K 折交叉验证法的实现包含在了 sklearn 提供的模型库，要使用该方法，可预先声明 "from sklearn.model_selection import cross_val_score"。我们对 Iris 数据集建立的决策树分类模型，通过调用该方法进行评估，实现过程代码如下所示：

```
#决策树预测准确率评估 K 折交叉验证的 Python 实现
from sklearn import datasets
import numpy as np
from sklearn.tree import DecisionTreeClassifier
from sklearn.model_selection import cross_val_score
from sklearn import tree
iris = datasets.load_iris()

iris_data=iris['data']
iris_label=iris['target']
iris_target_name=iris['target_names']
X=np.array(iris_data)
Y=np.array(iris_label)
clf=tree.DecisionTreeClassifier(criterion='entropy',max_depth=3)
```

```
clf=clf.fit(X,Y)

scores = cross_val_score(clf, X, Y, cv=10)
print("mean: {:.3f} (std: {:.3f})".format(scores.mean(), scores.std()), end="\n\n" )
```

它的运行结果为"mean: 0.960 (std: 0.033)"，即分类准确率的均值为 0.96，标准差为 0.033。可得出结论，建立的决策树分类模型的性能是良好的。

5.5　随机森林

5.5.1　随机森林简介

随机森林(Random Forest，RF)是通过集成学习的思想将多棵决策树集成的一种分类方法。这里首先解释一下集成学习(Ensemble Learning)。集成学习的基本思想是组合多个弱分类模型，得到一个更全面的强分类模型，以期降低预测错误率。也就是说，通过多个分类结果的投票机制，决定最终的分类结果，在某些弱分类模型给出了错误的分类时，其他的弱分类模型也能将错误纠正过来，从而降低了错分率，并且认为它优于任何一个单独分类结果。

这多个弱分类模型，就是我们要建立的决策树。决策树的建立过程在前面几节中已经给出了详细的论述以及实现过程。前述中决策树建立的依据是给定的全部样本构成的数据集。

在建立随机森林中的决策树时，要随机且有放回地从样本数据集中抽取样本，作为该树的训练数据集。

随机的目的是：从样本数据集中随机抽取，使得每棵树相互之间是独立的，在做分类预测时，不会相互影响。

有放回的目的是：在建立每棵树抽取训练数据集时，是从完整的样本数据集中抽取，而非从部分子集中抽取，这使得每个决策树分类模型不是片面的，有利于最终应用随机森林投票预测分类时，每棵树有独立的、全面的观点。

5.5.2　随机森林构造

假设我们要构造的随机森林中包含了 B 棵决策树，对于每棵树 T_b 遵循以下的建立过程。首先从整体的训练数据集 Samples 中随机且有放回地抽取 N 个样本(假设每棵决策树的训练样本集大小为 N)，作为树 T_b 的训练样本集。其次，基于获得的训练样本集，执行树的构造过程，包括以下步骤：随机地从特征集(样本的特征维度为 M)中抽取 m 个特征子集($m \ll M$)；再从 m 个特征中寻找最优分类特征，可应用我们在决策树构造过程中介绍的信息增益率、基尼系数等作为衡量方法；根据最优特征建立分支。递归调用这些步骤，直到满足树生长的终止条件，如叶结点中包含的样本数小于等于规定的阈值。至此，决策树 T_b 生长完成。再者，集成这些决策树形成了森林，$T_b(b = 1, 2, \cdots, B)$，该森林中包含了

B 棵树。最后，我们可以应用森林预测新样本 x 的类别标签，投票选择，获得最大票数的类别便是 x 的预测类别。

构造完成的随机森林的形象概念图如图 5.5 所示。由图可看出，我们希望的情形是任意两棵树是尽量独立的。随机森林的分类预测能力主要取决于任意两棵树的相关性和每棵树的分类能力。树之间的相关性越大，错误率越大；每棵树的分类能力越强，整个森林的错误率越低。

图 5.5 随机森林的形象概念图

对决策树之间的相关性和分类能力产生影响的主要因素是参数 m 的取值。m 的值越小，则树之间的相关性越小，但是相应的分类能力也会降低；m 的值越大，相关性和分类能力也会随之增大。因而，需慎重地选择输入参数 m 的取值。

随机森林的生成过程的伪代码形式如下：

\#构造随机森林用于分类 GenerateForest(Samples, N, M, m, B)

输入：训练数据集 Samples，树的训练集大小 N，样本的特征维度 M，常数 m, B

输出：ensemble of trees; category of x

For $b=1$ to B

    从 Samples 中随机、有放回地抽取 N 个样本，作为树 T_b 的训练集

    构造 T_b:

        从 M 中随机地抽取 m 个特征

        从 m 个特征中寻找最优分类特征

        将该特征分裂为两类

        递归调用构造 T_b 的过程

    Until 满足叶结点包含最少的样本数

EndFor

输出由决策树集成的森林 $T_b(b=1,2,\cdots,B)$

预测 x 的类别标签：

    Majority vote$\{C_b(x)\}$ ($b=1,2,\cdots,B$)

以上生成随机森林的伪代码与决策树构造过程不同，它不包含剪枝步骤。

在决策树算法中引入剪枝步骤的主要目的是避免过拟合。但是在随机森林算法中，由于它在实现过程中"随机"地引入，包含随机地选取样本和随机地选取特征子集，每棵树尽量有不同的样本数据和特征组合，避免了共性，从而使得整个森林构建不易于产生过拟合问题。同时，随机的特点也使得建立的森林对缺省值不敏感，即抗噪声能力较强。

5.5.3　袋外错误率

上一小节提到参数 m 值的选取，对森林的性能有决定性影响。袋外错误率(Out-Of-Bag Error，OOB Error)作为森林性能的衡量指标，可用于解决该问题。

我们在决策树性能评估中介绍了 K 折交叉验证方法，如果使用 K 折交叉验证方法的话，需要将样本数据集分为训练集和测试集/验证集，利用这样一个独立的测试集来验证分类能力。但是在随机森林算法中，决策树生成的过程中会产生袋外数据，可直接应用袋外数据计算袋外错误率以对分类误差建立无偏估计。而无需像决策树一样，将样本数据集分裂，单独地划分出测试集。这是决策树算法与随机森林算法的不同之处，也是随机森林算法的优势。

袋外错误率中袋外(Out-Of-Bag)的意思是指，当随机且有放回地从样本数据集中抽取数据并构建每棵决策树 T_b 时，大约有三分之一的样本数据没有参与到该树的生成中，这部分数据集就是 T_b 的袋外数据集。用袋外数据集代替测试集，通过计算袋外错误率来进行误差估计。

袋外错误率的计算方法如下：

(1) 假设袋外数据的样本数量为 O，应用已经生成的树对每个袋外样本进行分类预测；
(2) 应用投票机制和少数服从多数原则，决定每个袋外样本的预测类别；
(3) 比对样本的实际类别与它的预测类别，获取错分的样本数 O'；
(4) 计算错分率 O'/O，将其作为袋外错误率，即随机森林的错分率。
设置不同的 m 参数取值，计算相应的袋外错误率。错误率越小，说明 m 的取值越优。

5.6　实例：随机森林实现鸢尾花分类

这里使用鸢尾花数据集实现随机森林分类模型。Python 代码的实现过程包含了装载数据集、构造随机森林和准确率评估等几个部分，其结构与决策树算法相同。模型建立过程中，调用 RandomForestClassifier()方法，参数 n_jobs 设为 2，森林构建的其他参数都采用默认值。具体实现代码如下所示：

```
#应用随机森林实现鸢尾花分类
from sklearn import datasets
import numpy as np
from sklearn.datasets import load_iris
```

```
from sklearn.ensemble import RandomForestClassifier
from sklearn.model_selection import cross_val_score
#装载数据集
iris = datasets.load_iris()
iris_data=iris['data']
iris_label=iris['target']
iris_target_name=iris['target_names']
X=np.array(iris_data)
Y=np.array(iris_label)


#训练模型，构造随机森林
clf=RandomForestClassifier(n_jobs=2)
clf=clf.fit(X,Y)


#分类准确率计算
scores = cross_val_score(clf, X, Y)
print("Mean:", scores.mean())
print("std:", scores.std())
```

RandomForestClassifier()函数中包含的重要参数有：max_features，表示单个决策树允许使用的最大特征数量，也就是我们在上一节提到的 m 的取值，它的取值对随机森林性能有重要的影响，赋值可以是数值，也可以是占总特征数的比例；n_estimators，是指森林中包含的树的数目，即上节所说的 B 的取值；bootstrap，表示自助采样，默认取值为True，即采用自助采样，如果为 False，则所有的数据集都用于建立森林中的决策树；oob_score，是否采用袋外样本集来验证分类准确率，默认取值为 False；n_jobs，并行运行中采用的进程数，默认取值为 1，即不并行运行，取值为 −1，表示使用所有的核数。该函数还包含一些其他的参数，是关于决策树构建方面的，这部分已经在 5.4.3 节实现决策树分类中阐述过，在此不再赘述。所有参数取值的设置有助于我们更灵活地使用随机森林算法，并得到令人满意的结果。

分类准确率计算调用了 cross_val_score 方法，参数同样采用默认值。它的运行结果为"Mean:0.967，std:0.021"。分类准确率的均值为 0.967，标准差为 0.021。而决策树分类算法的均值为 0.96，标准差为 0.033。由此可以看出在相同的情形下，随机森林的运行结果是优于决策树算法的，虽然结果不是特别明显。因为我们使用的 Iris 数据集是非常完善的，在一些有噪声的数据集中，可能随机森林的优势会更明显。

图 5.6 是我们将生成的随机森林中包含的决策树图形化输出的部分示例，值得说明的是，树的数目是非常大的，本例共包含了 100 棵决策树。

观察图 5.6(a)，该决策树包含的特征有：petal width、sepal width 和 petal length。图5.6(c)共包含了 4 个特征，除了上述 3 个特征外，还包含 sepal length。但是图 5.6(b)只包含

了 2 个特征：petal width 和 petal length。而且这 3 棵树的深度也是不相同的，因为我们没有在算法里指定最大深度值。

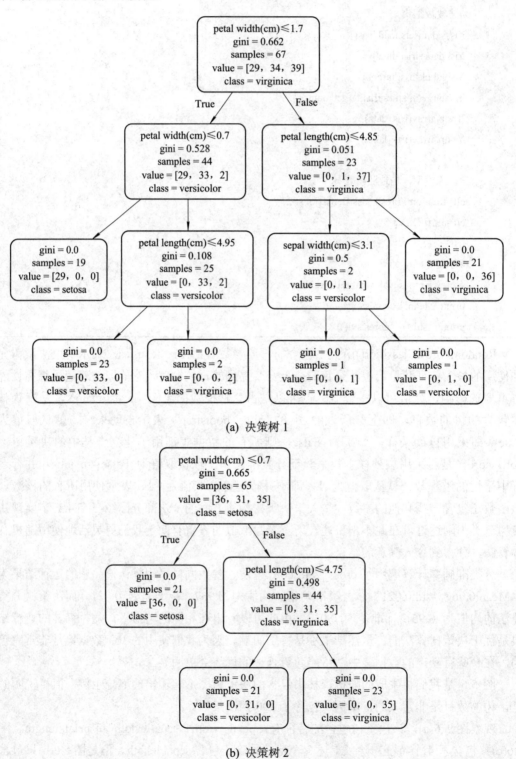

(a) 决策树 1

(b) 决策树 2

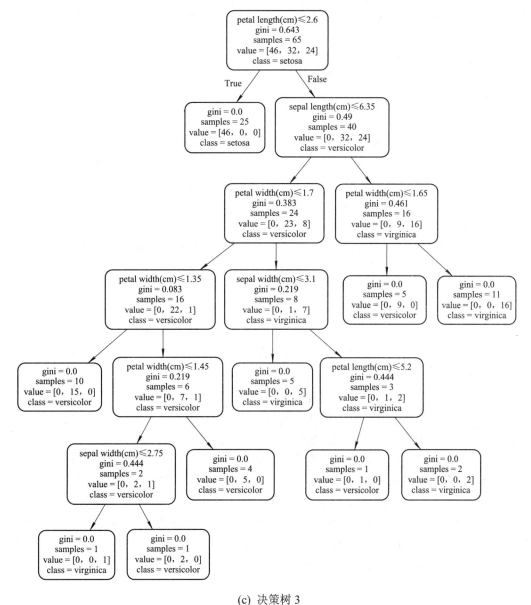

(c) 决策树 3

图 5.6　随机森林中决策树示例

5.7　决策树与随机森林的优缺点

1. 决策树的优缺点

作为早期经典的分类算法，决策树算法有它自身的优势。决策树算法的输出结果直观且易于理解，即使对数据的背景知识了解不深，只要对决策树包含的规则能够理解，也能使用该算法，适用范围较广；对缺失值不敏感，并能处理不相关特征的数据；在建立决策树模型前，对数据的预处理工作是简单的，或者是不必要的；算法的计算复杂度不高，对数据量较少的样本数据集可以建立决策树，对大型数据集也能在相对较短的时间内获得良好的结果。

决策树算法中的 C4.5 算法是对 ID3 算法的改进，主要体现在分类特征的选择上，由信息增益率代替信息增益，避免了取值较多的特征被过多关注；对连续取值的特征，可以离散化处理；对某些值缺失的特征，可以采用补充缺失值等方法而不影响模型的建立；增加的剪枝步骤，可有效地减少过拟合。

决策树算法的主要的缺点是即使增加了剪枝步骤，依然会产生过拟合问题，导致泛化能力较差；如果样本数据集过大，在每次确定分类结点的分类特征时都需扫描、排序，则计算效率不是很理想；当特征之间具有特定的关联性时，它不太能捕捉数据集这方面的特性；如果样本数据集发生了少量的变动，有可能会导致生成的决策树模型产生剧烈的变动。

C4.5 算法和 CART 算法是常用的两种决策树算法。CART 算法也包含决策树特征选择、树生成和剪枝的步骤。除了上述所说的决策树算法的优点之外，它的优点还包含：它既能做分类，也能做回归，我们在本章中主要是针对分类问题，对回归问题没有过多的涉及。CART 算法还有一个重要的特点是它建立的决策树模型为二叉树。当特征是离散取值时，对特征进行二分(将某些离散值合并)，并不停地往下分，而 ID3、C4.5 算法则可以建立多叉树；当特征是连续取值时，CART 算法则是通过回归方程对目标进行预测。

2. 随机森林的优缺点

随机森林算法的提出时间晚于决策树算法，且算法的核心是建立在决策树之上的。优点主要有：它的预测准确率较高，从 5.6 节的实例中可以看出，它的预测性能是优于决策树算法的；同样不需要过多的前期预处理工作，并且能处理具有高维特征的样本集；在模型生成过程中，能够应用袋外数据，生成误差的无偏估计；泛化能力较强；对缺失值不敏感，也能获得较好的结果；能有效地运行在大型数据集上，模型训练时速度快，采用并行化的方式，因为树之间是相互独立的。

随机森林算法的缺点：对运行结果不像决策树那样有更好的直观特性，损失了可解释性；当数据噪声比较大时，会产生过拟合现象；对有不同取值的特征，取值划分较多的特征会对随机森林产生更大的影响。

本 章 小 结

本章主要介绍了决策树算法和随机森林算法，这两类方法是目前在分类问题上使用最为普遍的方法，且它们的分类效果是较好的。决策树分类算法主要包含分类特征选择、决策树生成和剪枝三个步骤。分类特征选择的目的是如何最优地划分数据集，衡量方法有信息增益、信息增益率和基尼系数，分别对应了决策树中的 ID3、C4.5 和 CART 算法。在决策树构建时，我们给出了它的递归构建过程。由于这样形成的基本决策树还可能存在过拟合问题，因而决策树剪枝也是其中重要的一个阶段，剪枝包含预先剪枝和后剪枝两类。后剪枝方法的使用更加普遍，因为它的欠拟合风险较小。然后通过 sklearn 库中自带的鸢尾花数据集，实现了决策树算法。将它以图形化的方式输出，使得显示更加直观，且应用 Python 语言中的 pickle 模块存储决策树结果。最后是应用 K 折交叉验证方法衡量分类准确率。

在建立决策树理论的基础上，随机森林方法被提出。本章主要介绍了它的基本思想、构造过程，以及其中重要的概念即袋外错误率。同样应用鸢尾花数据集举例，给出了它的实现过程，并与决策树的分类准确率进行了比较。在该实例中，随机森林的分类准确率略优于决策树算法。

最后在结束的部分，我们讨论了决策树算法与随机森林算法各自的优缺点。在各自的条件下，可以找寻它们分别适用的领域。

习　　题

1. 阐述决策树分类的过程，它包含了哪些主要步骤？

2. 在相同的参数条件下，试比较 ID3、C4.5 和 CART 这 3 种决策树算法的性能，并对结果给出合理的解释。

3. 在相同参数取相同值的条件下，调整参数取值，比较与分析决策树算法与随机森林算法的性能。

4. 试调查，决策树算法和随机森林算法都有哪些常见的应用场景？

第 6 章　朴素贝叶斯

 本章学习目标:

- 理解先验概率、条件概率及贝叶斯定理
- 掌握朴素贝叶斯的分类过程
- 了解基于朴素贝叶斯算法的扩展方法,包括高斯朴素贝叶斯、多项式朴素贝叶斯、伯努利朴素贝叶斯等
- 理解将字符列表转换为特征向量的方法,包括词集、词袋模型、TF-IDF 算法等
- 理解朴素贝叶斯应用于垃圾电子邮件过滤的实现过程,并应用 Python 提供的模块实现电子邮件过滤
- 理解 EM 算法的基本原理
- 基于 Python 提供的模块实现 EM 算法,将其应用于鸢尾花分类实例中

概率论在分类问题中起到了基础作用,本章的朴素贝叶斯分类方法便是典型的概率应用。因此,本章先是引入了贝叶斯定理,基于该定理给出了朴素贝叶斯的分类过程。在该分类过程之上,给出了基本的朴素贝叶斯方法,以及高斯、多项式、伯努利和补码朴素贝叶斯方法的核心思想,并基于这些方法对鸢尾花数据集实现分类。最后介绍了朴素贝叶斯如何应用于过滤垃圾电子邮件中,并通过 Python 编程语言实现。该示例重点贯穿了通用的朴素贝叶斯方法的使用过程,以及其中的重要步骤,如何将字符列表转换为特征向量的常用方法,包括词集、词袋模型以及 TF-IDF 算法。

由于朴素贝叶斯方法是对完备的数据集进行分类,当遇到不完备的情形时,可以采用 EM 算法。它是一种无监督的学习方法,同时也是一种经典的优化算法。首先介绍了 EM 算法的提出背景,然后介绍了它的基本思想以及实现的伪代码,最后基于 EM 算法对鸢尾花数据集进行聚类,并分析了它的聚类结果。

在本章的最后,分析了朴素贝叶斯分类方法与 EM 算法的优缺点,以及它们的常见应用领域。

6.1　贝 叶 斯 定 理

6.1.1　贝叶斯定理的提出

贝叶斯定理是由英国的数学家托马斯·贝叶斯(Thomas Bayes,1702—1761 年)提出

的。他在 1942 年曾当选过英国皇家学会会士。贝叶斯的遗产受赠者 R. Price 牧师宣读了他的遗作《论机会学说中一个问题的求解》。该著作中包含了贝叶斯定理。但是贝叶斯定理却很快被遗忘了。后来，法国的数学家拉普拉斯(Laplace，1749—1827 年)将该定理重新带入到科学界中。但是直到 20 世纪统计学的兴起，贝叶斯定理才受到更大的瞩目。现在贝叶斯定理已经是概率统计中的基本内容之一。

贝叶斯定理也被称为贝叶斯公式或贝叶斯规则，是概率统计中应用所观察到的现象对有关概率分布的主观判断(即先验概率)进行修正的标准方法。

贝叶斯定理用于机器学习的分类中，主要的思想是基于训练样本集中已知的先验概率和条件概率，为预测样本选择最优的类别标签，即计算预测样本属于各个已知类别的概率，并选择最大概率作为该预测样本的类别。该理论应用于分类时效果良好，且非常流行。在实际应用中，先验概率并不总是已知的，所以有各类不同的方法被提出用于计算先验概率。如基本的朴素贝叶斯方法中，有时会假设所有类别的先验概率是相等的。

当数据量比较少时，条件概率的衡量并不总是准确的，所以在不同的应用领域中，会应用一些常见的分布来计算，包括高斯分布、多项式分布等。如将朴素贝叶斯方法用于文本分类问题时，经常应用多项式分布方法来计算条件概率，即多项式朴素贝叶斯分类方法。

6.1.2　条件概率

条件概率(Conditional Probability)是指在事件 X 发生的条件下事件 C 发生的概率，即 $p(C|X)$。

联合概率是指事件 X 与 C 共同发生的概率，即 $p(X, C)$。因此有

$$p(X, C) = p(C|X)p(X)$$

或

$$p(X, C) = p(X|C)p(C)$$

$p(C|X)$ 与 $p(X|C)$ 都表示条件概率。

根据贝叶斯定理，有下式成立：

$$p(C|X)p(X) = p(X|C)p(C)$$

$p(C)$、$p(H)$ 是指事件 C、H 发生的先验概率。$p(C|X)$ 代表事件 X 成立的情形下观察到 C 发生的概率。$p(C|X)$ 是后验概率，或称条件 X 下 C 发生的后验概率，可得出如下公式：

$$p(C|X) = \frac{p(X|C)p(C)}{p(X)}$$

将上述公式应用于分类方法中，即朴素贝叶斯分类。

假设有一个数据集，该数据集围绕"是否购买公寓房"(buy_apartment)为主题，将数据集分为两类。类别属性 buy_apartment 具有两个不同值，即{Yes，No}，"Yes"和"No"分别代表购买与不购买，如表 6.1 所示。

表 6.1 关于"是否购买公寓房"的调查数据集

序号	Age	Income	Credit_rating	Married_or_not	buy_apartment
1	<=30	High	Fair	Yes	No
2	<=30	High	Excellent	No	No
3	31~40	High	Fair	Yes	Yes
4	>40	Medium	Fair	Yes	Yes
5	>40	Low	Fair	No	Yes
6	>40	Low	Excellent	Yes	No
7	31~40	Low	Excellent	Yes	Yes
8	<=30	Medium	Fair	No	No
9	<=30	Low	Fair	No	Yes
10	>40	Medium	Fair	Yes	Yes

在描述该数据集时，样本采用属性特征 Age(年龄)、Income(收入)、Credit_rating(信用等级)和 Married_or_not(婚否)描述。Age 的取值为{<= 30，31~40，> 40}。Income 的取值有三种，分别为{Low，Medium，High}，表示收入分为低、中、高三档。属性特征 Credit_rating 的取值为{Fair，Excellent}，表示信用一般及良好。Married_or_not 的取值为{Yes，No}，表示已婚与未婚。

根据上面给出的计算公式，可得出先验概率计算如下：

p(buy_apartment = "yes") = 6/10 = 0.6

p(buy_apartment = "no") = 4/10 = 0.4

条件概率的计算如下：

p(Age<=30 and buy_aparment = "yes") = 1/10 = 0.1

p(Age<=30 | buy_aparment="yes") =

p(Age<=30 and buy_aparment="yes")/p(buy_apartment = "yes") = 0.1/0.6 = 0.167

它表示在购买公寓房的人中，年龄小于等于 30 岁的人的条件概率是 0.167。也可以通过年龄小于等于 30 且购买公寓房的人的数量除以购买公寓房的人的总数计算得出。

p(31 <= Age <= 40 | buy_aparment = "yes") =

p(31 <= Age <= 40 and buy_aparment = "yes") / p(buy_apartment = "yes") = 0.2/0.6 = 0.333

p(Age > 40|buy_aparment = "yes") =

p(Age > 40 and buy_aparment = "yes") / p(buy_apartment = "yes") = 0.3 / 0.6 = 0.5

上面两个式子表示在购买公寓房的人中，年龄为 31~40 岁以及大于 40 岁的人的条件概率分别是 0.333、0.5。

我们还可以计算得出，buy_apartment = "yes" 的条件下收入、信用等级和婚否这三个属性取不同值时的条件概率，这里不再一一给出。

根据贝叶斯定理，可得出下式：

p(Age <= 30 and buy_aparment = "yes")

=p(Age <= 30|buy_aparment = "yes")p(buy_aparment = "yes")

= p(buy_aparment = "yes" | Age <= 30)p(Age <= 30)

由于 p(Age <= 30 | buy_aparment = "yes") = 0.167，p(buy_apartment = "yes") = 0.6，因此，p(Age <= 30 and buy_aparment = "yes") = 0.167*0.6 = 0.1。

由表 6.1 可得出，p(buy_aparment = "yes"|Age <= 30) = 1/4 = 0.25，以及 p(Age <= 30) = 4/10 = 0.4，因此，p(Age <= 30 and buy_aparment = "yes") = 0.25*0.4 = 0.1。

所以，根据贝叶斯定理计算得出的联合概率的等式两边是相等的。

6.2　基于朴素贝叶斯的分类方法

6.2.1　应用条件概率进行分类

假设 X 和 C 在分类中分别表示样本的属性集和类别。假设有两个类别 C_1、C_2，以及 n 个属性特征 X_1、X_2、$\cdots$、X_n。在给定样本的情形下，它的属性取值已知，分别为 $x_1, x_2, \cdots, x_n$。计算该样本在属性已知条件下被分到这两个类别的概率，即计算 $p(C_1 | X_1 = x_1, X_2 = x_2, \cdots, X_n = x_n)$（简写为 p_1），$p(C_2 | X_1 = x_1, X_2 = x_2, \cdots, X_n = x_n)$（简写为 p_2）。p_1 和 p_2 的取值范围为[0,1]。

如果 $p_1 \geqslant p_2$，则该样本的类别属于 C_1；

如果 $p_1 < p_2$，则该样本的类别属于 C_2。

在应用该条件概率分类时，假设每个属性之间都是相互独立的，即每个属性之间条件独立，它的取值并不影响其他属性的取值，并且每个属性对分类问题产生的影响都是一样的。由于该假设在实际生产活动中是不成立的，因而该方法被称为朴素贝叶斯分类方法(Naïve Bayes Classifier)。该方法在求解分类问题时取得了较好的效果，被广泛使用于多个领域中，如垃圾邮件分类、文本分类等。

以表 6.1 给出的数据集为例，对待分类的样本 X，它的属性取值为 X：(Age<=30，Income = "Medium"，Credit_rating = "Fair"，Married_or_not = "Yes")，判定它所属的类别，即预测该样本所标示的人"是否要购买公寓房"。

应用上述条件概率进行分类，我们要计算的是：

p_1 = p(buy_apartment = "Yes" | Age <= 30，Income = "Medium"，Credit_rating = "Fair"，Married_or_not = "Yes")

p_2 = p(buy_apartment = "No" | Age <= 30，Income = "Medium"，Credit_rating = "Fair"，Married_or_not = "Yes")

并比较两者的大小。

如果 $p_1 \geqslant p_2$，则待分类样本属于类别 buy_apartment = "Yes"，即他购买公寓房；如果 $p_1 < p_2$，则待分类样本属于类别 buy_apartment = "No"，即他不购买公寓房。

6.2.2　分类过程

根据上述的贝叶斯定理以及"朴素"的假设，朴素贝叶斯分类方法的实现过程如下：

(1) 假设有一包含了 m 个样本的集合，$S = \{S_1, S_2, \cdots, S_m\}$，将其作为训练样本集。

每个样本包含了 n 个属性特征 X_1、X_2、$\cdots$、X_n，每个样本的属性取值给定，则样本可由一个 n 维特征向量 $\boldsymbol{x} = \{x_1, x_2, \cdots, x_n\}$ 表示，$x_1, x_2, \cdots, x_n$ 表示样本中每个属性的具体取值。

(2) 假定有 k 个类别 $C_1, C_2, \cdots, C_k$，每个样本属于其中一个类别。

给定一个数据样本 s，其属性取值为 $\{x_1, x_2, \cdots, x_n\}$，而它所属的类别是未知的。可以用最大后验概率来预测 s 所属的分类。

(3) 根据步骤(2)可计算样本 s 属于每个类别 C_i 的后验概率，并从中找到最大概率，即为样本 s 所属的类别。

由于 $p(X)$ 的值对于所有类别都相同，所以只需要寻找使得 $p(X|C_i)*p(C_i)$ 最大的 C_i。

根据 $p(C_i)$ 的值，可分为以下两种情形：

① $p(C_i)$ 为类别 C_i 的先验概率，它的计算为属于类别 C_i 的样本数占总样本的比例。再据此计算 $p(X|C_i)*p(C_i)$。

② 如果类别 C_i 的先验概率未知，则通常假定这些类别是等概率发生的，即

$$p(C_1) = p(C_2) = \cdots = p(C_k) \text{ 成立}$$

因此，求解使得 $p(X|C_i)*p(C_i)$ 最大的类别，转换为求解使得 $p(X|C_i)$ 最大的类别 C_i。

(4) 当样本数据集的属性较多时，计算 $p(X|C_i)$ 的复杂度可能非常大。根据朴素贝叶斯方法的"朴素"假设来计算条件概率，即每个属性之间都是相互独立的。

可以用下式来计算 $p(X|C_i)$：

$$p(X|C_i) = \prod_{t=1}^{n} p(X_t = x_t | C_i)$$

其中，x_t 是样本 s 中属性 X_t 的属性取值，概率 $p(X_t = x_t | C_i)$ 由训练样本集来估算。

(5) 根据上步计算得到的 $p(X|C_i)$ 概率值，寻找最大概率对应的 C_i。

当且仅当 $p(X|C_i)*p(C_i) \geq p(X|C_j) * p(C_j)$，其中，$1 \leq j \leq k$ 且 $j \neq i$，样本 s 被划分到类别 C_i 中。

6.2.3　朴素贝叶斯分类过程

根据上节给出的分类过程，对待分类样本 X，它的属性取值为 X: (Age <= 30，Income = "Medium"，Credit_rating = "Fair"，Married_or_not = "Yes")，判定它所属的类别。

根据贝叶斯定理可得：

$$p(C_i | X) = \frac{p(X|C_i)p(C_i)}{p(X)}$$

需要比较 $p(C_i|X)$ 的概率大小。由于 X 的值已知，且分母相等，因而我们只需比较 $p(X|C_1)p(C_1)$ 与 $p(X|C_2)p(C_2)$。首先根据先验概率计算得出：

$$p(C_1) = p(\text{buy\_apartment} = \text{"Yes"}) = 6/10 = 0.6$$
$$p(C_2) = p(\text{buy\_apartment} = \text{"No"}) = 4/10 = 0.4$$

由于这里的先验概率可以根据样本集计算得出，因而无须作它们都相等的假定。

然后需要计算 $p(X|C_1)$ 与 $p(X|C_2)$。基于朴素贝叶斯方法的"朴素"假设，每个属性之间是相互独立的。因此，

$p(X \mid C_1) = p(\text{Age}<=30, \text{Income} = \text{"Medium"}, \text{Credit\_rating} = \text{"Fair"},$
$\qquad \text{Married\_or\_not} = \text{"Yes"} \mid \text{buy\_apartment} = \text{"Yes"})$
$\qquad = p(\text{Age} <= 30 \mid \text{buy\_apartment} = \text{"Yes"}) \, p(\text{Income} = \text{"Medium"} \mid$
$\qquad \text{buy\_apartment} = \text{"Yes"}) \, p(\text{Credit\_rating}=\text{"Fair"} \mid \text{buy\_apartment}=\text{"Yes"})$
$\qquad p(\text{Married\_or\_not}=\text{"Yes"} \mid \text{buy\_apartment}= \text{"Yes"})$
$\qquad = 1/6 \times 2/6 \times 5/6 \times 4/6 = 5/162 \approx 0.031$

同样可计算得出：

$p(X \mid C_2) = p(\text{Age} <= 30, \text{Income} = \text{"Medium"}, \text{Credit\_rating} = \text{"Fair"},$
$\qquad \text{Married\_or\_not}= \text{"Yes"} \mid \text{buy\_apartment} = \text{"No"})$
$\qquad = 3/4 \times 1/4 \times 2/4 \times 2/4 = 3/64 \approx 0.047$

因此，

$$p(X \mid C_1)p(C_1) = 0.031 \times 0.6 = 0.0186$$
$$p(X \mid C_2)p(C_2) = 0.047 \times 0.4 = 0.0188$$

由于 $p(X \mid C_2)p(C_2) > p(X \mid C_1)p(C_1)$，即 $p(C_2 \mid X) > p(C_1 \mid X)$，因此判定待分类样本 X 属于类别 C_2，即他"不购买公寓房"。

上述例子中，对于类别 C_1 与 C_2 来说，待分类样本 X 的概率值是非常接近的。该示例是基于朴素贝叶斯方法预测未知样本的类别标签，在 6.2.4 节中给出了该实现过程的伪代码。

我们还可以根据分类方法的一般过程，将样本集划分成训练集与测试集，对测试集中的样本预测它们所属的类别，并与实际的类别进行对比，从而计算朴素贝叶斯方法的分类正确率。该过程通过 6.3 节给出的鸢尾花数据集分类以及经典应用——垃圾电子邮件过滤来说明分类过程，并计算得出该方法的分类正确率。

从上面的例子可以看出，朴素贝叶斯方法还具有一些优势，基于朴素贝叶斯方法分类时，可以给出待分类样本属于每个类别的具体概率值，通过具体的概率值来判断所属的类别。如上例，待分类样本 X 属于两个类别的概率是非常接近的，实际中可能划分到这两个类别都是可行的。另外，对于多类别划分，一般的分类方法划分到多个类别可能需要调整算法的计算过程，并会对算法的复杂度形成大的影响，但是朴素贝叶斯方法的分类思想与分类过程是不受影响的，当样本的属性特征数量很多时，算法的效率可能会受影响。当样本数量、特征数量都很多时，计算得出的类别所属的概率值可能会极小，此时对于条件概率计算公式可能需要做一些调整，比如取对数，从而使得到的概率不会过小，进而影响概率值大小的比较。

6.2.4　朴素贝叶斯的实现代码

根据 6.2.2 节朴素贝叶斯的分类实现过程，得到朴素贝叶斯的实现伪代码如下所示。

　　输入：样本数据集 S；其中包括每个样本的属性取值及其所属类别 $C_i (i = 1, 2, \cdots, k)$、待预测样本 s 及其属性取值 $x_t (t = 1, 2, \cdots, n)$

　　输出：待预测样本 s 所属的类别 C_t

　　计算每个类别中的样本数量 $N(C_i)$，得到 $p(C_i)$

　　Temp = 0；$C_t = C_1$；

For 每个类别 C_i:

    For 每个属性取值 x_t:

        计数在该类别下属性值 x_t 的数量;

        该数量除以 $N(C_i)$, 得到条件概率 $p(X_t = x_t \mid C_i)$;

    Endfor

    计算 $p(X \mid C_i)$;

    计算 $p(X \mid C_i)p(C_i)$;

    If $p(X \mid C_i)p(C_i) >$ Temp

        Temp $= p(X \mid C_i)p(C_i)$

        $C_t = C_i$

    Endif

    Endfor

    Return C_t

根据朴素贝叶斯算法,在样本数据集中每个样本的属性取值以及所属的类别都是已知的。根据给出的待分类样本的属性取值,确定它的类别标签,是算法的实现目标。

首先计算每个类别 C_i 的先验概率;其次,在每个类别下,计算待分类样本每个属性取值的条件概率;再者,根据朴素贝叶斯的"朴素"假设,计算每个类别下待分类样本的条件概率;最后,比较上一步计算得出的条件概率与先验概率的乘积,乘积最大的类别即为待分类样本的类别标签。

6.2.5　朴素贝叶斯的扩展方法

除了 6.2.4 节给出的基本朴素贝叶斯分类方法之外,还有其他几种常用的分类模型,主要是在基本分类方法上,对条件概率提出了不同的计算方法。

1. 高斯朴素贝叶斯(Gaussian Naive Bayes,Gaussian NB)方法

Gaussian NB 方法假定在每个类别中各个属性值是服从正态分布的,适用于连续变量,每个类别 C_i 中属性 X_t 的取值为 x_t 的条件概率,根据正态分布的概率密度函数计算,如下式所示:

$$p(x_t \mid C_i) = \frac{1}{\sqrt{2\pi\sigma_{c_i}^2}} \exp\left(-\frac{(x_t - \mu_{c_i})^2}{2\sigma_{c_i}^2}\right)$$

2. 多项式朴素贝叶斯(Multinomial Naive Bayes,MNB)方法

MNB 方法适用于多项式分布数据,类别 C_i 中的属性分布由向量 $\theta_i = (\theta_{i1}, \theta_{i2}, \cdots, \theta_{in})$ 表示。其中,n 表示属性的数量,θ_{it} 表示在样本集中属性 x_t 在类别 C_i 中所占的比重(出现的概率),即 $p(x_t \mid C_i)$。其计算如下式所示:

$$p(x_t \mid C_i) = \frac{N_{it} + \alpha}{N_i + \alpha n}$$

其中:N_{it} 表示训练样本集中类别 C_i 中 x_t 的出现次数;$N_i = \sum_{t=1}^{n} N_{it}$,表示类别 C_i 中的所有

样本数；α 的取值范围为[0, 1]，为平滑参数，以防止概率计算结果为 0 的情形，$\alpha = 1$ 时为拉普拉斯(Laplace)平滑，$\alpha < 1$ 时为利德斯通(Lidstone)平滑。

MNB 在文本分类中得到了很好的应用，将在6.4节通过示例说明该方法的具体使用。

3. 伯努利朴素贝叶斯(Bernoulli Naive Bayes，BNB)方法

BNB 方法适用于多元伯努利分布的数据集。样本数据集包含了多个属性特征，但是每个属性的取值被假定为一个二进制变量，即属性取值为 0 的概率为 p，取值为 1 的概率为$(1 - p)$，p 为样本均值。如学生的性别取值为男、女，即形式化为 0、1，性别的取值为概率 p 取值为 0(男)，因而它服从伯努利分布。

因此，需要将样本表示为二进制值的特征向量。如果输入任何其他类型的数据，则 BNB 方法可以将输入值进行二进制化。它的条件概率计算如下式所示：

$$p(x_t \mid C_i) = p(t \mid C_i)x_t + (1 - p(t \mid C_i))(1 - x_t)$$

$p(t \mid C_i)$为类别 C_i 中 x_t 的出现概率。当 x_t 没有出现时，$p(t \mid C_i) = 0$，$p(x_t \mid C_i) = 1 - x_t$ 作为对 x_t 没有出现的惩罚。而多项式朴素贝叶斯则是简单地忽略它的不出现。

4. 补码朴素贝叶斯(Complement Naive Bayes，CNB)方法

CNB 方法是对标准的多项式朴素贝叶斯的一种改进方法，适用于不平衡样本数据集，主要应用于文本分类中。与 MNB 方法相比，该方法取得了较好的分类效果。

上述几种朴素贝叶斯分类模型扩展了该方法的适用范围，且在特定的适用领域内提高了分类性能。针对不同的样本数据集的特点，可选择合适的分类模型使用。

6.3　朴素贝叶斯分类的 Python 实现

sklearn 库中提供了实现朴素贝叶斯分类方法的模块，应用高斯朴素贝叶斯与多项式朴素贝叶斯实现鸢尾花分类预测代码如下所示。

```
from sklearn import datasets
#声明高斯朴素贝叶斯方法
from sklearn.naive_bayes import GaussianNB
#加载鸢尾花数据集
iris = datasets.load_iris()


#调用高斯朴素贝叶斯模块
gnb = GaussianNB()
#拟合样本数据集并预测样本的类别
y_pred = gnb.fit(iris.data, iris.target).predict(iris.data)


#计数分类错误的样本数并打印输出
```

```
print("Number of mislabeled points out of a total %d points : %d"
% (iris.data.shape[0],(iris.target != y_pred).sum()))
#计算分类正确率并打印输出
print(gnb.score(iris.data,iris.target))


#声明多项式朴素贝叶斯方法
from sklearn.naive_bayes import MultinomialNB
#调用多项式朴素贝叶斯模块
mnb = MultinomialNB()
#拟合样本数据集并预测分类
y_pred = mnb.fit(iris.data, iris.target).predict(iris.data)
#计数分类错误的样本数并打印输出
print("Number of mislabeled points out of a total %d points : %d"
% (iris.data.shape[0], (iris.target != y_pred).sum()))
#计算分类正确率并打印输出
print(mnb.score(iris.data,iris.target))
```

运行上述实现朴素贝叶斯分类方法的代码后，输出结果如下：

```
Number of mislabeled points out of a total 150 points : 6
0.96
Number of mislabeled points out of a total 150 points : 7
0.9533333333333334
```

高斯和多项式朴素贝叶斯分类的错分样本数分别为 6、7 个。在该鸢尾花数据集中，高斯朴素贝叶斯的分类正确率略高于多项式方法。

下面给出了伯努利朴素贝叶斯的 Python 实现示例代码。

```
import numpy as np
#生成样本数据集，并为其设置分类标签
X = np.random.randint(2, size=(6, 100))
Y = np.array([1, 2, 3, 4, 4, 5])
#声明伯努利朴素贝叶斯方法
from sklearn.naive_bayes import BernoulliNB
#拟合并预测分类
bnb = BernoulliNB()
bnb.fit(X, Y)
print(bnb.predict(X[2:3]))
#打印输出分类正确率
print(bnb.score(X, Y))
```

代码运行后的输出结果如下：

[3]

1.0

表示对第 3 个样本数据的类别预测为 3，平均分类正确率为 100%。

6.4　示例：过滤垃圾电子邮件

过滤电子垃圾邮件是朴素贝叶斯方法的经典应用场景。在对它应用朴素贝叶斯分类之前，我们需要对文本进行处理。

一般的文本分类过程包括：获取数据集，读取文本文件；检查词条并对其预处理，以保证词条的正确性；对文本文件进行解析，转换成词条向量；应用朴素贝叶斯方法，对训练集进行分类拟合；对测试数据集的类别进行预测，并计算分类正确率。

6.4.1　获取并观察数据集

邮件样本数据集在 Github(https://github.com/Asia-Lee/Naive_Bayes/tree/master/email/)中可以免费下载。在 email 文件夹下，共包含了两个子文件夹 ham 和 spam，每个子文件夹下各包含了 25 封邮件，分别为正常邮件与垃圾邮件，共 50 封邮件。

样本数据集中的文本示例：email/ham 下的邮件以 "*.txt" 命名。第一封邮件的文本内容如下：

Hi Peter,

With Jose out of town, do you want to

meet once in a while to keep things

going and do some interesting stuff?

Let me know

Eugene

该邮件为正常邮件。它的文本内容遵照了一般撰写邮件的规范，有开头的称呼以及落款，并且文字措辞严谨。

同样，email/spam 路径下，我们随机选择两封邮件，并查看它们的文本内容。第一封邮件即 "1.txt" 的内容如下：

--- Codeine 15mg -- 30 for $203.70 -- VISA Only!!! --

-- Codeine (Methylmorphine) is a narcotic (opioid) pain reliever

-- We have 15mg & 30mg pills -- 30/15mg for $203.70 - 60/15mg for $385.80 - 90/15mg for $562.50

-- VISA Only!!! ---

该邮件为垃圾邮件，它没有遵循正常邮件的书写规范，没有称呼和落款。从文本内容上来看，这是一封系统自动推送的药品推销的邮件。该邮件的内容中还有很多特殊字符。

我们再查看一封示例的垃圾邮件——第 13 封邮件的文本内容，即 "13.txt" 的内容如下：

OrderCializViagra Online & Save 75-90%

Online Pharmacy NoPrescription required

Buy Canadian Drugs at Wholesale Prices and Save 75-90%

FDA-Approved drugs + Superb Quality Drugs only!

Accept all major credit cards

　　　　Order Today! From $1.38

该邮件为垃圾邮件，它的格式及文本内容与第 1 封垃圾邮件有相似的特点，同样没有称呼、落款，且有一些正常邮件中不常用的字符。

结合其他的垃圾邮件，我们可以得出，该数据集中提供的垃圾邮件为以广告推销内容为主的垃圾邮件。而且这些邮件中有一些高频词汇，如"credit""visa""mastercard""save"等。对它的分类实现过程代码如下所示。

```python
#朴素贝叶斯实现垃圾电子邮件过滤
import numpy as np
from numpy import *
import re
import random
from sklearn.naive_bayes import MultinomialNB
from sklearn.naive_bayes import ComplementNB

docList = []
classList = []
#遍历 25 个 txt 文件
for i in range(1, 26):
        #读取每个垃圾邮件，并将字符串转换成字符串列表
        wordList = textParse(open('email/spam/%d.txt' % i, 'r').read())
        docList.append(wordList)
        # 标记垃圾邮件，1 表示垃圾文件
        classList.append(1)
        # 读取每个非垃圾邮件，并将字符串转换成字符串列表
        wordList = textParse(open('email/ham/%d.txt' % i, 'r').read())
        docList.append(wordList)
        #标记正常邮件，0 表示正常文件
        classList.append(0)

#创建词汇表，不重复
vocabList = createVocabList(docList)
trainingSet = list(range(50))
```

```
#创建存储测试集的索引值的列表
testSet = []
testClass=[]

#从 50 个邮件中随机挑选出 40 个作为训练集，10 个作为测试集
for i in range(10):
        #随机选取索索引值
        randIndex = int(random.uniform(0, len(trainingSet)))
        #添加测试集的索引值
        testSet.append(trainingSet[randIndex])
        #添加测试集的类别标签
        testClass.append(classList[randIndex])
        #在样本集列表中删除添加到测试集的索引值，形成训练集索引
        del (trainingSet[randIndex])


#创建训练集矩阵和训练集类别标签向量
trainMat = []
trainClasses = []
#遍历训练集，生成训练集矩阵与标签向量
for docIndex in trainingSet:
        trainMat.append(bagOfWords2VecMN(vocabList, docList[docIndex]))
        trainClasses.append(classList[docIndex])


#创建测试集矩阵
testMat=[]
#遍历测试集，生成测试集矩阵与对应的标签向量
for docIndex in testSet:
        wordVector = bagOfWords2VecMN(vocabList, docList[docIndex])
        testMat.append(wordVector)
print("测试集的分类标签为：", np.array(testClass))

#拟合多项式朴素贝叶斯
mnb = MultinomialNB(alpha=1.0, class_prior=None, fit_prior=True)
mnb.fit(np.array(trainMat), np.array(trainClasses))
print("多项式朴素贝叶斯的分类预测结果：", mnb.predict(np.array(testMat)))
print("多项式朴素贝叶斯的分类正确率：", mnb.score(np.array(testMat), np.array(testClass)))

#拟合补码朴素贝叶斯
cnb = ComplementNB()
```

```
cnb.fit(np.array(trainMat), np.array(trainClasses))
print("补码朴素贝叶斯的分类预测结果：", cnb.predict(np.array(testMat)))
print("补码朴素贝叶斯的分类正确率：", cnb.score(np.array(testMat), np.array(testClass)))
```

6.4.2　读取数据集并转换为字符列表

读取电子邮件数据集，并转换成字符列表，存储到 docList 中。需要读取并解析所有邮件的文本内容，将文本中的字符切分，形成一个字符列表，该字符列表中包含了所有可能的字符串。

通过建立 textParse()方法实现，文本解析为字符串的代码如下所示。根据特殊字符对文本切分，并将单词(包含 2 个及以上字符的单词)中的字符转换为小写字母。

```
# 将字符串转换为字符列表
def textParse(bigString):
# 将特殊符号作为切分标志进行字符串切分，即非字母、非数字的字符
    listOfTokens = re.split(r'\W+', bigString)

# 除了单个字母，例如大写的 I，其他单词变成小写
    return [tok.lower() for tok in listOfTokens if len(tok) > 2]
```

标记每份邮件的类别标签，存储为 classList。如果是垃圾邮件，则标记为 1；如果是正常邮件，则标记为 0。

创建词条列表，利用 createVocabList()方法建立词条集合，并返回该列表的代码如下。先创建一个空列表，应用集合 set([ ])，将所有的词条存储到列表中，且不包含重复的词条。

```
#建立词条集合，并返回该列表
def createVocabList(dataSet):

# 创建一个空的不重复列表
    vocabSet = set([])
    for document in dataSet:
    # 取集合的并集
        vocabSet = vocabSet | set(document)
    return list(vocabSet)
```

6.4.3　将字符列表转换为特征向量

上个小节将每份邮件作为一份文本，然后转换为字符列表，并标识了每个列表的类别标签。创建 setOfWords2Vec()函数，将字符列表转换为一个 0-1 向量。该向量的长度为词条列表的长度(即所有文本中包含的不重复的词条的数量)，当一个字符列表包含了某词条时，则该词条对应的元素为 1，否则为 0。

setOfWords2Vec()函数返回结果为词集模型。对它进行改进，建立 bagOfWords2

VecMN()函数，称之为词袋模型。该函数的返回结果的向量元素为词条出现的次数，而非词集模型中的词条是否出现。

```
#建立词集与词袋模型，将字符列表转换为向量
#词集模型
def setOfWords2Vec(vocabList, inputSet):
#创建一个其中所含元素都为 0 的向量
    returnVec = [0] * len(vocabList)

#遍历每个词条，如果词条存在于词汇表中，则置 1
    for word in inputSet:
        if word in vocabList:
            returnVec[vocabList.index(word)] = 1
        else:
            print("the word: %s is not in my Vocabulary!" % word)
    return returnVec          #返回词条向量


#词袋模型
def bagOfWords2VecMN(vocabList, inputSet):
    # 创建一个其中所含元素都为 0 的向量
    returnVec = [0] * len(vocabList)

    #遍历每个词条，如果词条存在于词汇表中，则计数加一
    for word in inputSet:
        if word in vocabList:
            returnVec[vocabList.index(word)] += 1
    return returnVec   # 返回词袋向量
```

值得注意的是，这里给出的词集模型，定义的是每个字符是否出现；而词袋模型定义的是每个字符的出现次数。这两种衡量方式相对是比较简单的，许多科研工作者对此提出了新的计算模型，如 TF-IDF(Term Frequency-Inverse Document Frequency)算法是最常用的方法之一。它主要是衡量一个单词对于一个文档的重要程度。

TF(Term Frequency)表示词频，即某个词汇在一个文档中出现的频率。它的计算公式如下：

$$\text{tf}_{ij} = \frac{n_{ij}}{\sum_k n_{kj}}$$

其中，n_{ij} 表示词汇 t_i 在文档 d_j 中出现的次数，n_{kj} 表示在文档 d_j 中所有词汇的数量。因为每个文档包含的词汇量不一，有的文档包含的词汇量很多，而有的文档包含的词汇量较少，因而 tf_{ij} 需要被归一化处理，以防止它的计算值偏向于词汇量较多的文档。

IDF(Inverse Document Frequency)表示逆文档频率，是指一个词汇普遍重要性的衡量。它的计算公式为如下：

$$\text{idf}_i = \text{lb}\frac{|D|}{|\{j : t_i \in d_j\}|}$$

其中，$|D|$ 表示样本集中包含的文档数量，$|\{j: t_i \in d_j\}|$ 表示在样本集中包含词汇 t_i 的文档数量。

当 $|\{j: t_i \in d_j\}| = 0$ 时，idf 值的计算会产生上溢出。所以，需将 idf 值的计算公式修正为下式，以防止分母为 0 的情形：

$$\text{idf}_i = \text{lb}\frac{|D|}{1+|\{j : t_i \in d_j\}|}$$

因此，衡量 TF-IDF 值，即词汇 t_i 对文档 d_j 的重要程度的计算公式如下：

$$\text{tf-idf}_{ij} = \text{tf}_{ij} \times \text{idf}_i$$

在一个文档内，某一词汇的出现频率比较高，但是在其他的文档内出现频率较低，此时计算得出它的 TF-IDF 值也越高。该词汇对于该文档具有的作用很大。

将文档的向量化过程引入 TF-IDF 值的计算，有助于剔除那些常见词汇对文档分类的影响，从而保留重要的词汇，这些词汇对文档的类别区分度较高，且它们的权重值较高。

在 Python 的 sklearn 库中同样提供了可供调用的模块，该算法的实现代码如下所示。

```python
#TF-IDF 算法的 Python 实例示例
from sklearn.feature_extraction.text import TfidfTransformer
counts = [[3, 0, 1],
          [2, 0, 0],
          [3, 0, 0],
          [4, 0, 0],
          [3, 2, 0],
          [3, 0, 2]]

#计算 TF-IDF 权重值，设置 smooth_idf 参数值为 False
transformer1 = TfidfTransformer(smooth_idf=False)
tfidf1 = transformer1.fit_transform(counts)
print (tfidf1.toarray())

#计算 TF-IDF 值，但是未设置 smooth_idf 参数值，即为默认值 True
transformer2 = TfidfTransformer()
tfidf2=transformer2.fit_transform(counts)
print (tfidf2.toarray())
```

```
#用于文本分类，并计算词汇的 TF-IDF 值
from sklearn.feature_extraction.text import TfidfVectorizer
corpus = [
        'This is the first document.',
        'This document is the second document.',
        'And this is the third one.',
        'Is this the first document?',
]
#输出词汇特征
vectorizer = CountVectorizer()
X = vectorizer.fit_transform(corpus)
print(vectorizer.get_feature_names())
#输出 TFIDF 权重值
vectorizer = TfidfVectorizer()
tfidf=vectorizer.fit_transform(corpus)
print(tfidf.toarray())
```

以上代码给出的是 TF-IDF 算法的基本实现，即它的输入数据样本是数值，而非文本。先从 sklearn.feature_extraction.text 库中声明 TfidfTransformer 模块。以一个简单的数据集观察该算法的运行。

由于输入的数据集是数值，这里的 tf_{ij} 值等于给出的样本的属性值。

当设置输入参数 smooth_idf 的参数值为 False 时，得到的输出结果如下：

```
[[0.81940995 0.          0.57320793]
 [1.          0.          0.        ]
 [1.          0.          0.        ]
 [1.          0.          0.        ]
 [0.47330339 0.88089948 0.        ]
 [0.58149261 0.          0.81355169]]
```

在 TfidfTransformer 模块的计算中，idf 值的计算如下式：

$$idf_i = lb\frac{|D|}{|\{j: t_i \in d_j\}|} + 1$$

并对计算得到的同一文档中的 TF-IDF 值进行归一化处理，得到了上述我们看到的输出结果。

每个元素值代表对应的输入样本属性值的 TF-IDF 值，如[0, 0]处的元素值 0.81940995，是 counts 输入矩阵中[0, 0]处的元素 3 转换形成的 TF-IDF 权重值。

接下来的示例中，未设定 smooth_idf 的输入参数值，即采用默认值 True，意味着要采用平滑方法，idf 值的计算如下式：

$$idf_i = lb\frac{1+|D|}{1+|\{j: t_i \in d_j\}|} + 1$$

归一化后，得到的输出结果如下：

```
[[0.85151335 0.          0.52433293]
 [1.         0.          0.        ]
 [1.         0.          0.        ]
 [1.         0.          0.        ]
 [0.55422893 0.83236428 0.        ]
 [0.63035731 0.          0.77630514]]
```

当将 TF-IDF 算法应用于文本特征提取时，sklearn 库中提供了另一模块 TfidfVectorizer。该模块包含 TFidfTransformer 以及 CountVectorizer 模块。CountVectorizer 模块是将一段文本转换为特征向量；TFidfTransformer 模块将向量转换为 TF-IDF 值，进而实现对文本解析形成 TF-IDF 权重值。该模块大大地降低了用户预处理文本的工作量，而且它还包含了去除停用词等工作。

从代码示例可看出，以一个文档集为输入，运行该代码，首先得到的输出结果如下：

```
['and', 'document', 'first', 'is', 'one', 'second', 'the', 'third', 'this']
```

它表示的是包含的所有词汇特征，可以看出，该模块对词汇特征进行了升序排序。其次，得到的 TF-IDF 权重值的输出如下：

```
[[0.         0.46979139 0.58028582 0.38408524 0.          0.
  0.38408524 0.          0.38408524]
 [0.         0.6876236  0.          0.28108867 0.          0.53864762
  0.28108867 0.          0.28108867]
 [0.51184851 0.          0.          0.26710379 0.51184851 0.
  0.26710379 0.51184851 0.26710379]
 [0.         0.46979139 0.58028582 0.38408524 0.          0.
  0.38408524 0.          0.38408524]]
```

该文档集中共包含了 4 个文档、9 个不重复的词汇特征，因而输出为 4×9 的矩阵，每个一维向量对应着每个文档的特征向量值，即 TF-IDF 权重值。如[0, 1]处的 0.46979139 表示 'document' 对第 0 个文档的重要程度。

可以将 TF-IDF 算法结合到本例的垃圾电子邮件过滤中使用，用它来代替词集(词袋)模型。我们将其作为思考题，由读者自行实现，可分析它们对分类效果的影响。

6.4.4　样本集划分

将样本集划分为训练集与测试集。随机选取样本集中的 10 个作为测试集，40 个为训练集。

随机生成 0 到 50 之间的 10 个整数值，将这 10 个整数值存储到 testSet 中，作为测试集的索引值，删除这 10 个值后，剩余的值作为训练集索引 trainingSet。

根据索引值，建立训练集矩阵与测试集矩阵。将 testSet 中的索引值对应的词袋(或词集)向量添加到矩阵中，存储为 testMat，形成测试集。将对应的标签添加到向量中，存储为 testClass。同样地，根据 trainingSet 中的索引值建立训练集矩阵与标签向量，存储为

trainMat 和 trainClasses。

6.4.5　调用算法模块并预测分类

调用朴素贝叶斯模型，使用多项式朴素贝叶斯与补码朴素贝叶斯对训练集进行拟合。预测测试集的类别标签，并计算分类正确率。

代码运行后的输出结果如下：

测试集的分类标签：[0 0 1 0 0 0 0 0 1 0]

多项式朴素贝叶斯的分类预测结果：[0 1 1 0 0 0 0 0 1 1]

多项式朴素贝叶斯的分类正确率：0.8

补码朴素贝叶斯的分类预测结果：[0 1 1 0 0 0 0 0 1 1]

补码朴素贝叶斯的分类正确率：0.8

可得出，分类预测准确率为 0.8，预测结果是较好的。可以对代码运行多次，每次的分类预测结果并不相同，因此我们对训练集是从样本集中随机选取了 80% 的样本量。

补码朴素贝叶斯的预测结果与标准的多项式朴素贝叶斯的结果相同，原因是补码朴素贝叶斯适用于不平衡的数据集，而我们给出的电子邮件样本集是分布均衡的。

6.5　EM 算 法

EM(Expectation-Maximization)算法即最大期望算法是 Dempster 等人于 1977 年提出的。

在朴素贝叶斯算法中，训练样本集的属性及属性值都是已知的，即训练样本集是完整的。但是，在实际应用中我们经常会遇到由于属性值未知而为空的情形，即数据集不完整。如果稀疏度较大时，则朴素贝叶斯算法在类别预测时会遇到困难，而且预测准确率低。因此，EM 算法的提出主要是用于从不完整的数据集中做最大似然估计。

EM 算法是一种无监督的学习方法，它与之前章节中介绍的 K-Means 算法的思想有相似之处，都是通过不断迭代，直到目标函数收敛才结束算法。同时，它的迭代过程也是不断逼近最优值的过程，与梯度上升/下降方法的优化过程类似，因此它也是一种优化算法。

6.5.1　极大似然估计

根据朴素贝叶斯的分类方法，它的分类预测过程转化为如何基于样本数据集计算先验概率 $p(C)$ 和条件概率 $p(X|C)$。

$p(C)$ 通过样本集中样本的分布情况计算或估计，而条件概率 $p(X|C)$ 的估计直接根据样本集来估计会遇到困难。假设有些属性取值在样本集中没有出现，或者有未观测到的样本属性值时，估计会出现很大的误差。因此，条件概率估计的一种常用策略是采用极大似然估计(Maximum Likelihood Estimation)。

先假定其具有某种分布形态，再基于训练样本集对概率分布的参数进行估计。假设 $p(X|C)$ 具有某种确定的形式，且其由参数向量 θ 唯一确定。此时将 $p(X|C)$ 记为 $p(X|\theta)$，目

标转化为由样本数据集 D 估计参数 θ。

假设类别 C 中样本 X 服从同样的分布，且相互之间独立，因而有下式：

$$p(C\,|\,\theta) = \prod_{x \in c} p(X\,|\,\theta)$$

对 θ 进行极大似然估计，去寻找使 $p(C\,|\,\theta)$ 最大化的参数 θ。也就是在 θ 所有可能的取值中寻找使得数据出现的可能性最大的值。

上式中，连乘导致结果会非常小，有可能造成下溢的问题，因而采用自然对数，可将其转换为

$$\mathrm{LL}(\theta) = \ln p(C\,|\,\theta) = \ln \prod_{x \in c} p(X\,|\,\theta) = \sum_{x \in c} \ln p(X\,|\,\theta)$$

此时，$\mathrm{LL}(\theta)$ 最大化时，对 θ 进行估值，估计值 $\hat{\theta}$ 为

$$\hat{\theta} = \arg\max_{\theta} LL(\theta)$$

在样本数据集中，未知或未观察到的属性，被称为隐变量(Latent Variable)。分别用 X 表示已观察到的变量集，Z 表示隐变量集。对 θ 做极大似然估计，将隐变量体现在函数中，则转换为最大化下式：

$$\mathrm{LL}(\theta\,|\,X,Z) = \sum_{x \in c} \ln p(X,Z\,|\,\theta)$$

因此，目标函数为

$$\mathrm{LL}(\theta\,|\,X,Z) = \sum_{x \in c} \ln \sum_{z} p(X,Z\,|\,\theta)$$

为了最大化目标函数式并找出隐变量 Z，引入了 EM 算法进行求解。

6.5.2　EM 算法的基本思想

EM 算法是在概率模型中寻找参数最大似然估计或者最大后验估计的算法。概率模型的建立依赖于无法观测到的隐变量。

EM 算法是一个迭代算法，共包含两个步骤，这两个步骤相互交替进行计算。

第一步是计算期望(Expectation)，即 E 步，在 θ 已知时，根据样本数据集推断出隐变量 Z 的估值，并计算对数似然关于 Z 的期望值。

第二步是最大化(Maximization)，即 M 步，基于已观测变量 X 以及隐变量 Z 的期望值，做极大似然估计，寻找参数 θ 值。

上述两个步骤不断地交替进行迭代，直到 $LL(\theta)$ 收敛。

假设以 θ_0 为初始点，不断地迭代，得到 θ_1、θ_2 等。只要 $LL(\theta_{t+1}) > LL(\theta_t)$ 成立，则迭代将继续，不断迭代的过程，可以认为是不断逼近最优值的过程。

当 $LL(\theta_{t+1}) > LL(\theta_t)$ 不成立时，则函数收敛，并找到了 Z 的期望值。

6.5.3　EM 算法的原理

本小节介绍一下 EM 算法的原理，即它的具体过程。

假设共包含了 m 个样本$(x_1, x_2, \cdots, x_m)$，样本之间相互独立。这样可将目标函数 $LL(\theta\,|\,X,Z) =$

$\displaystyle\sum_{x\in c}\ln\sum_{z}p(X,Z\,|\,\theta)$ 改写为下式：

$$LL(\theta\,|\,X,Z)=\sum_{x\in c}\ln\sum_{z}p(X,Z\,|\,\theta)=\sum_{i}\ln\sum_{z_i}p(x_i,z_i\,|\,\theta)$$

基于 6.5.2 节中对隐变量 Z 求期望，将其转化为计算隐变量 Z 的概率分布。假定每个样本的隐变量 z 服从某种分布，用 Q_i 来表示概率密度函数，$Q_i(z)\geqslant0$ 且 $\displaystyle\sum_{z}Q_i(z)=1$，则目标函数 $LL(\theta\,|\,X,Z)=\displaystyle\sum_{x\in c}\ln\sum_{z}p(X,Z\,|\,\theta)$ 可进一步改写为

$$LL(\theta\,|\,X,Z)=\sum_{i}\ln\sum_{z_i}p(x_i,z_i\,|\,\theta)=\sum_{i}\ln\sum_{z_i}Q_i(z_i)\frac{p(x_i,z_i\,|\,\theta)}{Q_i(z_i)}\geqslant\sum_{i}\sum_{z_i}Q_i(z_i)\ln\frac{p(x_i,z_i\,|\,\theta)}{Q_i(z_i)}$$

(应用 Jensen 不等式)

Jensen 不等式将不在这里详细展开，可参考相关文献。

通过不断调整 $\displaystyle\sum_{i}\sum_{z_i}Q_i(z_i)\ln\frac{p(x_i,z_i\,|\,\theta)}{Q_i(z_i)}$ 的值，使得它逼近极大似然值 $LL(\theta)$，即需要寻找 Q_i 使得式中的等号成立。

假定 θ 已知，x_i 为已知变量，因而 $\dfrac{p(x_i,z_i\,|\,\theta)}{Q_i(z_i)}$ 为一常量，它的取值不依赖于 z_i。并且假设：

$$\frac{p(x_i,z_i\,|\,\theta)}{Q_i(z_i)}=c$$

对于 $Q_i(z_i)$ 项做如下推导，将 z_i 看作变量：

$$Q_i(z_i)=\frac{p(x_i,z_i\,|\,\theta)}{\displaystyle\sum_{z}p(x_i,z_i\,|\,\theta)}=\frac{p(x_i,z_i\,|\,\theta)}{p(x_i\,|\,\theta)}=p(z_i\,|\,x_i,\theta)$$

在参数 θ 已知的情形下，根据上式对 $Q_i(z_i)$ 做条件概率(后验概率)计算。

上述就是 EM 算法的第一步(E 步)。假设已知 θ_t，可求得 $Q_i(z_i)$。

接下来就是第二步(M 步)。根据 E 步获取到的 $Q_i(z_i)$，求使得极大化似然函数的 θ_{t+1} 值。

$$\theta=\arg\max_{\theta}LL(\theta)=\arg\max_{\theta}\sum_{i}\sum_{z_i}Q_i(z_i)\ln\frac{p(x_i,z_i\,|\,\theta)}{Q_i(z_i)}$$

E 步与 M 步不断地迭代，直到收敛，即 $LL(\theta_t)$ 似然值不再变化，或者不再发生明显的变化，最终找到了极大似然值 $LL(\theta_t)$。

从理论上来说，极大似然估计 $LL(\theta)$ 是单调增加的，因而根据迭代步骤，最终会找到极大似然估计值。$LL(\theta)$ 是单调增加的，即 $LL(\theta_{t+1})\geqslant LL(\theta_t)$ 是成立的，该式可以通过推导得到证明，将不在这里详细展开。

根据 EM 算法的实现原理，EM 算法实现的伪代码如下所示。

```
# EM 算法实现的伪代码
Repeat:
    E：for each $x_i$：
        计算 $Q_i(z_i) = p(z_i | x_i, \theta)$
    M：for each$\theta$：
        计算 $\theta = \underset{\theta}{\arg\max} \sum_i \sum_{z_i} Q_i(z_i) \ln \dfrac{p(x_i, z_i | \theta)}{Q_i(z_i)}$
Until：
    $LL(\theta)$ 收敛，即它的极大似然值不再发生明显的变化
```

EM 算法是一种无监督的学习方法，同时也是一种迭代优化算法。EM 算法的目标是对隐变量 Z 进行估值，它的迭代过程与梯度上升/下降优化法的思想相似。但是与梯度法相比，当隐变量的数目较多时，采用梯度上升/下降算法会带来困难，所以 EM 算法也是被广泛使用的非梯度优化方法。

EM 算法主要用于计算条件概率的极大似然估计，被广泛地使用于不完备数据集的统计推断问题，如有未观察数据、缺损数据、截尾数据等。

下一节将给出实例，针对鸢尾花数据集，应用 EM 算法对它的属性特征值进行估计，并分析实验结果。

6.6　示例：EM 算法用于鸢尾花分类

在 sklearn 库中提供了 sklearn.mixture.GaussianMixture 模块，可以用于实现 EM 算法。EM 算法的实现主要有高斯混合模型(Gaussian Mixed Model，GMM)和隐马尔可夫模型(Hidden Markov Model，HMM)。本章主要关注 GMM 模型。

GMM 模型包含了混合模型和高斯模型的特点。混合模型是指多个子分布的概率模型构成的混合分布。高斯分布又称正态分布。高斯混合模型是指由多个高斯分布模型组合而成的模型，其中的子分布模型是隐变量。

sklearn 库中提供的 GaussianMixture()方法包含了一些重要的参数，在使用该方法时需要设置这些参数。重要的参数有：

- n_components：int, default = 1，整型，默认取值为 1。它代表高斯混合模型的个数，也就是我们要聚类的个数，这里因为鸢尾花数据集总共包含了 3 类，将该参数值设为 3。
- covariance_type：枚举型，取值范围为{'full', 'tied', 'diag', 'spherical'}，默认为 'full'。它代表协方差类型，不同的协方差类型代表了不同的高斯混合模型特征。其中：
    full：每个类别都有它自身的通用协方差矩阵；
    tied：代表所有的类别共享相同的通用协方差矩阵；
    diag：每个类别都有它自身的对角协方差矩阵；
    spherical：每个类别有它自身的单方差。
- max_iter：整型，默认取值为 100，表示最大迭代次数。
- tol：浮点型，默认值为 default = 1e-3，用于判定收敛的阈值，当误差小于阈值时，

停止迭代。

　　GaussianMixture 通过拟合高斯混合模型实现 EM 算法。它可以像 k-means 算法实现对数据集的聚类。以鸢尾花数据集为示例，通过调用该函数实现对数据集的聚类，代码如下所示。

```
#基于属性值应用 GMM 算法对鸢尾花聚类
from sklearn.datasets import load_iris
from sklearn.mixture import GaussianMixture
from sklearn import metrics

#加载数据集，获取特征值与目标集
iris = load_iris()
features = iris.data
labels = iris.target

# 调用 GaussianMixture()模块，设置 n_components 参数值为 3
gmm = GaussianMixture(n_components=3, covariance_type='full')

#根据属性特征值，调用 fit_predict()方法预测类别标签
predict_labels = gmm.fit_predict(features)
print(predict_labels)

#采用 calinski_harabasz_score 分别评价 GMM 方法以及实际的聚类效果
score1=metrics.calinski_harabasz_score(features, prediction_labels)
score2=metrics.calinski_harabasz_score(features, labels)
print("the score of the prediction classes is: %f " %score1)
print("the score of the actual classes is: %f" % score2)

#采用 silhouette_score 分别评价 GMM 方法以及实际的聚类效果
score3=metrics.silhouette_score(features, prediction_labels, metric='euclidean')
score4=metrics.silhouette_score(features, labels, metric='euclidean')
print("the score of the prediction classes is: %f " %score3)
print("the score of the actual classes is: %f " %score4)
```

　　我们假设该数据集的类别是未知的，通过已知的属性特征值调用 GMM 方法进行聚类，并与实际的类别进行比较，从而判断 GMM 方法聚类的效果。

　　首先加载鸢尾花数据集，其次分别获取样本的特征值和类别标签。调用 GaussianMixture()模块实现 EM 算法，估计高斯混合分布的参数。调用该模块下的 fit_predict()方法，使用估计的参数预测类别，这里是根据鸢尾花数据集的属性特征值 features 预测类别标签，即实现聚类，并打印输出。运行代码结果如下：

[0 0 0 0 0 0 0 0 0 0 0 0 0 0 0 0 0 0 0 0 0 0 0 0 0 0 0 0 0 0 0 0 0 0 0 0 0

0 0 0 0 0 0 0 0 0 0 0 0 0 1 1 1 1 1 1 1 1 1 1 1 1 1 1 1 1 1 1 1 1 1 1 1 1

1 1 1 1 1 1 1 1 1 1 1 1 1 1 1 1 1 1 1 1 1 1 1 1 1 2 2 2 2 2 2 2 2 2 2 2

2 2 2 2 2 2 2 2 2 2 2 2 2 2 2 2 2 2 2 2 2 2 2 2 2 2 2 2 2 2 2 2 2 2 2 2 2

2 2]

按照输入设置，数据集总共被聚集为 3 类。

下一步要评估聚类效果。sklearn 库的子模块 sklearn.metrics.cluster 中提供了许多聚类评估方法，如 metrics.calinski_harabasz_score()、metrics.silhouette_score() 等。我们调用这两种方法对上述聚类效果进行评价，并将评价结果与实际的分类评价进行比较。

先调用 metrics.calinski_harabasz_score() 方法打印输出 GMM 方法的聚类效果以及实际类别标签的聚类效果。

Calinski-Harabasz(CH) 指标也称为方差比准则(Variance Ratio Criterion)，表示的是类之间样本的分离程度与类内的样本的紧密程度之比。也就是，CH 指标值越大，代表聚类的效果越好。它的具体计算公式可参考相关文献。

代码运行后，CH 指标的输出结果如下：

the score of the prediction classes is: 481.780709

the score of the actual classes is: 487.330876

可以得到，预测类别的 CH 指标值与实际的 CH 值相当接近，它的聚类效果良好。

再调用 metrics.silhouette_score() 方法衡量聚类效果。它的输出结果如下：

the score of the prediction classes is: 0.501176

the score of the actual classes is: 0.503477

轮廓系数(Silhouette Coefficient) 是另一种对聚类效果评价的方法。它是根据簇内的样本不相似度与簇间样本的不相似度之比来衡量聚类效果。不相似度指距离，可根据欧几里得(Euclidean) 距离计算，如代码 "基于属性值应用 GMM 算法对鸢尾花聚类" 中的输入参数值。距离越大，代表不相似度越大，反之亦然。

轮廓系数的计算公式可参照相关文献，它的取值范围为 [-1, 1]。它的取值越大，代表分类越合理。当取值为 1 时，代表聚类合理；当取值为 0 时，代表样本在两个类的边界上；当取值为 -1 时，代表聚类不合理，应被分到别的类中。

如上面得到的输出结果，预测类别的取值为 0.501176，而实际类别的轮廓系数为 0.503477。两者的取值非常接近，说明 GMM 算法的聚类是合理的。

除了 EM 算法之外，前面的章节还介绍了 K-means 算法，这也是常用的聚类算法之一。可以比较这两种方法的聚类效果，我们将其作为思考题由读者自行实践。

本 章 小 结

本章对于分类问题，使用了概率理论中著名的贝叶斯定理，提供了一种利用已知样本的先验概率估计未知概率的方法，即朴素贝叶斯分类方法。该方法是一种非常有效的分类器，尤其在文本分类的领域上取得了较好的效果。

该分类方法的优点是，即使在数据量较少的情况下仍然有效，可以处理多分类问题。用户使用该方法时，无须设置很多的参数值。但是，它对于输入数据的准备方式比较敏感，且由于"朴素"的特点，因而在分类准确率上会带来一些损失。

在基本的朴素贝叶斯分类方法之上，还给出了一些扩展方法，如高斯、多项式、伯努利朴素贝叶斯方法等，可适用于不同的数据分布样本集。在 6.4 节中，给出了该方法应用于垃圾电子邮件过滤时，它的一般使用过程以及 Python 的编程实现。

由于在实际的样本数据集中，我们经常会遇到属性值未知的情形，即数据集含有隐变量，此时对这样的数据集需要估计隐变量，并用极大似然估计类别。EM 算法是一种无监督的优化算法，可以求解这类问题。

EM 算法具有的优势为：它的算法流程较简单且性能稳定，整个迭代过程能保证观察数据的对数似然是单调不减的，即极大似然估计是单调不减的，因而它一定能找到极大似然估计值。同样它也存在一些缺点，比如，当数据集规模大，且数据集呈现多维高斯分布时，它的总迭代过程的计算量大，迭代速度容易受到影响。EM 算法的收敛速度要受初始值设置的影响，初始值设置不当时，计算代价是相当大的。

EM 算法的适用领域广泛，包括对数据集进行聚类，也经常被用于处理数据集的缺失值。

习　　题

1. 基于贝叶斯定理的分类方法主要有哪几种？
2. 试比较各种贝叶斯分类方法的优缺点，以及它们各自适用的情形。
3. 将朴素贝叶斯分类方法应用于垃圾电子邮件的分类中，并用 Python 实现它。
4. 阅读提出补码朴素贝叶斯方法的文献：RENNIE, J D M, SHIH L, TEEVAN J, et al. Tackling the poor assumptions of naive bayes text classifiers. Proceedings of the Twentieth International Conference on Machine Learning (ICML-2003), Washington DC, 2003, 3:616-623. 该文提出并介绍了补码朴素贝叶斯方法的思想及实现过程，并将其与标准的多项式朴素贝叶斯方法比较分类效果。
5. 阅读 TF-IDF 算法的相关文献，将该算法应用于电子垃圾邮件过滤中，并用 Python 编程语言实现它。
6. 试比较 EM 算法与 K-means 算法的优缺点。
7. 试比较 GMM 算法与 K-means 算法在鸢尾花数据集上的聚类效果。
8. 读者可自行查找数据集，在找到的数据集中应用 GMM 方法实现聚类，并分析结果。

第 7 章　关联分析

 本章学习目标：

- 掌握关联分析的基本概念——支持度、置信度、频繁项目集和强关联规则
- 掌握关联分析的经典算法——Apriori 算法的工作原理与工作过程
- 掌握 Apriori 算法中频繁项目集生成的原理
- 应用 Apriori 算法发现毒蘑菇数据集的特征
- 了解 FP-growth 算法的分类步骤
- 理解 FP 树的构建过程
- 应用 FP-growth 算法实现从购物篮中发现关联商品的模式
- 分析 Apriori 算法与 FP-growth 算法的优缺点，并加以比较

7.1 概　述

关联分析(Association Analysis)也称为关联规则学习(Association Rule Learning)，它是机器学习的一个重要的分支。

何为"关联"？若两个或多个变量的取值之间存在某种规律性，就称为关联。关联规则是寻找在同一个事件中出现的不同项的相关性。比如在一次购买活动中所买不同商品的相关性，它的规则是"在购买计算机的顾客中，有 30% 的人也同时购买了打印机"。

在大规模的数据集中寻找这种隐含的关联规则即为关联分析。寻找的过程是一项十分耗时的任务，计算代价高，运用暴力搜索方法无法有效地解决问题。因而需要使用智能搜索方法来求解该问题。

Apriori 算法可有效地解决上述问题。该算法由 Agrawal 等人于 1994 年提出，最初提出的动机是针对购物篮分析问题，目的是发现事务数据库(Transaction Database)中不同商品之间的关联规则，主要是指同时且频繁出现的商品。

关联分析中最经典的例子是"啤酒与尿布"。据报道，美国的一家连锁店发现，男性会在周四购买尿布和啤酒。经调查找到行为背后的原因是，一些年轻的父亲下班后经常要到超市去买婴儿尿布，而在这些年轻的父亲们中，有 30%～40% 的人同时要买一些啤酒。如果按照此规律，超市调整货架上货物的摆放位置，把尿布和啤酒放在一起，可利于增加销售额。但是，当时的这家店并没有如此做。

7.2 Apriori 的基本概念

7.2.1 关联规则

假设 I 是一个全局项目集合。以表7.1中给出的简单交易清单为例，I = {豆奶，莴苣，尿布，葡萄酒，甜菜，橙汁}。

交易数据库 D 由一系列的交易 t 构成。表 7.1 为一个交易数据库，共包含了 5 条交易记录。

定义 1 项目集：是由 I 中项目构成的集合。若项目集包含的项目数为 k，则称此项目集为 k-项目集。

任意的项目集 I_i（$I_i \subseteq I$）和交易 t 若满足 $t \supseteq I_i$，则称交易 t 包含项目集 I_i。

表 7.1 简单交易清单

交易号码	商　　品
0	豆奶、莴苣
1	莴苣、尿布、葡萄酒、甜菜
2	豆奶、尿布、葡萄酒、橙汁
3	莴苣、豆奶、尿布、葡萄酒
4	莴苣、豆奶、尿布、橙汁

在表 7.1 中，项目集可以看成是一个或多个商品的集合。若某顾客一次购买所对应的事务 T 包含项目集 X，就说该顾客在这次购物中购买了项目集 X 中的所有商品。

因此，表 7.1 中包含的项目集有：

1-项目集：{豆奶}，1-项目集：{莴苣}，1-项目集：{尿布}，1-项目集：{葡萄酒}，1-项目集：{甜菜}，1-项目集：{橙汁}。共包含了 6 个项目集。

2-项目集：{豆奶，莴苣}，2-项目集：{豆奶，尿布}，2-项目集：{豆奶，葡萄酒}，2-项目集：{豆奶，甜菜}，2-项目集：{豆奶，橙汁}。

2-项目集：{莴苣，尿布}，2-项目集：{莴苣，葡萄酒}，2-项目集：{莴苣，甜菜}，2-项目集：{莴苣，橙汁}。

2-项目集：{尿布，葡萄酒}，2-项目集：{尿布，甜菜}，2-项目集：{尿布，橙汁}。

2-项目集：{葡萄酒，甜菜}，2-项目集：{葡萄酒，橙汁}。

2-项目集：{甜菜，橙汁}。

3-项目集：……

4-项目集：……

5-项目集：……

6-项目集：{豆奶，莴苣，尿布，葡萄酒，甜菜，橙汁}。

如上所述，为我们列出的基于表 7.1 数据集的所有可能的项目集，详细列出了 1-项目集、2-项目集和 6-项目集。3-项目集、4-项目集和 5-项目集不再详细给出。

当 N(I 中项目的数量)的数值较大时，项目集的数量的增长很大，在项目集中查找关联规则的效率是极低的。

当交易数据库是某一大型超市的数据库时，N 取值的数量级为几千到几万之间，由此生成的项目集的数量是非常庞大的。从项目集中找出关联规则的效率是一大挑战。因此，本章的 Apriori 算法、FP-growth 这两种关联分析算法的核心任务也是如何更有效地处理这些项目集。

定义 2　关联规则：是形如 $X \to Y$ 的规则，其中 X、Y 为项目集且 $X \cap Y = \varnothing$。

同样，以表 7.1 中的数据集为例，它包含的关联规则有：

{豆奶}→{尿布}

{豆奶}→{橙汁}

{豆奶，尿布}→{橙汁}

……

从上述关联规则可看出，我们需要根据定义 1 得到的所有项目集去查找所有可能的关联规则。此处不再一一列出所有的关联规则。

当项目集的数量很大时，所有可能的关联规则的数量也是很庞大的，这会对关联规则的发现工作带来极大的计算量。

我们还需对关联分析进行评价，将在 7.2.2 小节与 7.2.3 小节分别给出项目集与关联规则的衡量指标。

7.2.2　支持度与频繁项目集

定义 3　项目集的支持度(Support)：给定全局项目集 I 和交易数据库 D，一个项目集 $I_i (I_i \subseteq I)$ 在 D 上的支持度为包含 I_i 的交易数量在 D 中所占的交易数量比：

$$\text{support}(I_1) = \frac{\|t \in D \mid I_1 \subseteq t\|}{\|D\|}$$

从表 7.1 中可得到，项目集{豆奶}的支持度为 4/5，因为包含豆奶的交易数为 4，共有 5 条交易记录。项目集{豆奶，葡萄酒}的支持度为 2/5。

定义 4　频繁项目集(Frequent Item Sets)：给定全局项目集 I 和交易数据库 D，D 中所有满足用户指定的最小支持度(Minsupport)的项目集，即大于或等于最小支持度的 I 的非空子集，称为频繁项目集。

假设我们指定最小支持度为 0.5，因此，{豆奶}是频繁项目集，{豆奶，葡萄酒}不是频繁项目集。

定义 5　最大频繁项目集(Maximum Frequent Item Sets)：在频繁项目集中选出所有不被其他元素包含的频繁项目集称为最大频繁项目集。

7.2.3　置信度与强关联规则

定义 6　置信度(Confidence)：同样在 I 和 D 上，它是针对一条关联规则(如 $I_1 \to I_2$)定义的。$I_1 \to I_2$ 的置信度是指项目集 $I_1 \cup I_2$ 的支持度与项目集 I_1 的支持度之比：

$$\text{Confidence}(I_1 \to I_2) = \frac{\text{support}(I_1 \bigcup I_2)}{\text{support}(I_1)}$$

其中 I_1、$I_2 \subseteq I$，$I_1 \cap I_2 = \varnothing$ (根据关联规则的定义)。

同样以表 7.1 为例，关联规则{尿布}→{葡萄酒}的置信度计算为：support({尿布，葡萄酒}) / support({尿布}) = (3/5) / (4/5) = 3/4。

推导：

$$\text{Confidence}(I_1 \to I_2) = \frac{\text{support}(I_1 \bigcup I_2)}{\text{support}(I_1)} = \frac{\|t \in D \mid (I_1 \bigcup I_2) \subseteq t\| / \|D\|}{\|t \in D \mid I_1 \subseteq t\| / \|D\|}$$

$$= \frac{\|t \in D \mid (I_1 \bigcup I_2) \subseteq t\|}{\|t \in D \mid I_1 \subseteq t\|}$$

根据推导关联规则 $I_1 \to I_2$ 的置信度为包含 I_1、I_2 的交易数量与包含 I_1 的交易数之比。

定义 7 强关联规则：交易数据库 D 在全局项目集 I 上满足指定的最小支持度和最小置信度的关联规则称为强关联规则。

通常所说的关联规则一般指强关联规则。

假设指定最小支持度与最小置信度分别为 0.5、0.5，由于 support({尿布，葡萄酒}) = 3/5，confidence({尿布}→{葡萄酒}) = 3/4，该关联规则满足最小支持度和最小置信度，因而{尿布}→{葡萄酒}属于强关联规则。

7.3 Apriori 算法工作原理

Apriori 算法的工作过程是从交易数据库中寻找强关联规则的过程。上节定义的支持度和置信度是用于衡量关联规则的重要指标。

小知识：Apriori 是 "a priori"，英语中是 "一个先验" 的意思，拉丁语中是 "来自以前" 的意思。Apriori 算法是使用先验知识，即交易数据库记录进行规则发现的过程。

使用 Apriori 算法发现关联规则的任务可以划分成两个子问题：

(1) 发现频繁项目集：通过用户给定的最小支持度，寻找所有频繁项目集或者最大频繁项目集。

(2) 生成关联规则：通过用户给定的最小置信度，从频繁项目集中寻找关联规则。

7.3.1 发现频繁项目集

发现频繁项目集的过程是：首先需要扫描整个交易数据库，并找到全局的项目集合 I；其次，找到项目之间所有可能的组合，形成候选项目集，包括 1-项目集、2-项目集、……、n-项目集；再者，度量每个候选项目集的支持度。当支持度大于或等于指定的最小支持度时，该候选项目集为频繁项目集。

我们分析一下上述过程。假设 I 的集合大小为 n，即共包含了 n 个项目。从 I 中寻找项目之间所有可能的组合方式，共有 $2^n - 1$ 种。计算方式如下：

$$\binom{1}{n} + \binom{2}{n} + \cdots + \binom{n-1}{n} + \binom{n}{n} = \sum_{i=1}^{n} \binom{i}{n} = 2^n - 1$$

由上式可看出，随着 n 的增长，候选项目集合的数量呈指数增长。在找到候选项目集后，需对每个候选项目集计算支持度，此时需要扫描整个交易数据库。整个过程需要扫描交易数据库的次数为 $2^n - 1$ 次，因此，整个过程的计算复杂度相当高，当 n 的数值足够大时(如取值为 100)，需要相当长的时间才能完成运算。

为了降低时间复杂度，Agrawal 等人发现了 Apriori 原理。

Apriori 原理：频繁项目集的所有非空子集都是频繁项目集。它的逆反命题为：非频繁项目集的所有超集都是非频繁项目集，这两条命题都为真。

该原理的运用，有助于我们在查找频繁项目集时有效降低候选项目集的数量，从而提高时间效率。近年来，关联规则发现的研究主要集中于如何有效、快速地找到频繁项目集。

以表 7.1 为例，给定最小支持度为 0.5。项目集{豆奶，尿布}的支持度为 0.6，因而它是频繁项目集。该频繁项目集的非空子集有{豆奶}、{尿布}，这两个子集的支持度分别为 0.8、0.8，也是频繁项目集。

项目集{豆奶、葡萄酒}的支持度为 0.4，因而它是非频繁项目集。它的超集有{豆奶、葡萄酒、尿布}、{豆奶、葡萄酒、莴苣}、{豆奶、葡萄酒、甜菜}、{豆奶、葡萄酒、橙汁}，它们的支持度为 0.4、0.2、0、0.2。由于支持度都小于最小支持度，因而这些超集是非频繁项目集。这里列出的超集是只包含 3 个项目的 3-项目集，{豆奶、葡萄酒}的超集还包括 4-项目集、5-项目集。可以预知，它们也都不是频繁项目集。

应用上述原理，Apriori 算法的第一步工作是发现频繁项目集的实现过程。给定输入为交易数据库 D，并指定最小支持度 minsupport。由此，得出该数据库包含的所有频繁项目集 L。其实现步骤如下：

(1) 找到所有的 1-项目集，并确定 1-频繁项目集，存储为 L_1。

(2) 根据 $(k-1)$-频繁项目集生成 k-项目集，C_k = apriori-gen(L_{k-1})，生成过程如算法 "Apriori-Gen(L_{k-1})" 所示，此步骤将应用 Apriori 原理，以降低时间复杂度。

(3) 对于生成的 k-项目集，扫描交易数据库 D 中的每条交易记录 t，并判断 k-项目集是否为 t 的子集。如果是，则该 k-项目集的计数加 1。

(4) 直到所有的交易记录都扫描完，确定包含了该 k-项目集的交易数量，从而计算得到它的支持度。如果支持度大于等于指定的最小支持度，则它为频繁项目集，并将其加入到频繁项目集 L 中。

(5) 当所有的 k-项目集(k = 2, 3, $\cdots$, n)都遍历完成，并通过计算支持度判定是否为频繁项目集的过程结束后，最终输出的 L 即为交易数据库 D 下的频繁项目集，算法代码如下所示。

```
#生成频繁项目集 GenFreqItemsets(D, minsupport)
输入：交易数据库 D；最小支持度 minsupport
输出：频繁项目集 L
L=∅；L₁ = {1-频繁项目集};
FOR (k = 2; k<=n, L_{k-1} ≠ ∅; k++)
    C_k=apriori-gen(L_{k-1});    //由(k-1)-频繁项目集生成 k-候选项目集 C_k
    FOR 所有交易记录 t∈D
        c=subset(C_k, t);    //判断 C_k 是不是 t 的子集
        IF (c==true)
            c.count++;
    END
END
IF c.count/|D|>= minsupport
```

$$L_k = C_k;$$
$$L = L \cup L_k;$$
       END
   END

以下算法代码给出 C_k = Apriori-Gen(L_{k-1})的生成过程。对于频繁项目集 L_{k-1} 中的每个项目 p 和 q，如果 p 与 q 中的前 $k-2$ 个项目是相同的，但是 q 的第 $k-1$ 个项目并不在 p 中，则将该项目连接到 p 之后，形成新的 k-项目集 c。根据 L_{k-1}，判断 c 是否包含了非频繁项目子集。如果是(根据 Apriori 原理，非频繁项目子集的超集为非频繁项目集)，则删除 c(此时的 c 为非频繁项目集)；否则，将 c 添加到候选项目集 C_k 中。直到 L_{k-1} 中所有项目集都遍历完成，最后返回 C_k。

此时生成的 C_k 为不包含非频繁项目子集的候选项目集。Apriori 算法有效地减小了候选项目集的大小，提高了计算效率。根据$(k-1)$-频繁项目集生成 k-项目集的算法，即 Apriori-Gen(L_{k-1})，其代码如下：

```
# Apriori-Gen(L_{k-1})，根据(k-1)-频繁项目集生成 k-项目集
输入：频繁项目集 L_{k-1}
输出：k-项目集 C_k
FOR 所有的项目集 p ∈ L_{k-1}
    FOR 所有的项目集 q ∈ L_{k-1}
        IF p.item_1 = q.item_1，···，p.item_{k-2} = q.item_{k-2}，p.item_{k-1} < q.item_{k-1}
            c = p.join(q.item_{k-1});        //把 q 的第 k-1 个元素连接到 p 后，形成候选项目 c
            IF has_infrequent_subset(c, L_{k-1})
                Delete c;                    //删除含有非频繁项目子集的候选项目集
            ELSE
                Add c to C_k;
            END
        END
    END
END
Return C_k;
```

7.3.2 生成关联规则

上一小节完成了寻找频繁项目集的任务，本小节研究如何根据频繁项目集找到关联规则。

关联规则的表达形式是 $X \to Y(X \cap Y = \varnothing)$。从逻辑上来讲，$X$ 是前件，Y 是后件。也就是说，箭头前表示的是前件，箭头后表示的是后件。

以{豆奶，尿布}为例，它是频繁项目集(最小支持度为0.5)。有可能生成的关联规则为"豆奶→尿布，尿布→豆奶"。"豆奶→尿布"意味着如果有人购买了豆奶，那么很大概率上他也会购买尿布，购买的概率值是该关联规则的置信度。但是，"豆奶→尿布"成

立，并不意味着"尿布→豆奶"成立，购买了尿布并不意味着他会大概率地购买豆奶。

　　寻找关联规则的过程为：在指定的频繁项目集下，首先生成可能的关联规则列表；然后，测试每条关联规则是否满足最小置信度；如果满足，则该规则为强关联规则，否则，删除该规则。

　　在第一步生成可能的关联规则列表中，如果频繁项目集中包含的项目数为 m，可以产生多少条候选关联规则呢？

　　生成可能的关联规则列表的步骤如下：

　　(1) 对于每一个频繁项目集 L，生成其所有的非空真子集，非空真子集的个数为 $2^m - 2$；

　　(2) 对于每个非空真子集 x，生成的关联规则为 $x \to (L - x)$，这里"−"是指集合的差运算。

这里可得出，候选关联规则的个数为 $2^m - 2$。

　　关联规则生成算法如算法"Genrules(L, minconfidence)，生成关联规则"所示。Genrules 算法的核心是一个递归过程，实现了频繁项目集中所有强关联规则的生成。

　　对于频繁项目集 L，生成包含 $m - 1$ 个项目的真子集的集合 X(假设 L 的大小为 m)。对 X 中的每个项目集 x_{m-1}，计算它所对应的候选关联规则 $x_{m-1} \to (L - x_{m-1})$ 的置信度。如果置信度大于最小置信度，则将该规则添加于强关联规则列表 RL 中。当 X 中项目集的大小大于 1 时，递归调用 Genrules 算法，直到生成有关 L 的所有强关联规则，实现代码如下。

```
# Genrules(L, minconfidence)，生成关联规则
输入：频繁项目集 L；最小置信度 minconfidence
输出：强关联规则列表 RL
m = ‖L‖ − 1;
X = {x_{m-1}｜x_{m-1} ⊆ L}; // x_{m-1} 表示(m − 1)-项目集
FOR 每个 x_{m-1} in X
    confidence = support(L)/support(x_{m-1});    //计算 x_{m-1} → (L − x_{m-1})的置信度
    IF (confidence ≥ minconfidence)
        RL.append (x_{m-1} → (L − x_{m-1}) );
        IF (m − 1 > 1)
            Genrules(x_{m-1}, minconfidence);
        END
    END
END
Return RL
```

7.3.3　Apriori 算法实现

　　Apriori 算法是经典的关联规则发现算法，但是它并没有包含于 sklearn 模型库中。它的 Python 实现代码可从 PyPI 网站 (https://pypi.org/project/efficient-apriori/) 上下载 Efficient-Apriori 包。可应用 pip 命令安装该程序包，代码为 pip install efficient-apriori。

　　调用 efficient-apriori 之前，需先声明 efficient_apriori 库。调用 apriori()方法共包含 3 个输入参数，分别是交易数据库、最小支持度 min_support 和最小置信度 min_confidence。当

它们的取值分别为 0.5、0.5 时，打印输出频繁项目集和关联规则。以表 7.1 给出的交易数据库为输入数据集，它的实现过程代码如下所示。

```
#应用 Apriori 算法实现关联规则挖掘
#声明 apriori 模块
from efficient_apriori import apriori

#设置数据集
transactions = [('豆奶','莴苣'),
                ('莴苣','尿布', '葡萄酒', '甜菜'),
                ('豆奶', '尿布', '葡萄酒', '橙汁'),
                ('莴苣', '豆奶', '尿布', '葡萄酒'),
                ('莴苣', '豆奶', '尿布', '橙汁')]

#发现频繁项目集和关联规则
itemsets, rules = apriori(transactions, min_support=0.5, min_confidence=0.5)

#打印输出频繁项目集和关联规则
print(itemsets)
print(rules)
```

频繁项目集的输出结果如下：

{1: {('莴苣',): 4, ('豆奶',): 4, ('尿布',): 4, ('葡萄酒',): 3}, 2: {('莴苣', '豆奶'): 3, ('尿布', '莴苣'): 3, ('尿布', '葡萄酒'): 3, ('尿布', '豆奶'): 3}}

其中，"1: {('莴苣',): 4, ('豆奶',): 4, ('尿布',): 4, ('葡萄酒',): 3}" 表示 1-频繁项目集，"{('莴苣',): 4" 表示 "莴苣" 的交易数量为 4。

从以上输出结果可得出，最大频繁项目集为 2-频繁项目集。

关联规则的输出结果如下：

[{豆奶}→{莴苣}, {莴苣}→{豆奶}, {莴苣}→{尿布}, {尿布}→{莴苣}, {葡萄酒}→{尿布}, {尿布}→{葡萄酒}, {豆奶}→{尿布}, {尿布}→{豆奶}]

7.3.4　示例：发现毒蘑菇的特征

对 UCI 机器学习数据集中有关于蘑菇特征的数据集，Roberto Bayardo 对该数据集进行了解析，并转换为样本特征集，存储为 mushroom.dat(或从 http://fimi.uantwerpen.be/data/ 下载)。毒蘑菇数据集共包含了 8214 个样本，它的部分样本如图 7.1 所示。

```
1 3 9 13 23 25 34 36 38 40 52 54 59 63 67 76 85 86 90 93 98 107 113
2 3 9 14 23 26 34 36 39 40 52 55 59 63 67 76 85 86 90 93 99 108 114
2 4 9 15 23 27 34 36 39 41 52 55 59 63 67 76 85 86 90 93 99 108 115
1 3 10 15 23 25 34 36 38 41 52 54 59 63 67 76 85 86 90 93 98 107 113
```

图 7.1　毒蘑菇数据集的特征示例

　　样本包含了共 23 个特征，每个特征都用一个数值表示。第一个特征值表示样本有毒或无毒，取值为 1 表示无毒，取值为 2 表示有毒。第二个特征为蘑菇伞的形状，有 6 种可能的取值，分别用数值 3～8 表示。

　　在该数据集中，我们可以尝试发现，与有毒特征频繁出现的特征有哪些，即当第一个特征取值为 2 时与其他特征的关联性。首先发现频繁项目集，再从频繁项目集中筛选第一个特征值为 2 的频繁项目集。它的 Python 实现过程代码如下所示。

```
# Apriori 算法实现发现毒蘑菇的特征
#声明 apriori 模块
from efficient_apriori import apriori

#逐行读取毒蘑菇数据集
mushDatSet=[line.split() for line in open('mushroom.dat').readlines()]

#调用 apriori 模块，设置参数获取频繁项目集和关联规则
itemsets, rules = apriori(mushDatSet, min_support=0.4, min_confidence=0.9)

#遍历频繁项目集，并打印输出
for key in itemsets[2].keys():
    if '2' in key: print(key)
```

　　与 7.3.3 节示例不同的地方是，我们现在要打开文件并读取它，再将该文件转换为列表(list)。对该列表应用 apriori 算法，指定最小支持度和置信度分别为 0.4、0.9，返回频繁项目集 itemsets。

　　itemsets 的数据类型为字典。k-频繁项目集中，键(Key)为 k，值(Value)为字典类型。以{1: {('3',): 3656, …}}为例，表示 1-频繁项目集，值为{('3',): 3656, …}。在频繁项目集内，值为'3'的样本数量是 3656。

　　从 itemsets 中查找 2-频繁项目集，再从中查找它的键包含"2"的频繁项目集，并打印输出。结果如下：

```
('2', '34')

('2', '39')

('2', '59')

('2', '63')

('2', '85')

('2', '86')

('2', '90')

('2', '28')
```

表示包含有毒特征的频繁项目集。也可以查找更大的 4-频繁项目集，并包含有毒特征"2"的项目集。代码如下：

```
for key in itemsets[4].keys():
    if '2' in key: print(key)
```

输出结果如下：

```
('2', '34', '39', '85')
('2', '34', '39', '86')
('2', '34', '59', '85')
('2', '34', '59', '86')
('2', '34', '85', '86')
('2', '34', '85', '90')
('2', '34', '86', '90')
('2', '39', '59', '85')
('2', '39', '85', '86')
('2', '39', '85', '90')
('2', '59', '85', '86')
('2', '59', '85', '90')
('2', '85', '86', '90')
```

当观察到蘑菇具有以上特征时，代表蘑菇很大概率上是有毒的(该概率值是支持度)。但是即便没有观察到以上特征，我们也不能完全保证蘑菇是没有毒的。

本节的示例是对频繁项目集的应用，对关联规则发现算法的应用并不是只针对关联规则，对特定的频繁项目集也会产生兴趣。其次，本节展示了对大型数据集的分析，需要先读取数据集文件，再对其应用 Apriori 算法。

7.4 FP-growth 算法介绍

我们在使用搜索引擎时，若在搜索框内输入检索词，则搜索引擎会自动补充其他的相关词。以百度为例，当输入"频繁项目集"时，它推荐的检索词项如图 7.2 所示。

图 7.2 "频繁项目集"的百度搜索引擎展示

为了向用户推荐联想的检索词项，搜索引擎使用了一个本节要介绍的搜索算法——FP-growth(Frequent Pattern-growth)算法。通过在搜索引擎的检索词库中挖掘经常会一起出现的词对，并按照出现频率的高低推荐给用户。这是一种发现频繁项目集的方法。

与 Apriori 算法以发现关联规则为主要目标不同的是，FP-growth 算法将发现频繁项目集作为主要任务，而不能用于发现关联规则，但是它在发现频繁项目集的执行效率上要好于 Apriori 算法。

FP-growth 算法发现频繁项目集的基本过程分为两个主要步骤：构建 FP 树和从 FP 树中挖掘频繁项目集。

7.4.1　构建 FP 树

以表 7.1 所示的交易数据库为例说明 FP 树的构建过程。FP 是指 Frequent Pattern，即频繁模式的含义。这里同样应用支持度的概念来判断项目集是否为频繁的。在 Apriori 算法中定义的概念，我们在 FP-growth 算法中继续延用。

FP 树可以看成是数据结构中的树结构，它通过链接来连接相似元素，并将连接起来的元素看成一个链表。

构建 FP 树的工作流程分为以下三步：

第一步，扫描数据库并对所有的项目计数，通过项目的出现频率来区分该项目是否为频繁项目(指定需满足的最小支持度)；

第二步，剔除非频繁项目，并将交易数据库按支持度重新排序；

第三步，读取每个项集，并将它添加为 FP 树的一条路径。

整个过程需要遍历两次数据库：第一次是对项目计数；第二次是读取每条交易，用于构造树，且读取的条目中只包含了 1-频繁项目。因此，与 Apriori 算法相比，FP-growth 算法提高了运行效率。

首先，指定最小支持度为 0.4，即项目出现的最少交易数量为 2。对表 7.1 的数据库计数，可获得 1-频繁项目集，并对其从大到小排序，如表 7.2 所示。

表 7.2　根据表 7.1 计数得到的 1-频繁项目集

项目(Item)	计数(Count)
豆奶	4
莴苣	4
尿布	4
葡萄酒	3
橙汁	2

其次，将非频繁项目集剔除并重新排序后得到的交易数据库如表 7.3 所示。从表 7.2 中看出，只有项目{甜菜}是非频繁项目集。根据 Apriori 算法的原理，非频繁项目集的所有超集都是非频繁项目集。因此，所有包含"甜菜"的超集都是非频繁项目集。

表 7.3　过滤后的新交易数据库

交易号码	原有数据库商品	过滤并排序后的商品
0	豆奶、莴苣	豆奶、莴苣
1	莴苣、尿布、葡萄酒、甜菜	莴苣、尿布、葡萄酒
2	豆奶、尿布、葡萄酒、橙汁	豆奶、尿布、葡萄酒、橙汁
3	莴苣、豆奶、尿布、葡萄酒	豆奶、莴苣、尿布、葡萄酒
4	莴苣、豆奶、尿布、橙汁	豆奶、莴苣、尿布、橙汁

然后根据表 7.3 中过滤、排序后的交易条目构建 FP 树。

初始的根节点为空集，向其中不断地增加频繁项目集。添加的原则是，如果树中已存在项目，则更新项目的计数；如果树中不存在该项目，则向树中添加分支。先增加交易号码为 0 的频繁项目集。形成了第一个分支。

从表 7.3 中获取交易号码为 1 的频繁项目集，即{莴苣、尿布、葡萄酒}。将该频繁项目集添加到 FP 树中，虽然"莴苣"在已构建的树里，但它是作为根节点的子结点的子节点，所以要重新构建一个分支，将莴苣作为根节点的子节点。

从表 7.3 中获取交易号码为 2 的频繁项目集，即{豆奶、尿布、葡萄酒、橙汁}。将该频繁项目集添加到 FP 树中，由于豆奶已经成为分支，因此可增加它的计数，并在其下添加分支。

以此类推，添加之后的交易，直到所有的交易都加入树中。

增加的具体过程及最终形成的 FP 树如图 7.3 所示。

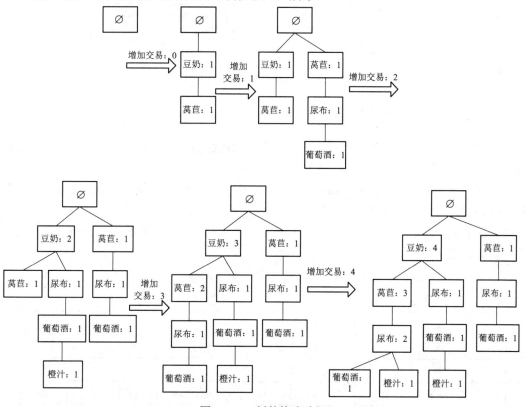

图 7.3　FP 树的构建过程

最终完整的 FP 树如图 7.4 所示。将频繁项目集以路径形式存储于树中，每个节点存储了项目及其对应的出现次数。与树结构不同的地方在于，FP 树通过链接将相似元素连接起来，图 7.4 中用曲线箭头表示，被连接起来的元素就形成了一个链表。还需要保存一个头指针表，该表中存放了 1-频繁项目集及项目计数，头指针指向了树中对应的节点。利用该头指针表，可以快速访问树中给定元素的所有项目。

对构建形成的 FP 树，需要一个容器来存储该树。首先，存储头指针表，包含 1-频繁项目集及项目计数，以及每个项目指向树中对应的第一个节点的指针。其次，存储树结构，构造节点的数据结构，包含节点的序列号、节点对应项目出现的次数、子节点列表(可能包含多个子节点)、父节点(父节点只有一个)以及节点的相似元素(通过链接连接起相似元素，直到末尾形成链表)。

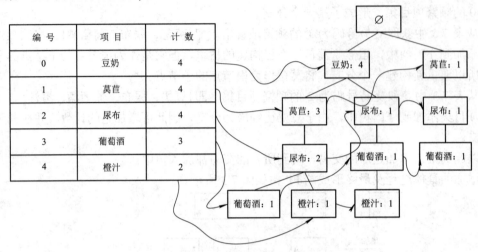

图 7.4　带头指针和链接的 FP 树

7.4.2　从 FP 树中挖掘频繁项目集

挖掘频繁项目集是基于 FP 树，不再需要访问原始数据集。本小节需要引入两个新的概念。

定义 8　条件模式基(Conditional Pattern Base)：从 FP 树中查找以指定元素为结尾的路径集合，它是一条前缀路径。

以图 7.4 建立的 FP 树为例，查找头指针表中所有项目的前缀路径，且每条路径都有一个计数值，起始节点为根节点，如表 7.4 所示。

表 7.4　1-频繁项目集的条件模式基

频繁项目	前　缀　路　径
豆奶	{}: 4
莴苣	{豆奶}: 3, {}:1
尿布	{豆奶, 莴苣}: 2, {豆奶}:1, {莴苣}:1
葡萄酒	{豆奶, 莴苣, 尿布}: 1, {豆奶, 尿布}:1, {莴苣, 尿布}:1
橙汁	{豆奶, 莴苣, 尿布}: 1, {豆奶, 尿布, 葡萄酒}:1

获取前缀路径的方法可以分为两种：一种方法是可以穷举式搜索 FP 树，它的计算复杂度高；另一种方法可以有效地提高搜索效率，利用头指针表定位到目标元素并链接到下一元素，直到链表末尾，再应用树节点的存储结构追溯到根节点。

对表 7.4 中获取的每个频繁项目，根据它的前缀路径，都要建立一棵条件 FP 树。

定义 9　条件 FP 树(Conditional FP Tree)：根据频繁项目 t 的前缀路径，将该路径当作一条交易记录，建立形成 FP 树，将它称之为频繁项目 t 的条件 FP 树。

以表 7.4 中的频繁项目{莴苣}为例,它的条件 FP 树构建过程如图 7.5(a)所示,最初以空集为根节点,将它的条件模式基添加到条件 FP 树中,最大为 2-频繁项目集,即"{豆奶、莴苣}:3"。

以{尿布}为例,条件 FP 树的构建过程如图 7.5(b)所示。最终得到的条件 FP 树中,2-频繁项目集为"{豆奶、尿布}:3"和"{莴苣、尿布}:3"。3-频繁项目集为"{豆奶、莴苣、尿布}:2"。频繁项目集的计数以叶节点为准。其余两个条件模式基建立条件 FP 树的过程可类推,在此不再赘述。

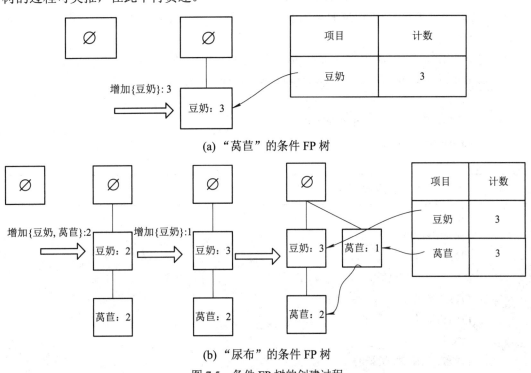

(a) "莴苣"的条件 FP 树

(b) "尿布"的条件 FP 树

图 7.5 条件 FP 树的创建过程

根据上述构建条件模式基和条件 FP 树的过程,可得出从一棵 FP 树挖掘频繁项目集的步骤是:从 FP 树获取条件模式基;利用条件模式基,构建每个频繁项对应的条件 FP 树;重复上述步骤,直到头指针表中的所有项目的条件 FP 树构建完成。由此可得出所有的频繁项目集。至此,就完成了 FP-growth 算法发现频繁项目集的任务。

7.4.3 FP-growth 算法实现

发现频繁项目集的FP-growth 算法,没有包含于sklearn库中。我们从 PyPI 网站(https://pypi.org/project/pyfpgrowth/)上下载可用的程序包 pyfpgrowth,并用 pip 命令安装该程序包,代码为 pip install pyfpgrowth。实现 FP-growth 算法,发现表 7.1 交易数据库的频繁项目集的代码如下。其中模块 pyfpgrowth.find_frequent_patterns()被调用,2 为输入参数,表示交易数据库中支持的项目数量。该模块的输入参数没有使用支持度,而是支持的项目数。

```
# FP-growth 算法发现频繁项目集
#声明模块
```

```
import pyfpgrowth

#加载数据集
transactions = [('豆奶', '莴苣'),
                ('莴苣', '尿布', '葡萄酒', '甜菜'),
                ('豆奶', '尿布', '葡萄酒', '橙汁'),
                ('莴苣', '豆奶', '尿布', '葡萄酒'),
                ('莴苣', '豆奶', '尿布', '橙汁')]

#调用模块下的 find_frequent_patterns 方法，发现频繁项目集
patterns = pyfpgrowth.find_frequent_patterns(transactions, 2)

#循环遍历，打印输出频繁项目集
for pattern in patterns:
    print(pattern)
```

频繁项目集的输出结果如下：

```
('橙汁',)
('尿布', '橙汁')
('橙汁', '豆奶')
('尿布', '橙汁', '豆奶')
('莴苣', '葡萄酒')
('尿布', '莴苣', '葡萄酒')
('葡萄酒', '豆奶')
('尿布', '葡萄酒', '豆奶')
('尿布', '葡萄酒')
('豆奶',)
('莴苣', '豆奶')
('莴苣',)
('尿布', '莴苣')
('尿布', '莴苣', '豆奶')
('尿布', '豆奶')
```

　　如上所述，将 1-频繁项目集、2-频繁项目集和 3-频繁项目集都作为结果输出。

　　该算法的运行速率很快。如果是在更大的数据集上，则该 FP-growth 算法在查找频繁项目集上的速率优势会更加明显。这将在下一节中通过示例说明。

7.4.4　示例：零售店购物篮挖掘

　　我们在更大的文件上试验 FP-growth 算法的求解效率。在 http://fimi.uantwerpen.be/

data/上还提供了其他的大型数据集，以 retail.dat 文件为例，该数据集由 Tom Brijs 提供，来自于某一匿名 Belgian 零售商店，包含了大致 5 个月的商品交易记录，共 88 162 条记录。

截取部分交易记录如下所示：

```
19 41 48 16430
39 41 9150 10542
48 592 766 8685 9925
39 41 48 243 342 438 548 703 926 967 1060 1280 1772 1814 2012 2714 2792 4592 4646 4698
9150 12932 13334 14893 15160
48 201 255 278 407 479 767 824 986 1395 1598 2022 2283 2375 6725 13334 14006 14099
39 875 2665 2962 12959 14070 14406 15518 16379
39 41 101 346 393 413 479 522 586 635 695 799 1466 1786 1994 2449 2830 3035 3591 3722
6217 11493 12129 13033
2310 4267
39 48 2528
32 39 205 242 1393
```

如上所示，共选取了 10 条交易记录。以第 1 条交易记录为例，某个顾客购买了 4 样商品，这 4 样商品的编号分别为 19、41、48 和 16 430。观察上述交易记录，该数据集已对每条交易记录中商品按照编号大小排序。

作为大型的零食商店来说，它一定会销售很多种商品。上述数据集中，最大的数值为 16 379，也就意味着该商店至少拥有 16 379 种商品。

如果没有有效的挖掘算法，则从中发现频繁项目集并且生成关联规则的效率是极低的。因此，FP-growth 算法的优势是明显的。

读取该文件并对其挖掘频繁项目集，FP-growth 算法挖掘大量数据集的代码如下所示。输入参数 1000 表示在该数据集中出现超过 1000 次的商品，即被购买超过 1000 次，同样表示的是支持的项目数量，即此处的交易记录。

```python
# FP-growth 算法挖掘大量数据集
#声明模块
import pyfpgrowth

#读取数据集
retailSet=[line.split() for line in open('retail.dat').readlines()]

#对该数据集查找频繁项目集
patterns = pyfpgrowth.find_frequent_patterns(retailSet, 1000)
#将频繁项目集打印输出
for pattern in patterns:
    print(pattern)
```

构建 FP 树，查找购买了 1000 次以上的商品清单，输出结果如下：

```
('32', '39', '41', '48')
('32', '39', '41')
('38', '41', '48')
('38', '39', '41', '48')
('38', '39', '41')
('41', '48')
('39', '41', '48')
('39', '41')
('32', '38', '48')
('32', '38', '39', '48')
……
```

代码的运行速度非常快,只需几秒就已经完成了构建 FP 树以及挖掘频繁项目集的工作,可见 FP-growth 算法的高效性。

7.5　Apriori 算法与 FP-growth 算法的优缺点

1. Apriori 算法的优缺点

Apriori 算法的提出主要目的是用于发现关联规则。它的优点主要是易编码实现。但是它有两个致命的缺点:

(1) 多次扫描交易数据库,因而需要很大的 I/O 负载。

对于发现频繁项目集的工作中,每次循环都必须通过全盘扫描数据库来验证候选项目集中的每个元素是否加入频繁项目集,假如有一个项目集包含 10 个项,那么就至少需要扫描事务数据库 10 遍。

(2) 可能产生庞大的候选集,导致算法的执行效率不高。

在发现频繁项目集的任务中,要由(k-1)-频繁项目集生成 k-候选项目集,候选项目集的数量是指数增长的,如此庞大的候选项目集,对于算法实现过程中时间、空间的消耗都是极大的。因此,总体来说,Apriori 算法的运行效率不高,空间占用大。

为了提高关联规则发现算法的效率,在利用 Apriori 算法的原理上,针对发现频繁项目集的内容,提出了 FP-growth 算法。

2. FP-growth 算法的优缺点

相对于 Apriori 算法,FP-growth 算法的运行效率很高,因为它只对交易数据库全盘扫描两次。

FP-growth 算法主要是用于发现频繁项目集。运用数据结构中的树结构,通过构建 FP 树的过程,以加快频繁项目集的发现效率,但是它并不支持强关联规则的发现。我们可以运用 FP-growth 算法生成频繁项目集,再将该频繁项目集作为输入与 Apriori 算法中的关联规则生成步骤相结合,以得到用户需求的关联规则。该工作将作为思考题供读者自行实现。

另外,Apriori 与 FP-growth 这两种算法的优点还包括,它们适用于任何数据类型,因为在算法的运行过程中，数据集都是以集合的形式来存储的。

本 章 小 结

　　本章主要是围绕关联规则学习的理论与实现方法，详细地阐述 Apriori 算法与 FP-growth 算法的工作原理。Apriori 算法主要包含两个部分：发现频繁项目集和生成关联规则。频繁项目集由支持度定义，关联规则由置信度定义。为了降低算法的复杂度，Agrawal 等人发现了 Apriori 原理，频繁项目集的所有非空子集都是频繁项目集；非频繁项目集的所有超集都是非频繁项目集。该原理不仅应用于 Apriori 算法中，在 FP-growth 算法的生成条件 FP 树的过程中也应用了该原理。

　　由于 Apriori 算法中在发现频繁项目集的阶段中需频繁地全盘扫描交易数据库，导致算法的时间、空间复杂度高，因此致力于高效地发现频繁项目集的工作是非常具有挑战性的。FP-growth 算法正是基于这种背景提出的，它可以高效地发现频繁项目集。首先，将数据集都存储在 FP 树这样一种结构中，期间会扫描数据集两次。其次，查找元素的条件模式基，据此构建条件 FP 树，进而发现频繁项目集。直到 FP 树只剩一个元素为止。在发现的频繁项目集中，可以应用 Apriori 算法中生成关联规则的步骤，通过指定最小置信度，同样生成关联规则。

　　算法的应用背景，除了超市的购物篮分析这个经典例子外，还可应用于其他领域，如 7.5 节给出的如何发现毒蘑菇特征、文本分析中词汇的出现频率、医学诊断、新闻摘要构建等等。

习　　题

　　1. 简述 Apriori 算法与 FP-growth 算法的工作原理。
　　2. 在相同的大型数据集上运行 Apriori 和 FP-growth 算法来发现频繁项目集，并比较两者的效率。
　　3. 创建完成图 7.5 中剩余的条件 FP-树。
　　4. 用 FP-growth 算法生成的频繁项目集，发现关联规则。
　　5. Apriori 算法和 FP-growth 算法的其他应用领域还有哪些？

第 8 章　回　　归

 本章学习目标：

- 掌握线性回归方法的思想
- 理解最小二乘法、梯度下降法的求解流程
- 理解局部加权线性回归的思想
- 掌握缩减方法——岭回归与 Lasso 的思想
- 了解逻辑回归算法的主要步骤
- 理解逻辑回归的最优化回归系数的寻找过程
- 应用 Python 的 sklearn 模型库中包含的线性回归、局部加权线性回归、回归系数缩减和逻辑回归模型，实现波士顿房价预测、鸢尾花数据集分类

前面章节中介绍的分类方法，如决策树、随机森林、kNN 算法等，分类的目标变量是针对离散值，本章将要介绍的回归是对连续型数据进行预测。

本章首先介绍线性回归，其次介绍引入平滑技术后的局部加权线性回归、缩减回归系数的岭回归、Lasso 以及主要用途为分类的逻辑回归。

针对这些回归方法，我们将详细解析它们的算法原理，然后基于 sklearn 库中提供的模块实现这些算法，并进行性能比较。

最后，通过示例观察与分析上述介绍的算法的运行结果，示例包括预测波士顿房价、对鸢尾花数据集进行分类。

8.1　线　性　回　归

"回归"一词最先是由达尔文(Charles Darwin)的表兄弟弗朗西斯·高尔顿爵士(Sir Francis Galton)发明的。高尔顿于 1877 年做了一个实验，目的是根据上一代豌豆种子(双亲)的尺寸预测下一代种子(孩子)的尺寸，这是历史上第一次回归预测实验。高尔顿还在其他的对象上应用了回归分析，包括人的身高。通过实验结果发现，如果双亲的高度高于平均高度，那么他们的孩子也倾向于比平均高度高，但不及双亲。孩子的高度会向平均高度回退(回归)，英文单词为"Regression"。因此，尽管这个单词的含义和数值预测的目标没有任何关系，但这种研究方法仍被称为回归。

假设给定一套房屋的信息，包括房屋面积、卧室数量和卫生间数量，想要据此预测该房屋的价格。我们可能会给出如下价格预测的计算公式：

　　房屋预测价格(predictingPrice) = 0.8500 × 面积(area) + 0.0500 × 卧室数量(bedrooms) + 0.0015 × 卫生间数量(washrooms)

　　上面就是一个回归方程(Regression Equation)，0.8500、0.0500、0.0015 被称作回归系数(Regression Weights)，求这些回归系数的过程就是回归。当给定了面积、卧室数量、卫生间数量的具体取值时，就可以计算得到房屋价格的预测值。

　　上述的回归是线性回归(Linear Regression)，它使用最佳拟合直线在因变量(房屋价格)和多个自变量(面积等)之间建立了一种关系。它表示为

$$h(\boldsymbol{x}) = w_0 x_0 + w_1 x_1 + w_2 x_2 + w_3 x_3$$

当 $x_0 = 1$ 时，可将上式转换为

$$h(\boldsymbol{x}) = \sum_{i=0}^{n-1} w_i x_i = \boldsymbol{x}^{\mathrm{T}} \boldsymbol{w}$$

　　假设 $\boldsymbol{x}$ 是一个向量，存放特征值，如面积、卧室数量等的具体取值。回归系数由向量 $\boldsymbol{w}$ 表示。对于给定的数据值，预测值可由上式计算得出。

　　回归分析的目的是如何找到 $\boldsymbol{w}$。前提条件是已知数据值 x 以及与 x 对应的实际值 y。常用的方法是，使得预测值与实际值的平方误差最小，从而求解 $\boldsymbol{w}$。假设共有 m 行数据值，使得平方误差和最小。平方误差和表示为

$$J(\boldsymbol{w}) = \sum_{i=1}^{m} (h(\boldsymbol{x}_i) - y_i)^2 = \sum_{i=1}^{m} (\boldsymbol{x}_i^{\mathrm{T}} \boldsymbol{w} - y_i)^2$$

　　平方误差和求得的值越小，代表真实值 y 与预测值 $\boldsymbol{x}^{\mathrm{T}} \boldsymbol{w}$ 之间的差距越小，即预测越准确。下式可求得最佳 $\boldsymbol{w}^*$ 的解：

$$\boldsymbol{w}^* = \arg\min \left(\sum_{i=1}^{m} (\boldsymbol{x}_i^{\mathrm{T}} \boldsymbol{w} - y_i)^2 \right)$$

　　下面将介绍两类求解方法：根据公式推导求解的最小二乘法和根据优化算法迭代的梯度下降法。梯度下降法又可分三种：批量梯度下降法、随机梯度下降法和小批量梯度下降法。

8.1.1　最小二乘法

　　将平方误差和用矩阵的形式表示为 $(\boldsymbol{y} - \boldsymbol{xw})^{\mathrm{T}} (\boldsymbol{y} - \boldsymbol{xw})$。该式对 $\boldsymbol{w}$ 求导，得到 $\boldsymbol{x}^{\mathrm{T}} \boldsymbol{y} - \boldsymbol{x}^{\mathrm{T}} \boldsymbol{xw}$。令其等于 0，解得：

$$\boldsymbol{x}^{\mathrm{T}} \boldsymbol{y} = \boldsymbol{x}^{\mathrm{T}} \boldsymbol{xw}$$

$$(\boldsymbol{x}^{\mathrm{T}} \boldsymbol{x})^{-1} \boldsymbol{x}^{\mathrm{T}} \boldsymbol{y} = (\boldsymbol{x}^{\mathrm{T}} \boldsymbol{x})^{-1} \boldsymbol{x}^{\mathrm{T}} \boldsymbol{xw}$$

由于 $(\boldsymbol{x}^{\mathrm{T}} \boldsymbol{x})^{-1} \boldsymbol{x}^{\mathrm{T}} \boldsymbol{x} = \boldsymbol{I}$，因而求得 $\boldsymbol{w}$ 的最佳估计如下式所示：

$$\boldsymbol{w}^* = (\boldsymbol{x}^{\mathrm{T}} \boldsymbol{x})^{-1} \boldsymbol{x}^{\mathrm{T}} \boldsymbol{y}$$

该方法称为普通最小二乘法(Ordinary Least Square Method)。值得注意的是，上述方

法的计算中需要对矩阵求逆，也就是说只有$(\boldsymbol{x}^\mathrm{T}\boldsymbol{x})^{-1}$逆矩阵存在时，该方法才适用。

8.1.2　梯度下降法

在用最小二乘法求解时，当$(\boldsymbol{x}^\mathrm{T}\boldsymbol{x})^{-1}$逆矩阵不存在，或者当数据量很大，求解逆矩阵很困难时，我们需要有其他的方法寻找回归系数。此时可以用梯度下降法(Gradient Descent)。

梯度下降法是最优化算法中常见的方法。当我们从解空间的任意一点出发，达到最快速地找到函数最大值(或者最小值)的目的时，要从函数值变化最快的方向搜索。这个方向就是函数的梯度方向。

由于我们要最小化平方误差和，寻找的是它的最小值，因而要沿着梯度的负方向探寻$\boldsymbol{w}$，所以称之为梯度下降法，它可以帮助我们快速地求解得到$\boldsymbol{w}$。

为了之后求解的方便，我们将平方误差和即损失函数重新定义为

$$J(\boldsymbol{w}) = \frac{1}{2}\sum_{i=1}^{m}(h(\boldsymbol{x}_i) - y_i)^2$$

上式与平方误差和的主要区别是在平方误差和上乘以常量 1/2，目的在于之后求解偏导数时表达的方便，且不影响误差的计算。

梯度指的是该函数的导数，假设为多元函数，因而先对 $J(\boldsymbol{w})$ 求偏导，$\dfrac{\partial J(\boldsymbol{w})}{\partial w_j}$ $(j = 0,$

$1, \cdots, n{-}1)$。

当 $m = 1$，即数据集中只有一条样本时，偏导数求解如下：

$$\frac{\partial J(\boldsymbol{w})}{\partial w_j} = \frac{\partial}{\partial w_j}\frac{1}{2}(h(\boldsymbol{x}) - y)^2 = 2 \times \frac{1}{2}(h(\boldsymbol{x}) - y)\frac{\partial}{\partial w_j}(h(\boldsymbol{x}) - y)$$

$$= (h(\boldsymbol{x}) - y)\frac{\partial}{\partial w_j}(w_0 + w_1 x_1 + \cdots + w_{n-1} x_{n-1} - y)$$

$$= (h(\boldsymbol{x}) - y)x_j$$

由于求解的是最小值，因而梯度方向是上述偏导数的反方向。梯度下降的迭代公式为

$$w_j = w_j - \alpha(h(\boldsymbol{x}) - y)x_j$$

参数 α 表示学习速率，即迭代步长，取值范围为$(0, 1)$。当 α 取值过大时，有可能会越过最小值，但当 α 过小时，容易造成迭代次数增多，收敛速度较慢。

当 m 不等于 1 时，对于上式所有的 w_j 都执行求偏导，并得到如下梯度下降迭代公式：

$$w_j = w_j - \alpha\sum_{i=1}^{m}((h(\boldsymbol{x}^{(i)}) - y^{(i)})x_j^{(i)})$$

批量梯度下降算法的迭代过程如下所示。

#批量梯度下降算法
输入：学习速率 α，迭代次数 N

输出：$w_j(j = 0, 1, \cdots, n-1)$

初始化回归系数 w_j；

Repeat：

$$w_j = w_j - \alpha \frac{1}{m} \sum_{i=1}^{m} ((h(\boldsymbol{x}^{(i)}) - y^{(i)}) x_j^{(i)}) \text{（对所有 } j)；$$

Until：

达到最大迭代次数 N，或者收敛；

返回回归系数 w_j；

End

这里对 w_j 的每次迭代都使用了整个样本集，因此该梯度下降算法被称为批量梯度下降算法(Batch Gradient Descent，BGD)。它每迭代一次的时间复杂度为 $O(mn)$，因此总时间复杂度为 $O(mnN)$。

当样本数据量 m 很大时，每次迭代的时间复杂度很高。为了降低时间复杂度，可使用随机梯度下降算法(Stochastic Gradient Descent，SGD)，算法代码如下所示。

#随机梯度下降算法

输入：α，学习速率；N，迭代次数

输出：$w_j(j = 0, 1, \cdots, n-1)$

初始化回归系数 w_j；

Repeat：

For i=0 to m-1

$$w_j = w_j - \alpha(h(\boldsymbol{x}^{(i)}) - y^{(i)}) x_j^{(i)} \text{（对所有 } j)；$$

EndFor

Until：

达到最大迭代次数 N，或者收敛；

End

SGD 算法的原理是，每次迭代只使用数据集中的一个样本对参数更新，因而每次迭代的时间复杂度为 $O(m)$。

批量梯度下降算法的优点是：一次迭代是对所有样本进行计算，由整体的样本数据集确定的迭代方向能够更准确地朝向极值所在的方向移动。当目标函数为凸函数时，一定能够得到全局最优。该算法的缺点是当样本数据量 m 很大时，每迭代一步都需要对所有样本计算，计算量大，训练过程会很慢。

随机梯度下降算法的优点是：由于不是在全部训练数据上更新梯度，而是在每次迭代中随机优化某一条样本数据上的函数，因而训练速度快。该算法的缺点是：收敛性能不太好，可能在极值附近徘徊，但达不到最优点；由于单个样本并不能代表全体样本的趋势，可能会收敛到局部最优。

为了克服以上两种方法的缺点，采取了一种折中手段——小批量梯度下降(Mini-Batch

Gradient Decent，MBGD)算法，算法代码如下所示，其中输入参数 s 表示批量的大小。

\#小批量梯度下降算法

输入：学习速率 α，迭代次数 N，样本大小 m，批量大小 s

输出：w_j $(j = 0, 1, \cdots, n-1)$

初始化回归系数 w_j;

Repeat：

　　For $i = \{0, s, 2*s, \cdots\}$　　\#i 的取值小于 m

$$w_j = w_j - \alpha \frac{1}{s} \sum_{k=i}^{i+s-1} ((h(\boldsymbol{x}^{(k)}) - y^{(k)})x_j^{(k)}) \text{（对所有 } j\text{）};$$

　　EndFor

Until：

　　达到最大迭代次数 N，或者收敛;

End

　　小批量梯度下降方法是将数据分为若干批，并按照批次来更新参数。由一个批量中的一组数据共同决定了梯度下降的方向，可以使收敛到的结果更加接近梯度下降的方向，且在下降过程中减少了随机性，这是该方法的优点。另一个优点是一个批量中包含的样本数与整个数据集相比减少了很多，每次迭代的计算量不是很大，因而提高了计算效率。

　　该算法中关于批量大小的参数设定，即 s 的取值，需根据经验设定。s 的取值范围为 $[1, m]$，它的取值越大，越接近于批量梯度下降方法，确定的下降方向越准确，但计算量会越大。相反，s 的取值越小，下降方向越不精确，易导致收敛性能不好。因此，s 值的选取会影响算法的性能，如果它的值选择不当则会影响计算结果。

8.1.3　示例：波士顿房价预测

　　本小节以波士顿房价预测为例实现线性回归。sklearn 库的数据集模块中包含了该数据集，可通过 "from sklearn.datasets import load_boston" 加载，也可从官方网址下载该数据集。表 8.1 和表 8.2 分别列出了波士顿房价样本数据集示例以及它的属性特征信息。该数据集共包含了 506 条记录以及 14 个属性(其中，CHAS 为布尔型，其他属性均为连续值的浮点型)。最后一个属性 MEDV 为房价预测属性。图 8.1 展示了数据集中每个属性的取值范围。

表 8.1　波士顿房价样本数据集示例

CRIM	ZN	INDUS	CHAS	NOX	RM	AGE	DIS	RAD	TAX	PIRATIO	B	LSTAT	MEDV
0.00632	18	2.31	0	0.538	6.575	65.2	4.09	1	296	15.3	396.9	4.98	24
0.02731	0	7.07	0	0.469	6.421	78.9	4.9671	2	242	17.8	396.9	9.14	21.6
0.02729	0	7.07	0	0.469	7.185	61.1	4.9671	2	242	17.8	392.83	4.03	34.7
0.03237	0	2.18	0	0.458	6.998	45.8	6.0622	3	222	18.7	394.63	2.94	33.4
0.06905	0	2.18	0	0.458	7.147	54.2	6.0622	3	222	18.7	396.9	5.33	36.2

表8.2 数据集中各属性信息

属性	英 文 描 述	中 文 翻 译
CRIM	per capita crime rate by town	城镇人均犯罪率
ZN	proportion of residential land zoned for lots over 25,000 sq.ft.	住宅用地所占比例，超过 25 000 平方英尺
INDUS	proportion of non-retail business acres per town	城镇非商业用地面积的比例
CHAS	Charles River dummy variable (= 1 if tract bounds river; 0 otherwise)	Charles River 哑变量(如果土地跨越河界，则该值为1，否则为0)
NOX	nitric oxides concentration (parts per 10 million)	氮氧化物浓度(百万分之几)
RM	average number of rooms per dwelling	住宅的房间数
AGE	proportion of owner-occupied units built prior to 1940	房龄(1940 年以前建行的自住单位比例)
DIS	weighted distances to five Boston employment centres	到波士顿五个就业中心的加权距离
RAD	index of accessibility to radial highways	距离公路的便利性指数
TAX	full-value property-tax rate per $10,000	每万美元物业税全额税率
PIRATIO	pupil-teacher ratio by town	城镇师生比例
B	$1000(Bk - 0.63)^2$ where Bk is the proportion of blacks by town	$1000(Bk - 0.63)^2$，Bk 是城镇黑人比例
LSTAT	% lower status of the population	低层群体的人口比例
MEDV	Median value of owner-occupied homes in $1000's	业主自住房屋的中位数(1000 美元)

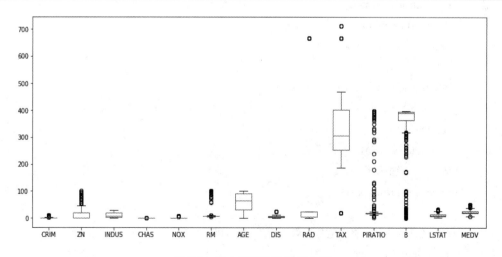

图 8.1 波士顿房价数据集分析

根据给出的数据集，我们将预测该地的房价，其中输入变量 x 是 CRIM 等前 13 个属性值，通过线性回归得出拟合方程，预测 MEDV 属性值，并与实际值进行比较，以评估拟合效果。应用线性回归预测波士顿房价的 Python 实现过程，实现代码如下所示。

1. 线性回归算法实现波士顿房价预测

```
#LinearRegression 的 Python 实现代码
#声明所有的模块
from sklearn.linear_model import LinearRegression
from sklearn.datasets import load_boston
from sklearn.model_selection import train_test_split
from sklearn.preprocessing import StandardScaler
from sklearn.metrics import r2_score
from matplotlib import pyplot as plt

#加载数据集
lb = load_boston()
#将数据集划分为训练集与测试集
x_train, x_test, y_train, y_test = train_test_split(lb.data, lb.target, test_size=0.2)
#自动计算行数，只有一列
y_train = y_train.reshape(-1, 1)
y_test = y_test.reshape(-1, 1)

# 进行标准化，取值范围为[-1,1]
std_x = StandardScaler()
x_train = std_x.fit_transform(x_train)
x_test = std_x.transform(x_test)
std_y = StandardScaler()
y_train = std_y.fit_transform(y_train)
y_test = std_y.transform(y_test)

#调用线性回归模块 LinearRegression
lr = LinearRegression()
#线性回归拟合
lr.fit(x_train, y_train)
#运用回归模型预测
y_predict=lr.predict(x_test)

#调用绘图函数，对真实值与预测值绘图，并输出
draw(y_test, y_predict)

#输出回归系数与方程，coef_是系数，intercept_是截距，f 表示回归方程
```

```
a_arr = lr.coef_[0]
b = lr.intercept_[0]
f=""
for i in range(0, len(a_arr)):
    ai=a_arr[i]
    if ai>=0:
        ai = "+%.4f" %(ai)          #小数点后面保留 4 位，%f 表示浮点数型
    else:
        ai = "%.4f" % (ai)
    f = f+"%s*x%s"%(ai, str(i+1))
f="y=%s+%.4f" % (f[1:], b)
print("拟合方程", f)


#打印回归模型评估结果
print("r2 score of Linear regression is", r2_score(y_test, y_predict))
```

该代码首先加载源数据集，然后通过调用 train_test_split 模块，将数据集划分为训练集与测试集，测试集占的比例为 0.2，由于各个属性的取值范围不同，因而通过调用 StandardScaler 模块对数据集进行标准化预处理。再调用线性回归模块 LinearRegression 对训练集进行拟合，建立回归方程，并预测测试集，得到预测结果。运行代码打印输出拟合方程 f 为

$y=0.1188*x1+0.1490*x2-0.0054*x3+0.0955*x4-0.2133*x5+0.2524*x6-0.0219*x7-0.3819*x8+0.3337*x9-0.2306*x10-0.2106*x11+0.0936*x12-0.4244*x13+0.0000$

它的 R^2 值的输出为：r2 score of Linear regression is 0.7668。

接下来，为了直观地看到预测结果，运行如下代码将测试集的实际值与预测值用散点图绘制输出，如图 8.2 所示。

```
#对真实值与模型预测值绘图
def draw(y_test,y_predict):
    x = range(1, len(y_predict)+1)
    plt.figure(figsize=(14, 6), dpi=80)
    plt.scatter(x, y_test,color='blue')
    plt.scatter(x, y_predict,color='red')
    plt.plot(x, y_test,linestyle=':',label='actual')
    plt.plot(x, y_predict, linestyle='--',label='predict')

    #显示图例
    plt.legend()
    plt.show()
```

运行以上代码对比实际值与预测值，将训练得到的回归方程打印输出，如图 8.2 所示。

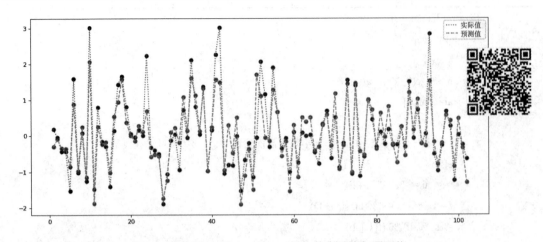

图 8.2　线性回归最小二乘(LR)拟合的实际值与预测值

最后，评估回归模型，运用了 R^2 值(r2_score)。它的计算方式如下：

$$R^2(y,\hat{y}) = 1 - \frac{\sum\limits_{i=0}^{t-1}(y_t - \hat{y}_t)^2}{\sum\limits_{i=0}^{t-1}(y_t - \overline{y})^2}$$

其中，y 表示实际值，$\hat{y}$ 表示预测值，$\overline{y}$ 表示实际值均值，t 表示测试集的样本数量。

　　由于不同数据集的量纲不同，因而将均值作为参照基准，分析预测值与实际值之间的误差。当预测值与实际值完全相同时，分子为 0，R^2 的取值为 1，是预测最理想的情况。当分子等于分母时，即预测值等于均值，回归模型的预测没有达到好的效果，R^2 的取值为 0，此时是最坏的情形。因此，R^2 的取值范围为[0, 1]，值越接近 1，代表获得的回归模型的预测效果越好。

　　2. 随机梯度下降法预测波士顿房价问题

　　观察随机梯度下降法的线性回归结果，sklearn 库中提供 SGDRegressor 模块可用于实现随机梯度下降法，具体的 Python 实现代码如下所示。

```
#随机梯度下降预测波士顿房价
from sklearn.linear_model import SGDRegressor


#调用随机梯度下降模块，并线性拟合
sgd = SGDRegressor()
sgd.fit(x_train, y_train.ravel())
#运用模型预测
y_predict=sgd.predict(x_test)
#绘制预测结果值与真实值，形成图形比较
draw(y_test, y_predict)
```

```
#输出并打印回归方程
a_arr = sgd.coef_
b = sgd.intercept_[0]
f=""
for i in range(0,len(a_arr)):
    ai=a_arr[i]
    if ai>=0:
        ai = "+%.4f" %(ai)
    else:
        ai = "%.4f" % (ai)
    f = f+"%s*x%s"%(ai, str(i+1))
f="y=%s+%.4f" % (f[1:],b)
print("拟合方程", f)


#输出模型评估值
print("r2 score of SGD regression is", r2_score(y_test, y_predict))
```

以上代码实现了对预处理过的训练数据集进行线性拟合。在该拟合模型中，对输入参数 y_train 应用.ravel()方法进行降维处理。运用训练好的模型进行测试集预测，将预测值与真实值进行绘图比对，结果如图 8.3 所示。

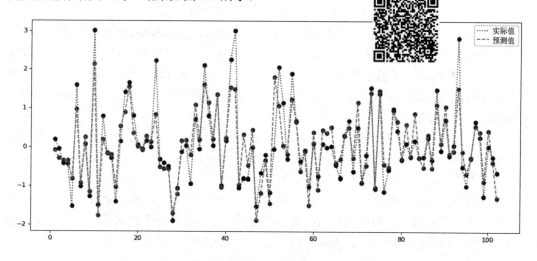

图 8.3 线性回归随机梯度下降(SGD)拟合的实际值与预测值

然后输出回归方程 f 为

$$y = 0.0974*x1 + 0.1164*x2 - 0.0550*x3 + 0.1065*x4 - 0.1588*x5 + 0.2766*x6 - 0.0319*x7 - 0.3285*x8 + 0.1858*x9 - 0.0785*x10 - 0.1974*x11 + 0.0954*x12 - 0.4145*x13 + 0.0001$$

可以看出，它与上述最小二乘法得到的回归方程是不同的。

最后对模型进行评估，得到的输出结果为 r2 score of SGD regression is 0.7727，值略大于最小二乘线性回归的结果 0.7668。

8.2　局部加权线性回归

线性回归方法的一个问题是它有可能出现欠拟合(Under Fit)情形，此时不能取得最好的预测效果。图 8.4(a)、(b)分别显示了对应数据集的最佳拟合直线。

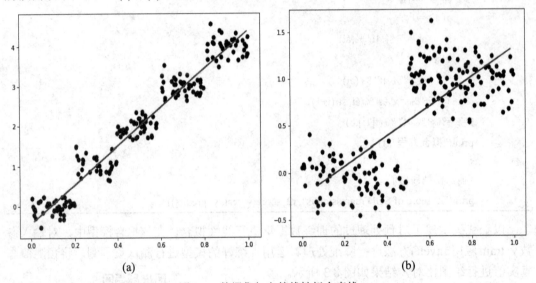

(a)　　　　　　　　　　　　　　　　　　　(b)

图 8.4　数据集与它的线性拟合直线

通过 Numpy 库中相关系数计算方法 corrcoef(y_test.T, y_predict.T)计算真实值与预测值之间的相关性(.T 表示对向量转置，以保证输入值是行向量)。图 8.4(a)与(b)的相关系数分别为 0.9633、0.7635。显然图 8.4(b)的拟合结果欠佳。而图 8.4(a)从直观的图形看，它可以存在更好的拟合结果。因此，本节引入局部加权线性回归(Locally Weighted Linear Regression，LWLR)方法，以提高预测效果。

线性回归会出现欠拟合的情形，是因为它求解的是最小均方误差的无偏估计。为了达到最好的预测，有些方法允许在估计中引入一些偏差，以达到降低预测的均方误差。

下面主要介绍局部加权线性回归方法的核心思想。

应用最小二乘法求解得到的回归系数如式 $w^* = (x^{\mathrm{T}}x)^{-1}x^{\mathrm{T}}y$。相对于线性回归中每个待预测点的权重都相同，局部线性回归则是给待预测点附近的每个点赋予一定的权重，然后对训练数据集进行线性回归，求解回归系数。得出的回归系数如下：

$$w^* = (x^{\mathrm{T}}wx)^{-1}x^{\mathrm{T}}wy$$

其中，权重矩阵 w 用于对每个数据点赋予权重。

局部线性回归使用"核函数"(Kernel)，对越是附近的点赋予越高的权重。最常用的核是高斯核，它对应的权重矩阵如下：

$$w[i,i] = \exp\frac{|x_i - x|}{-2k^2}$$

这是一个对角矩阵，x 为待预测点，x 与 x_i 的距离越近，$w[i, i]$ 的值越大。参数 k 由用户指定，它的取值范围为(0, 1)，k 的大小决定了对 x 附近的点赋予多大的权重。

sklearn 库没有提供局部加权线性回归算法的实现函数，以下代码给出了它的实现过程，观察参数 k 值的大小对回归效果的影响。

```
#局部加权线性回归的 Python 实现
def lwlr(testPoint, xArr, yArr, k=1.0):
    xMat=mat(xArr)
    yMat=mat(yArr).T
    m=shape(xMat)[0]
    weights=mat(eye((m)))
    for j in range(m):
        diffMat=testPoint-xMat[j,:]
        weights[j,j]=exp(diffMat*diffMat.T/(-2.0*k**2))
    xTx=xMat.T*(weights*xMat)
    if linalg.det(xTx)==0.0:
        print ("this matrix is singular, cannot do inverse")
        return
    ws=xTx.I*xMat.T*weights*yMat
    return testPoint*ws

#根据回归系数，预测数据集中每个 y 值
def lwlrTest(testArr, xArr, yArr, k=1.0):
    m=shape(testArr)[0]
    yHat=zeros(m)
    for j in range(m):
        yHat[j]=lwlr(testArr[j], xArr, yArr, k)
    return yHat

#加载样本数据集
data = np.loadtxt("ex0.txt")    #ex0.txt 可从网址 http://www.manning.com/books/machine-
learning-in-action 下载，该数据集包含了列数据，第 1 列为偏移量，第 2 列为 x 值，第 3 列为目
标值
x=data[:,1].reshape(-1,1)
y=data[:,2]
#调用 lwlrTest 预测数据集的 y 值，调整参数 k 值
y_predict=lwlrTest(x, x, y, 1.0)
#对 x 值升序排序，并获取索引值
xs=sorted(x)
str=np.argsort(x, axis=0)

#样本数据集与预测结果绘图
```

```
plt.figure(figsize=(10, 6), dpi=80)
plt.scatter(x,y,color='blue')
plt.plot(xs,y_predict[str])
plt.show()
#计算并打印实际值与预测值的相关系数
print(np.corrcoef(y.T,y_predict.T))
```

　　首先建立函数 lwlr()建立回归系数计算的函数，并能单点预测。然后建立函数 lwlrTest()对样本数据集进行预测。加载样本数据集，并调用已建立的函数，预测每个数据。将预测结果集与实际数据集绘图显示。在绘图之前，需要对预测集的 x 进行排序，并获取对应的索引值。该算法的实现结果如图 8.5 所示，分别调整参数 k 的取值给出了不同的结果图。当 $k=1$ 时，基本等同于标准线性回归。当 $k=0.05$ 时，拟合的结果要稍优于 $k=1$，但两者都处于一种欠拟合的状态上。当 $k=0.003$ 时，拟合的直线与样本数据点过于贴近，即产生了过拟合(Over Fit)现象。当 $k=0.01$ 时，我们将它视为这几种参数值中的最佳拟合效果。

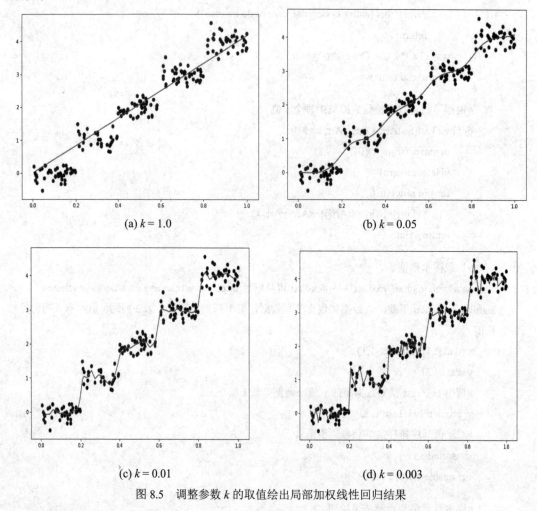

(a) $k=1.0$　　　　　　　　　　　　　　　(b) $k=0.05$

(c) $k=0.01$　　　　　　　　　　　　　　　(d) $k=0.003$

图 8.5　调整参数 k 的取值绘出局部加权线性回归结果

在预测完成后，代码还计算了预测值与实际值的相关系数。当 k 值不同时，得到的相关系数值依次为：$0.9722(k = 1.0)$，$0.9815(k = 0.05)$，$0.9916(k = 0.01)$ 和 $0.9963(k = 0.003)$。由此可见，随着 k 值的减小，相关系数值增大。

局部加权线性回归能得到较好的预测效果，但它也存在缺点：当以每个点进行预测时，都必须使用整个数据集，因而增加了计算量。当 k^2 很小时，很多的数据点的权重都接近于 0，可以在预测每个点时使用的数据集中去除这些点，从而减小计算量，进而也会降低模型的复杂度。

8.3 回归系数的缩减方法

8.3.1 岭回归

在线性回归的最小二乘法求解中，得到了回归系数计算公式 $w^* = (x^T x)^{-1} x^T y$。当数据集的特征数比样本数据点多($n \gg m$)时，输入矩阵 x 不是满秩矩阵。求解 $(x^T x)^{-1}$ 时，非满秩矩阵的逆矩阵求解会存在较大的误差。因此，为了解决该问题，人们引入了岭回归 (Ridge Regression)的概念。

岭回归方法的思想是在矩阵 $x^T x$ 上加入一个 λI，使得该矩阵非奇异，进而能够求解逆矩阵。将用于求解回归系数的公式 $w^* = (x^T x)^{-1} x^T y$ 演变为

$$w^* = (x^T x + \lambda I)^{-1} x^T y$$

w^* 称为岭回归估计，λ 为岭参数，从而构成以 λ 为自变量、w^* 为因变量的岭迹图。

由于 I 的引入，在矩阵对角线上元素全是 1，其余元素均为 0，因而在直观观察图形时有一条"岭"，故称为岭回归。

我们将最小二乘法中的求解公式转换为一种无偏估计表达式：

$$w^* = \arg\min \left(\sum_{i=1}^{m} (x_i^T w - y_i)^2 \right)$$

$$= \arg\min_{w} \|xw - y\|_2^2$$

而岭回归则在偏差的基础上加入惩罚项(Penalty)来优化得到回归系数，如下所示：

$$w^* = \arg\min_{w} \left(\|xw - y\|_2^2 + \lambda \|w\|_2^2 \right)$$

$\|xw - y\|_2^2$ 为损失项，$\lambda \|w\|_2^2$ 为惩罚项，通过引入 λ 限制了 w 之和，并能减少不重要的参数。这种方法被称为缩减(Shrinkage)。它的思想是通过放弃无偏估计，以损失部分信息为代价，得到更符合实际的回归方法。

λ 是一个复杂性参数，它控制了缩减量。λ 的值越大，缩减量越大，对共线性数据的拟合能力越强。

在 sklearn 库中提供了岭回归实现的模块 linear_model.Ridge，该模块中的 alpha 为此处

的 λ。Alpha 与岭回归估计系数之间的关系如图 8.6 所示，横轴表示 alpha 的取值，纵轴表示估计系数。

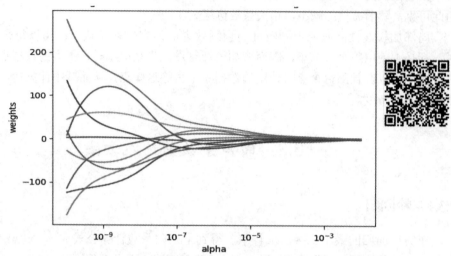

图 8.6　alpha 与岭回归估计的关系

当 alpha 为 0 时，即为最小二乘估计，随着 alpha 增大时，回归系数越趋于稳定，在该图中值趋于 0。当 alpha 的值很大时，惩罚项将主导回归系数值。在中间某处取值可找到使得预测结果最好的 alpha 值。对于参数 alpha 值的调整，将影响回归估计的效果。

我们分别以波士顿房价预测和"ex0.txt"(局部加权线性回归中使用的数据集)为例，分析岭回归的拟合效果。

调用岭回归实现模块 linear_model.Ridge，它的 Python 实现代码如下所示。

```
#岭回归预测波士顿房价
from sklearn import linear_model
#调用模块下的岭回归方法
reg = linear_model.Ridge(alpha = 0.5, copy_X = True, fit_intercept = True, max_iter = None,
        normalize = False, random_state = None, solver = 'auto', tol = 0.001)
reg.fit(x_train , y_train.ravel())
#进行岭回归预测
y_predict=reg.predict(x_test)
#将结果绘图，并打印输出 R² 值
draw(y_test,y_predict)
print("r2 score of ridge regression is",r2_score(y_test,reg.predict(x_test)))
```

上述代码中，调用的 linear_model.Ridge 模块为"linear_model.Ridge(alpha = 1.0, fit_intercep = True, normalize = False, copy_X = True, max_iter = None, tol = 0.001, solver = 'auto', random_state = None)。"其中各参数的含义如下：

- alpha 表示上述 λ 的取值。
- fit_intercept：是否计算截距，为布尔型。
- normalize：为布尔型，是可选项(Optional)，默认取值为 false。表示是否将数据集进行标准化处理，当 fit_intercept 为 false 时，这个参数可以忽略。

- copy_X：为 True 时，X 值会被复制，否则会被重写覆盖。
- max_iter：整型，表示最大迭代次数。
- tol：表示求解精度。
- solver: {'auto', 'svd', 'cholesky', 'lsqr', 'sparse_cg', 'sag', 'saga'}，分别表示自动选取求解方式、奇异值分解法(Singular Value Decomposition)处理样本数据再应用岭回归、使用标准的 scipy.linalg.solve 函数获得闭式解、正则化最小二乘、共轭梯度求解法、随机平均梯度下降以及它的改进版本。
- random_sate：用于指定随机数生成器的种子。当 solver 取值为 " 'sag', 'saga' " 时才使用该参数。

分别调整 alpha 参数的取值 0.1、1.0 和 10.0，得到的回归结果如图 8.7 所示，对应的 R^2 值为 0.7105、0.7112 和 0.7151。可以看出，在该数据集下，不同的参数取值对预测结果的影响不大。

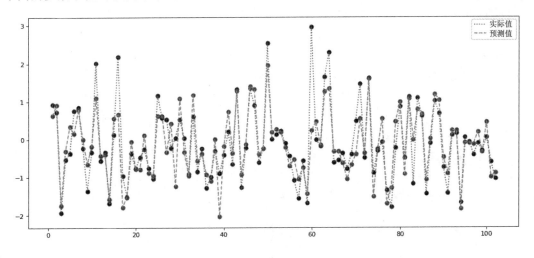

(a) alpha = 0.1

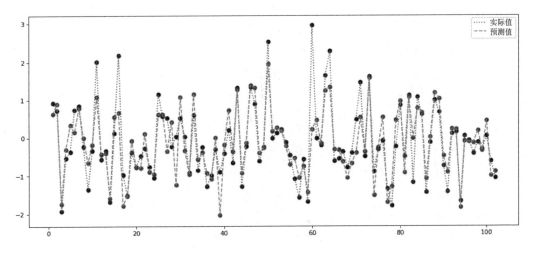

(b) alpha = 1.0

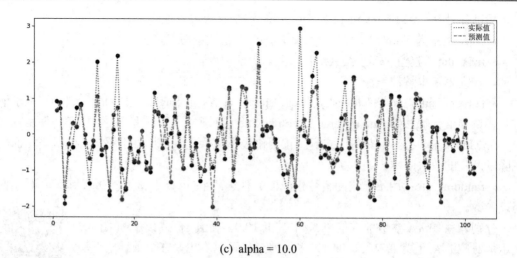

(c) alpha = 10.0

图 8.7　岭回归用于波士顿房价预测

我们加载另一个数据集 "ex0.txt"，观察在该数据集上岭回归估计的效果，得到的结果如图 8.8 所示。当 alpha 的取值分别为 0.1、0.5 和 1.0 时，对应的 R^2 值为 0.9189、0.9385 和 0.9341。可以得出，在该数据集上，不同的参数取值对预测结果有较大的影响，当 alpha 的值为 0.5 时，它的预测效果要优于 0.1 和 1.0。

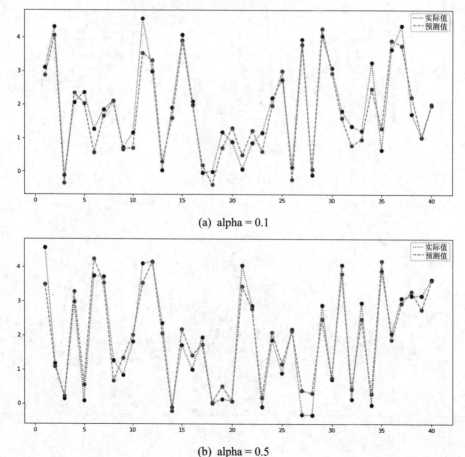

(a) alpha = 0.1

(b) alpha = 0.5

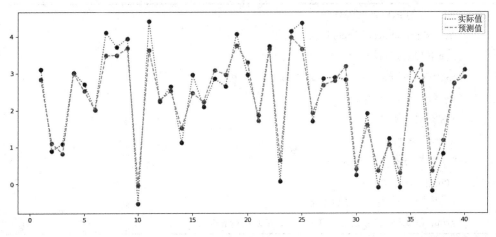

(c) alpha = 1.0

图 8.8 岭回归拟合 "ex0.txt" 数据集

8.3.2 Lasso 回归

岭回归方法能在一定程度上缩减数据集，还有一些其他的缩减方法，如套索算法 (Least Absolute Shrinkage And Selection Operator，Lasso)。

岭回归引入了 λ，是增加了如下约束：

$$\|w\|_2^2 \leqslant \lambda$$

它避免了使得很大的正系数与很大的负系数相互抵消的情形。Lasso 回归给出的对回归系数的约束条件为

$$\sum_{j=0}^{n-1} |w_j| \leqslant \lambda$$

Lasso 回归在给定约束条件时，用绝对值取代岭回归中的平方和。当 λ 值足够小时，有些系数会被迫缩减为 0。虽然这只是在约束条件上的些微调整，但是极大地增加了计算复杂度。

Lasso 回归的优化模型为

$$w^* = \frac{1}{2m}\|xw - y\|_2^2 + \lambda\sum_{j=0}^{n-1}|w_j|$$

其中，m 为样本数，$\|xw-y\|_2^2$ 为误差损失项，$\lambda\sum_{j=0}^{n-1}|w_j|$ 为惩罚项。

在 sklearn 库中同样提供了 Lasso 的实现模块。Lasso 模块的参数 alpha 即为 λ。该模块的调用同样拥有一些默认参数值，与岭回归的参数基本相同，此处不再一一赘述。这里主要关注参数 alpha，它的取值不同，回归效果亦不同。它的具体实现代码如下所示。

```
# Lasso 的 Python 实现代码
from sklearn.linear_model import Lasso
#调用 Lasso 方法拟合
reg = linear_model.Lasso(alpha=0.001)
reg.fit(x_train , y_train)
#对测试集预测
y_predict=reg.predict(x_test)
#绘制预测值与实际值
draw(y_test,y_predict)
#打印输出 R² 值，评估回归效果
print("r2 score of lasso is", r2_score(y_test, reg.predict(x_test)))
```

以数据集 "ex0.txt" 为例，对它实现 Lasso 算法。当 alpha 的值分别为
0.0001、0.001 和 0.01 时，对应的 R^2 值分别为 0.9484、0.9588 和 0.9490。由
此可见，与岭回归相比，它的 alpha 取值量级较小，当 R^2 值为 0.001 时，回
归拟合效果较好。而且在该数据集下，Lasso 回归得到的预测准确率要优于
岭回归。在 alpha 取不同值的情形下，得到的结果如图 8.9 所示。

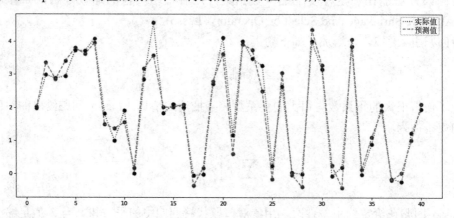

(a)　alpha = 0.0001

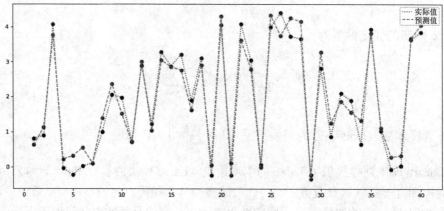

(b)　alpha = 0.001

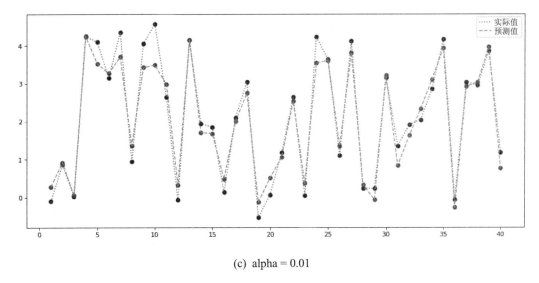

(c) alpha = 0.01

图 8.9　Lasso 回归拟合"ex0.txt"数据集得到的预测值与实际值

Lasso 回归还存在一些基于它的回归方法，如 Multi-task Lasso、LARS Lasso 等，可用于不同的回归场景，此处不再一一介绍。

8.4　逻 辑 回 归

逻辑回归(Logistic Regression)与前面所述的回归方法不同，虽然其命名为回归，但是其更大功能在于分类。其基本思想是：通过训练数据集建立回归方程，以该方程预测测试集所属的分类。

这里回归的目的是，建立最佳拟合方程以更准确地进行分类。将逻辑回归分为两个步骤讨论：分类函数和回归方程。为了简化描述，我们以二分类的形式开始讨论。

8.4.1　分类函数

逻辑回归算法的使用步骤是：首先需要输入一些训练数据集，并将其转换成结构化的数值；然后基于训练好的回归系数对这些数值进行回归计算，并以此为依据预测出它所属的类别。这里需要找到一个函数，能根据所有的输入预测出类别。这里是二分类问题，所以预测类别的输出是 0 或 1。具有这种性质的函数是常用的 Sigmoid 函数：

$$\sigma(z) = \frac{1}{1 + \mathrm{e}^{-z}}$$

Sigmoid 值的范围为(0, 1)。当 z 为 0 时，Sigmoid 函数值为 0.5。随着 z 的增大，它的值逼近于 1；随着 z 的减小，它的值趋近于 0。图 8.10 中用 x 表示 z 的取值，当 x 的坐标取值范围足够大时，该函数看起来很像阶跃函数。

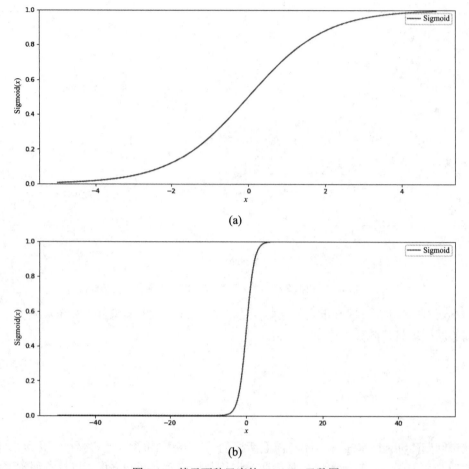

图 8.10　基于两种尺度的 Sigmoid 函数图

为了实现逻辑回归分类，我们需要在每个特征上乘以一个回归系数，并求和；将和值代入 Sigmoid 函数，进而得到一个范围为 0~1 的数值；将大于 0.5 的数值归为一类，其他的归为另一类，从而达到分类的目的。逻辑回归也可被视为概率估计。

下一步我们需要训练数据集，以确定最佳回归系数并生成回归方程。

8.4.2　回归方程

Sigmoid 函数中的输入变量为 z，即是回归方程，它的表达式为

$$z = w_0 x_0 + w_1 x_1 + \cdots + w_n x_n$$

上式可用向量表达：$z = \boldsymbol{w}^{\mathrm{T}} \boldsymbol{x}$。向量 $\boldsymbol{x}$ 是输入的特征值，$\boldsymbol{w}$ 是要求解的最佳回归系数。为了寻找 $\boldsymbol{w}$，可以使用 8.1.2 小节介绍的梯度下降法或者梯度上升法来求解。

8.4.3　梯度下降法求解最佳回归系数

梯度下降法的迭代公式如下：

$$w_j = w_j - \alpha (h(\boldsymbol{x}) - y) x_j$$

如果用向量来表示，则迭代公式如下：

$$w := w - \alpha \nabla_w f(w)$$

因此，梯度上升法的迭代公式为

$$w := w + \alpha \nabla_w f(w)$$

如果求函数的最大值，则利用梯度上升方法来求解；如果要找函数的最小值，则利用梯度下降方法来求解。两者的工作原理相同，α 表示迭代的步长，梯度是指沿着函数值最快的方向下降或增长，以求解最小值或最大值。

作为思考题，由读者自行写出梯度上升法的伪代码实现过程。

在 sklearn 库中同样提供了逻辑回归算法的实现模块，具体格式如下：

sklearn.linear_model.LogisticRegression(penalty = 'l2', dual = False, tol = 0.0001, C = 1.0, fit_intercept = True, intercept_scaling = 1, class_weight = None, random_state = None, solver = 'liblinear', max_iter = 100, multi_class = 'ovr', verbose = 0, warm_start = False, n_jobs = None)

参数设置：

- penalty：str, 'l1' or 'l2'，默认取值为 'l2'，表示惩罚项，也称之为正则化项。通过在目标函数中增加一个正则化项，以防止过拟合的问题。

- dual：bool，默认为 False。它只适用于 penalty 为 'l2' 的 'liblinear' 算法。当样本数大于特征数时，默认为 False。

- tol：float，默认值为 1e-4，表示迭代终止所允许的误差大小。

- C：float，默认值为 1.0，表示正则化项系数的倒数，必须为正数。值越大，代表正则化越强。

- fit_intercept=True：表示是否存在截距，默认取值为存在。intercept_scaling=1，float，默认取值为 1，仅在正则化项为 'liblinear'，且 fit_intercept 设置为 True 时有用。此时的 x 取值转换为 x*self.intercept_scaling。

- class_weight：dict or 'balanced'，表示类型权重参数，默认为 None，用于标示分类模型中各种类别的权重。默认不输入，即所有的分类的权重一样。选择 'balanced'，则自动根据 y 值计算类别权重，也可自主设置权重，输入格式为 dict(字典)的形式。

- random_state：int，可选，表示随机数种子，默认为 None，仅当 solver = 'liblinear' 或 'sag' 时有用。

- solver：str，取值为{'newton-cg', 'lbfgs', 'liblinear', 'sag', 'saga'}，默认为 'liblinear'。惩罚项 'l2' 支持 'newton-cg'、'sag'、'lbfgs' 和 'liblinear' 四种算法。'l1' 支持 'liblinear' 和 'saga' 两种。'lbfgs' 适用于小型数据集，当训练数据集大时，'sag' 和 'saga' 的处理速度更快。'newton-cg'、'sag'、'saga' 和 'lbfgs' 可用于多分类问题求解；相对应地，'liblinear' 用于二分类问题。

- max_iter：int，默认为 100，表示最大迭代次数。

- multi_class：str，取值为{'ovr', 'multinomial', 'auto'}，默认为 'ovr'。'ovr' 表示为二分类问题。'multinomial' 表示从多个类中每次选两个类进行二元回归，当 solver = 'liblinear' 时，它是不可用的。如果数据是二分类的，或者当 solver = 'liblinear' 时，'auto' 自动选择 'ovr'，否则选择 'multinomial'。

● verbose：int，默认取值为 0，表示详细记录，用于 solver = 'liblinear' 或 'lbfgs' 时。当取值为 0 时，不输出模型训练过程；为 1 时，偶尔输出；当取值大于 1 时，每个子模型都要输出。

● warm_start：bool，默认取值为 False，表示是否热启动。如果为 Ture，则下一次训练重用上次求解的结果进行模型初始化；否则，删除上次的求解记录。当 solver = 'liblinear' 时，该参数无效。

● n_jobs：int or None，可选，默认为 None，表示并行运行的 CPU 核数。

8.4.4　示例：Iris 数据集分类

本节将以 Iris(鸢尾花)数据集为实例，对其采用逻辑回归模型进行分类。在介绍决策树的时候给出过鸢尾花数据集具体的数据集信息。应用 linear_model.LogisticRegression() 模块实现逻辑回归分类，它的 Python 实现代码如下所示。

```
#对鸢尾花数据集采用逻辑回归实现分类
from sklearn.datasets import load_iris
from sklearn.linear_model import LogisticRegression

X, y = load_iris(return_X_y=True)
#逻辑回归训练数据集
clf = LogisticRegression(random_state=0, solver='lbfgs',max_iter=200,
                         multi_class='multinomial').fit(X, y)
#应用训练模型，预测样本集的类别标签，并打印
print (clf.predict(X[:2, :]))
#打印出样本集中样本属于每一类别的概率
print (clf.predict_proba(X[:2, :]))
#计算预测准确率
print (clf.score(X, y))
```

鸢尾花数据集实现的是三分类问题，它包含了 setosa、versicolor 和 virginica 三个类别。因此，LogisticRegression()中参数 multi-class 的取值设置为'multinomial'。训练生成模型，并对某一样本进行预测。

.predict()用于预测样本的类别标签，样本集 X[:2, :]的标签输出为[0, 0]。.predict_proba() 用于输出样本属于类别的概率，输出为

[[9.81583680e-01 1.84163059e-02 1.45066647e-08]
[9.71333280e-01 2.86666897e-02 3.02112034e-08]]

表示样本 1 属于标签 0、1、2 的概率分别是 9.81583680e-01、1.84163059e-02、1.45066647e-08。它属于标签 0 的概率远大于另外两个标签，因而该样本的类别预测结果为 0。

.score(X, y)返回在数据集 X 和类别标签 y 上的预测准确率的均值。打印输出为 0.9733。

我们对上述鸢尾花分类的结果绘制决策边界(Decision Boundaries)，可用图形化的方式直观地观察原始数据集与预测结果之间的关系。它的 Python 实现代码如下所示。

```
#对鸢尾花数据集分类并绘制决策边界的 Python 实现
#声明所有模块
import numpy as np
import matplotlib.pyplot as plt
from sklearn.linear_model import LogisticRegression
from sklearn import datasets

#加载鸢尾花数据集
iris = datasets.load_iris()
#获取样本的前两个特征
X = iris.data[:, :2]
#获样本对应的类别标签
Y = iris.target
#逻辑回归训练模型
logreg = LogisticRegression(C=1e5, solver='lbfgs', multi_class='multinomial').fit(X, Y)
#绘制网格，x 轴为第 0 个特征的取值范围，y 轴为第 1 个特征的取值范围
x_min, x_max = X[:, 0].min() - .5, X[:, 0].max() + .5
y_min, y_max = X[:, 1].min() - .5, X[:, 1].max() + .5
#设置网格中的步长
h = .02    # step size in the mesh
#转换为二维的矩阵坐标
xx, yy = np.meshgrid(np.arange(x_min, x_max, h), np.arange(y_min, y_max, h))
#将第 0 个特征与第 1 个特征拼接为样本数据集，并预测样本的类别
Z = logreg.predict(np.c_[xx.ravel(), yy.ravel()])
#绘制三个类别的决策边界，用颜色区分
Z = Z.reshape(xx.shape)
plt.figure(1, figsize=(4, 3))
plt.pcolormesh(xx, yy, Z, cmap='Greys-r'

#用散点图绘制样本数据
plt.scatter(X[:, 0], X[:, 1], c=Y, edgecolors='k', cmap='Greys')
plt.xlabel('Sepal length')
plt.ylabel('Sepal width')

#设置 x、y 轴的边界
plt.xlim(xx.min(), xx.max())
plt.ylim(yy.min(), yy.max())
plt.legend()
plt.show()
```

逻辑回归算法求解分类问题的核心是确定回归方程，通过训练样本数据集找到最佳回

归系数，进而形成回归方程，绘制该方程可直观地观察到类别之间的分类边界。

为了直观地图形化显示，选取了样本鸢尾花样本数据集的前两个特征，应用逻辑回归算法训练该数据集，得到的决策边界如图8.11所示，从左到右划分成了 3 个类别边界。以颜色区分决策边界，散点为绘制的样本数据，x、y 轴标签分别表示前两个特征以及对应的取值范围。从该图中能直观地看出，决策边界的确定，使得某些样本节点在正确的类别中，而有些样本位于不是自身类别的区域中。通过决策边界的确定，进而能计算回归的分类正确率。

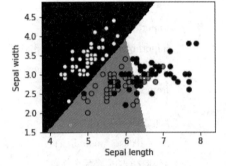

图 8.11　鸢尾花数据集的决策边界图

本 章 小 结

本章的主要内容是围绕回归展开的。回归与分类不同的是，分类主要是基于离散型变量预测所属的类别，回归用于预测连续型变量。回归的核心思想是，通过寻找最佳回归系数来建立回归方程。求解最佳回归系数的方法是最小化预测值与实际值的平方误差和。求解该最小化目标函数的方法可以采用最小二乘法和梯度下降法。梯度下降法用于求解最小值，而对应的梯度上升法可用于求解函数最大值。

当以无偏估计为目标时，可能会出现欠拟合的情形，通过在估计中引入偏差，可降低预测的均方误差。局部加权线性回归是给待预测点附近的每个点赋予一定的权重，然后对训练数据集进行线性回归，以求解回归系数。

岭回归与 Lasso 回归都是缩减法的一种，相当于对回归系数增加了约束条件，可减少求解误差。

逻辑回归与前述几种回归方法不同的是，它更大的目标是在于分类。其主要思想是寻找最佳回归系数，建立回归方程，并根据计算结果预测分类。常用的优化算法是梯度上升法。

习　　题

1. 试用线性回归与局部加权线性回归实现波士顿房价预测，并比较预测结果。
2. 调整局部加权线性回归算法中参数 k 值的设置，并比较结果。
3. 实现岭回归与 Lasso 回归算法。
4. 试用梯度上升法寻找最佳回归参数，并写出该过程的伪代码。
5. 试用 Python 实现逻辑回归算法。
6. 试比较逻辑回归算法与线性回归的不同之处。

第 9 章　人工神经网络

 本章学习目标:

- 理解人工神经网络的工作原理
- 理解人工神经元(MP)模型的原理及其激活函数
- 了解多层前馈正向传播神经网络的结构
- 了解反向多层传播(BP)神经网络的结构
- 理解多层神经网络的衡量方法——损失函数
- 应用 Python 实现多层前馈正向传播与反向多层传播神经网络算法

人工神经网络(Artificial Neural Network，ANN)受到生物神经网络中一个神经元将刺激信号传给另一个神经元的启发，从信息处理角度对人脑神经元网络进行抽象，建立某种简单模型，按不同的连接方式组成不同的网络。人工神经网络是一种具有非线性适应性信息处理能力的算法，是 20 世纪 80 年代以来人工智能领域兴起的研究热点，通常用于解决分类和回归问题，如模式、语音识别等非结构化信息处理，在工程与学术界常将人工神经网络直接简称为神经网络或类神经网络。重要的人工神经网络算法包括：感知器神经网络(Perceptron Neural Network)、反向传递(Back Propagation，BP)神经网络、Hopfield 神经网络、自组织映射(Self-Organizing Map, SOM)网络、学习矢量量化(Learning Vector Quantization，LVQ)网络等。

9.1　概　　述

人工神经网络简称神经网络(NN)，是在理解和抽象了人脑组织结构和外界刺激响应思维机制后，以生物神经网络的拓扑知识为理论基础，模拟人脑神经突触连接结构进行复杂信息处理的一种数学模型。它是根植于神经科学、数学、统计学、物理学、计算机科学以及工程科学的一门技术。生物神经细胞是构成神经系统的基本单元，称之为生物神经元，简称神经元(Neuron)。神经元主要由细胞体、轴突、树突等几部分构成，生物神经元结构如图 9.1 所示。

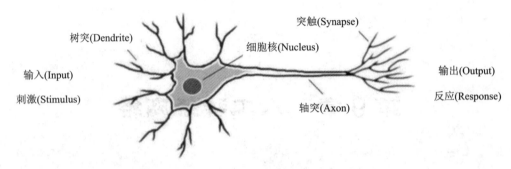

图 9.1　生物神经元结构

人工神经网络中神经元处理单元可表示不同的对象，例如特征、字母、概念或者一些有意义的抽象模式。网络中处理单元的类型分为三类：输入单元、输出单元和隐单元。输入单元接收外部世界的信号与数据；输出单元实现系统处理结果的输出；隐单元是处在输入和输出单元之间，不能由系统外部观察的单元。神经元间的连接权值反映了单元间的连接强度，信息的表示和处理体现在网络处理单元的连接关系中。

人工神经网络由大量的节点(或称神经元)之间相互连接构成，利用神经元的信息传播模型进行学习得到训练结果并用于解决各类问题。每个节点代表一种特定的输出函数，称为激活函数(Activation Function)。每两个节点间的连接都代表一个通过该连接信号的加权值，称之为权重(Weight)，神经网络就是通过这种方式来模拟人类的记忆。网络的输出则取决于网络的结构、网络的连接方式、权重和激活函数。而网络自身通常都是对自然界某种算法或者函数的逼近，也可能是对一种逻辑策略的表达。该模型以并行分布的处理能力、高容错性、智能化和自学习等能力为特征，将信息的加工和存储结合在一起，它实际上是一个有大量简单元件相互连接而成的复杂网络，能够进行复杂的逻辑操作和非线性关系实现的系统。

9.1.1　人工神经网络的发展史

人工神经网络的发展有着悠久的历史，其发展过程大致可以概括为以下四个阶段。

1. 第一阶段——启蒙时期

(1) MP 神经网络模型：20 世纪 40 年代，人们就开始研究神经网络。1943 年美国心理学家麦克洛奇(McCulloch)和数学家皮兹(Pitts)提出了 MP 模型，此模型比较简单，但是意义重大。在模型中，通过把神经元看作单个功能逻辑器件来实现算法，从此开创了神经网络模型的理论研究。

(2) Hebb 规则：1949 年，心理学家赫布(Hebb)出版了 *The Organization of Behavior*(行为组织学)，他在书中提出了突触连接强度可变的假设。这个假设认为学习过程最终发生在神经元之间的突触部位，突触的连接强度随着突触前后神经元的活动而变化。这一假设发展成为后来神经网络中非常著名的 Hebb 规则。这一规则告诉人们，神经元之间突触的联系强度是可变的，这种可变性是学习和记忆的基础。Hebb 规则为构造有学习功能的神经网络模型奠定了基础。

(3) 感知器模型：1957 年，罗森勃拉特(Rosenblatt)以 MP 模型为基础，提出了感知器

(Perceptron)模型。感知器模型具有现代神经网络的基本原则，并且它的结构非常符合神经生理学。这是一个具有连续可调权值矢量的 MP 神经网络模型，经过训练可以达到对一定的输入矢量模式进行分类和识别的目的。它虽然比较简单，却是第一个真正意义上的神经网络。Rosenblatt 证明了两层感知器能够对输入进行分类，他还提出了带隐层处理元件的三层感知器这一重要的研究方向。Rosenblatt 的神经网络模型包含了一些现代神经计算机的基本原理，从而形成神经网络方法和技术的重大突破。

(4) ADALINE 网络模型：1959 年，美国著名工程师威德罗(B.Widrow)和霍夫(M.Hoff)等人提出了自适应线性元件(Adaptive Linear Element，简称 ADALINE)和 Widrow-Hoff 学习规则(又称最小均方差算法或称 δ 规则)的神经网络训练方法，并将其应用于实际工程，成为第一个用于解决实际问题的人工神经网络，促进了神经网络的研究应用和发展。ADALINE 网络模型是一种连续取值的自适应线性神经元网络模型，可以用于自适应系统。

2. 第二阶段——低潮时期

人工智能的创始人之一 Minsky 和 Papert 对以感知器为代表的网络模型的功能及局限性从数学上做了深入研究，于 1969 年发表了轰动一时的 *Perceptrons* 一书，指出简单的线性感知器的功能是有限的，它无法解决线性不可分的两类样本的分类问题，如简单的线性感知器不可能实现"异或"的逻辑关系等。这一论断给当时人工神经元网络的研究带来了沉重的打击，从此开始了神经网络发展史上长达 10 年的低潮期。

(1) 自组织神经网络模型：1972 年芬兰的 Kohonen T.教授提出了自组织神经网络(Self-Organizing Feature Map，SOM)。SOM 网络是一类无导师学习网络，主要用于模式识别、语音识别及分类问题。它是一种自组织网络，采用一种"胜者为王"的竞争学习算法，与先前提出的感知器有很大的不同，同时它的学习训练方式是无指导训练。这种学习训练方式往往是在不知道有哪些分类类型存在时，用作提取分类信息的一种训练。

(2) 自适应共振理论：1976 年，美国 Grossberg 教授提出了著名的自适应共振理论(Adaptive Resonance Theory，ART)，其学习过程具有自组织和自稳定的特征。

3. 第三阶段——复兴时期

(1) Hopfield 模型：1982 年，美国物理学家霍普菲尔德(Hopfield)提出了一种离散神经网络，即离散 Hopfield 网络，从而有力地推动了神经网络的研究。在网络中，它首次将李雅普诺夫(Lyapunov)函数引入其中，后来的研究学者也将 Lyapunov 函数称为能量函数，证明了网络的稳定性。1984 年，Hopfield 又提出了一种连续神经网络，将网络中神经元的激活函数由离散型改为连续型。1985 年，Hopfield 和 Tank 利用 Hopfield 神经网络解决了著名的旅行推销商问题(Travelling Salesman Problem)。Hopfield 的模型不仅对人工神经网络信息存储和提取功能进行了非线性数学概括，提出了动力方程和学习方程，还对网络算法提供了重要公式和参数，使人工神经网络的构造和学习有了理论指导。在 Hopfield 模型的影响下，大量学者又激发起研究神经网络的热情，积极投身于这一学术领域中。

(2) Boltzmann 机模型：1983 年，Kirkpatrick 等人认识到模拟退火算法可用于 NP 完全组合优化问题的求解，这种模拟高温物体退火过程来找寻全局最优解的方法最早是由 Metropli 等人 1953 年提出的。1984 年，Hinton 与年轻学者 Sejnowski 等合作利用统计物理学的概念和方法提出了大规模并行多层网络学习算法，并明确提出隐单元的概念，这种学习算法后来被称为 Boltzmann 机模型。

9.1.2　人工神经网络的特点

人工神经网络是一种旨在模仿人脑结构及其功能的信息处理系统，其中包括对信息的加工、处理、存储和搜索等过程。人工神经网络具有以下基本特点：

(1) 高度的并行性。人工神经网络由许多相同的简单处理单元并联组合而成，虽然每一个神经元的功能简单，但大量简单神经元并行处理的能力和效果却十分惊人。人工神经网络和人类的大脑类似，不但结构上是并行的，它的处理顺序也是并行的。在同一层内的处理单元都是同时操作的，即神经网络的计算功能分布在多个处理单元上，而一般计算机通常有一个处理单元，其处理顺序是串行的。

(2) 高度的非线性全局作用。人工神经网络每个神经元接收大量其他神经元的输入，并通过并行网络产生输出，影响其他神经元。网络之间的这种互相制约和互相影响，实现了从输入状态到输出状态空间的非线性映射，从全局的观点来看，网络整体性能不是网络局部性能的叠加，而表现出某种集体性的行为。

非线性关系是自然界的普遍特性。在许多实际问题中，如过程控制、系统辨识、故障诊断、机器人控制等诸多领域，系统的输入与输出之间存在复杂的非线性关系，对于这类系统，往往难以用传统的数理方程建立其数学模型。

大脑的智慧就是一种非线性现象。人工神经元处于激活或抑制两种不同的状态，这种行为在数学上表现为一种非线性人工神经网络。具有阈值的神经元构成的网络具有更好的性能，可以提高容错性和存储容量。神经网络在这方面有独到的优势，设计合理的神经网络通过对系统输入/输出样本进行训练学习，从理论上讲，能够以任意精度逼近任意复杂的非线性函数。神经网络的这一优良性能使其可以作为多维非线性函数的通用数学模型。

(3) 联想记忆功能和良好的容错性。人工神经网络通过自身的特有网络结构将处理的数据信息存储在神经元之间的权值中，具有联想记忆功能。从单一的某个权值看不出其所记忆的信息内容，因而是分布式的存储形式，这就使得网络有很好的容错性，并可以进行特征提取、缺损模式复原、聚类分析等模式信息处理工作，又可以作模式联想、分类、识别工作，它可以从不完善的数据和图形中进行学习并做出决定。由于知识存在于整个系统中，而不只是存在于一个存储单元中，预订比例的节点不参与运算，对整个系统的性能不会产生重大的影响。人工神经网络能够处理那些有噪声或不完全的数据，具有泛化功能和很强的容错能力。

一个神经网络通常由多个神经元广泛连接而成。一个系统的整体行为不是仅仅取决于单个神经元的特征，而是主要由单元之间的相互作用、相互连接所决定。通过单元之间的大量连接可以模拟大脑的非局限性，联想记忆是非局限性的典型例子。

(4) 良好的自适应、自学习、优化计算功能。优化计算是指在已知的约束条件下，寻找一组参数组合，使该组合确定的目标函数达到最小。将优化约束信息(与目标函数有关)存储于神经网络的连接权矩阵之中，神经网络的工作状态以动态系统方程式描述。设置一组随机数据作为起始条件，当系统的状态趋于稳定时，神经网络方程的解作为输出优化结果。

人工神经网络通过学习训练获得网络的权值与结构，呈现出很强的自学习能力和对环境的自适应能力。神经网络所具有的自学习过程模拟了人的形象思维方法，这是与传统符号逻辑完全不同的一种非逻辑非语言的方法。自适应性根据所提供的数据，通过学习和训练，找出输入和输出之间的内在关系，从而求取问题的解，而不是依据对问题的经验知识和规则，因而具有自适应功能。

(5) 知识的分布存储。在神经网络中，知识不是存储在特定的存储单元中，而是分布在整个系统中，要存储多个知识就需要很多链接。在计算机中，只要给定一个地址就可得到一个或一组数据。在神经网络中要获得存储的知识则采用"联想"的办法，这类似人类和动物的联想记忆。人类善于根据联想正确识别图形，人工神经网络也是这样。神经网络采用分布式存储方式表示知识，通过网络对输入信息的响应将激活信号分布在网络神经元上，通过网络训练和学习使得特征被准确地记忆在网络的连接权值上，当同样的模式再次输入时网络就可以进行快速判断。

正是人工神经网络所具有的这种学习和适应能力、自组织、非线性和运算高度并行的能力，解决了传统人工智能对于直觉处理方面的缺陷，例如对非结构化信息、语音模式识别等的处理，使之成功应用于神经专家系统、组合优化、TSP 问题及生产调度、智能控制、预测、模式识别等领域。

9.2　人工神经元 MP 模型

目前人工神经元模型有很多，其中最早提出且影响最大的模型是由沃伦·麦卡洛克 (Warren Maculloach)和沃尔特·皮茨(Walter Pitts)于 1943 年在分析总结神经元基本特性的基础上提出的 MP 模型。此模型指出了神经元的形式化数学描述和网络结构方法，证明了单个神经元能执行逻辑功能，从而开创了人工神经网络研究的时代。

人工神经元的信息传播是一个多输入、单输出的结构，神经元之间的连接强度通过权值来表示。神经元之间的连接权值就是神经网络的知识，它是通过大量样本的学习而获得的。在图 9.2 中，人工神经元就是对生物神经元的模拟，而有向弧则是轴突—突触—树突对的模拟，有向弧的权值表示相互连接的两个人工神经元间相互作用的强弱。

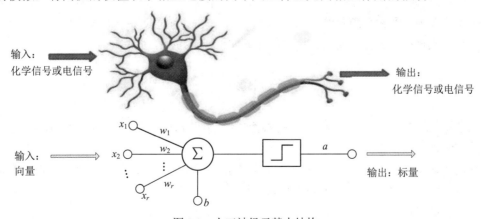

图 9.2　人工神经元基本结构

人工神经元本质上是一组向量的加权求和，并通过激活函数产生一个输出。在图 9.2 中，x_1、x_2、…、x_r为输入；y_a为该神经元 i 的输出；w_r为外面神经元与该神经元连接强度(称为权值)；b 为偏置单元。这个模型看起来很像组成计算机的逻辑门，每个节点代表一种特定的输出函数，称为激活函数。每两个节点间的连接都代表一个对于通过该连接信号的加权值，称之为权重，这相当于人工神经网络的记忆。网络自身通常都是对自然界某种算法或者函数的逼近，也可能是对一种逻辑策略的表达。人工神经网络可看成是以人工神经元为节点，神经网络的推理就是信息传播模型，网络的输出则依网络的连接方式、权重值和激励函数的不同而变化。

9.2.1　单层神经元——感知机模型

1957 年，罗森勃拉特(Rosenblatt)以 MP 模型为基础提出了感知机(Perceptron)模型。感知机是人工神经网络中的最小单元，感知机由两层神经元(输入层和输出层)组成，即一个线性组合器和一个二值阈值逻辑单元(Threshold Logic Unit)构成，如图 9.3 所示。对于某个处理单元(神经元)来说，假设来自其他处理单元(神经元)i 的信息为 x_i，它们与本处理单元的互相作用强度即连接权值为 w，处理单元的内部阈值为 θ。

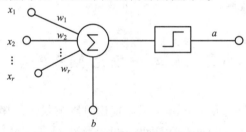

图 9.3　单层神经网络的感知机结构

单感知机是最简单的神经网络，感知机由两步计算组成，即线性变换加上非线性变换(输出 = 线性变换 + 非线性变换)，运算过程如下：

$$z = x_1w_1 + x_2w_2 + \cdots + x_rw_r + b$$

$$a = g(z)$$

其中：$x_1, x_2, \cdots, x_r$ 为神经元的输入，这些可以是输入层实际观测值或者是一个隐藏层的中间值(隐藏层即介于输入与输出之间的所有节点组成的层)；$b = x_0$ 为偏置单元，即截距项，这是常值添加到激活函数的输入；$w_0, w_1, w_2, \cdots, w_r$ 为对应每个输入的权重，甚至偏置单元也是有权重的；a 为神经元的输出。计算如下：

$$a = f\left(\sum_{i=0}^{N} w_i x_i\right)$$

式子里的 f 是已知的激活函数。f 使神经网络(单层乃至多层)非常灵活并且具有能估计复杂的非线性关系的能力。

利用单感知机神经网络可实现三个基本功能：与(AND)、或(OR)、非(NOT)。单感知机的缺陷是无法拟合表 9.1 所示的"异或"运算，异或问题看似简单，使用单层的神经元确实没有办法解决。

表 9.1　单感知机神经网络的"异或"操作

输入 1	输入 2	输出
0	0	0
0	1	1
1	0	1
1	1	0

引入一个用感知器实现 AND 函数功能，神经元输出为 $a = f(-1.5 + x_1 + x_2)$，如图 9.4 所示。

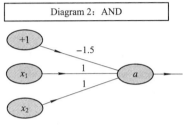

图 9.4　AND 神经元结构

Python 代码实现如下：

```
'''------------------初始化感知器，设置输入参数的个数以及激活函数---------------------'''
class Perceptron(object):
    def __init__(self, input_num, activator):
        self.activator = activator
        #权重向量初始化为 0
        self.weights = [0.0 for _ in range(input_num)]
        # 偏置项初始化为 0
        self.bias = 0.0
    def __str__(self):
    '''打印学习到的权重、偏置项'''
    return 'weights\t:%s\nbias\t:%f\n' % (self.weights, self.bias)
    def predict(self, input_vec):
        ''' 输入向量，输出感知器的计算结果'''
        # 把 input_vec[x1,x2,x3,...]和 weights[w1,w2,w3,...]打包在一起
        # 变成[(x1,w1),(x2,w2),(x3,w3),...]
        # 然后利用 map 函数计算[x1*w1, x2*w2, x3*w3]
        # 最后利用 reduce 求和
        return self.activator(reduce(lambda a, b: a + b, map(lambda (x, w): x * w,
                    zip(input_vec, self.weights)), 0.0) + self.bias)
    def train(self, input_vecs, labels, iteration, rate):
        '''输入训练数据：一组向量、与每个向量对应的 label，以及训练轮数、学习率'''
        for i in range(iteration):
```

```
                self._one_iteration(input_vecs, labels, rate)
        def _one_iteration(self, input_vecs, labels, rate):
            '''一次迭代，把所有的训练数据过一遍'''
            # 把输入和输出打包在一起，成为样本的列表[[input_vec, label), ...]
            # 而每个训练样本是(input_vec, label)
            samples = zip(input_vecs, labels)
            # 对每个样本，按照感知器规则更新权重
            for (input_vec, label) in samples:
                # 计算感知器在当前权重下的输出
                output = self.predict(input_vec)
                # 更新权重
                self._update_weights(input_vec, output, label, rate)
        def _update_weights(self, input_vec, output, label, rate):
            '''按照感知器规则更新权重'''
            # 把 input_vec[x1,x2,x3,...]和 weights[w1,w2,w3,...]打包在一起
            # 变成[(x1,w1),(x2,w2),(x3,w3),...]，然后利用感知器规则更新权重
            delta = label - output
            self.weights = map( lambda (x, w): w + rate * delta * x, zip(input_vec, self.weights))
            # 更新 bias
            self.bias += rate * delta
'''----------------------------------用感知器类去实现 and 函数----------------------------------'''
def f(x):
    '''定义激活函数 f'''
    return 1 if x > 0 else 0
def get_training_dataset():
    '''基于 and 真值表构建训练数据'''
    # 构建训练数据，输入向量列表
    input_vecs = [[1,1], [0,0], [1,0], [0,1]]
    # 期望的输出列表，注意要与输入一一对应
    # [1,1] -> 1, [0,0] -> 0, [1,0] -> 0, [0,1] -> 0
    labels = [1, 0, 0, 0]
    return input_vecs, labels
def train_and_perceptron():
    '''使用 and 真值表训练感知器'''
    # 创建感知器，输入参数个数为 2(因为 and 是二元函数)，激活函数为 f
    p = Perceptron(2, f)
    # 训练，迭代 10 轮，学习速率为 0.1
    input_vecs, labels = get_training_dataset()
    p.train(input_vecs, labels, 10, 0.1)
```

```
        #返回训练好的感知器
        return p
if __name__ == '__main__':
    # 训练 and 感知器
    and_perception = train_and_perceptron()
    # 打印训练获得的权重
    print and_perception
    # 测试
    print '1 and 1 = %d' % and_perception.predict([1, 1])
    print '0 and 0 = %d' % and_perception.predict([0, 0])
    print '1 and 0 = %d' % and_perception.predict([1, 0])
    print '0 and 1 = %d' % and_perception.predict([0, 1])
```

9.2.2　常见的激活函数

神经元在输入信号作用下产生输出信号的规律由神经元转移函数 f 给出，也称激活函数，利用它们的不同特性可以构成功能各异的神经网络。神经网络解决问题的能力与效率除了与网络结构有关外，在很大程度上取决于网络所采用的激活函数。激活函数的选择对网络的收敛速度有较大的影响，针对不同的实际问题，激活函数的选择也应不同。常用的激活函数 f 有阶跃函数、对数 Sigmoid 函数、双曲正切 tanh 函数、ReLU 函数、Softmax 激活函数等几种形式。

1. 阶跃函数

阶跃函数也称为阈值函数。当激活函数采用阶跃函数时，人工神经元模型即为 MP 模型。此时神经元的输出取 1 或 0，反映了神经元的兴奋或抑制，其结构如图 9.5 所示。

阶跃函数如下：

$$\text{sgn}(x) = \begin{cases} 1, & x \geq 0 \\ 0, & x < 0 \end{cases}$$

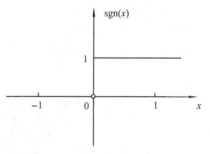

图 9.5　阶跃函数结构

2. 对数 Sigmoid 函数

对数 Sigmoid 函数也叫 Logistic 函数，是神经元中使用最为广泛的激活函数，通常用来做二分类，其结构如图 9.6 所示。Sigmoid 函数输出范围为 0～1，可以将一个实数映射到 (0,1) 区间。Sigmoid 函数的缺点是激活函数计算量大，容易出现梯度消失或梯度爆炸。

对数 Sigmoid 函数如下：

$$f(x) = \frac{1}{1 + e^{-x}}$$

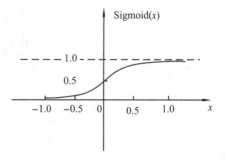

图 9.6　Sigmoid 函数结构

3. 双曲正切 tanh 函数

双曲正切 tanh 函数类似于平滑的阶跃函数，形状与对数 S 形函数相同，其输出介于以原点 0 为中心的对称输出，取值范围为[-1, 1]，其结构如图 9.7 所示。循环神经网络中常用 tanh 函数解决二分类问题，双曲正切 tanh 函数的缺点是在曲线几乎水平的区域学习非常慢。

双曲正切 tanh 函数如下：

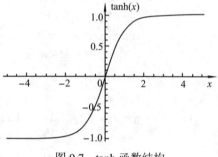

$$f(x) = \tanh(x) = \frac{e^x - e^{-x}}{e^x + e^{-x}}$$

$$\tanh(x) = 2\text{Sigmoid}(2x) - 1$$

图 9.7　tanh 函数结构

4. ReLU 函数

ReLU(Rectified Linear Unit，矫正的线性单元)函数常用于深层网络中隐藏层用法。该函数在输入大于 0 时输出为数据本身，而小于 0 时输入/输出为 0。ReLU 函数解决了梯度消失问题(只在正区间)，且收敛速度快，其结构如图 9.8 所示。但是，由于 ReLU 函数具有非中心对称性，使得某些神经元不会被激活，直接使数据变为 0，从此节点后相关信息将全部丢失。

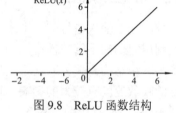

图 9.8　ReLU 函数结构

$$f(x) = \max(0, x)$$

5. Softmax 激活函数

Softmax 激活函数用于多分类问题的最后一层，或用于多分类神经网络输出，当有多个输入时通过概率求得哪个输入能够胜出，其结构如图 9.9 所示。

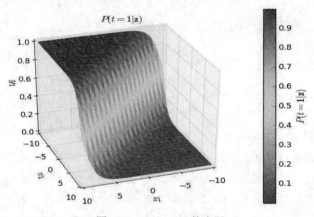

图 9.9　Softmax 函数应用

Softmax 激活函数如下：

$$y_c = \zeta(z)_c = \frac{e^{z_c}}{\sum_{d=1}^{C} e^{z_d}} \qquad c = 1, 2, \cdots, C$$

```
# Define the softmax function
def softmax(z):
    return np.exp(z) / np.sum(np.exp(z))
# Plot the softmax output for 2 dimensions for both classes
# Plot the output in function of the weights
# Define a vector of weights for which we want to plot the output
nb_of_zs = 200
zs = np.linspace(-10, 10, num=nb_of_zs) # input
zs_1, zs_2 = np.meshgrid(zs, zs) # generate grid
y = np.zeros((nb_of_zs, nb_of_zs, 2)) # initialize output
# Fill the output matrix for each combination of input z's
for i in range(nb_of_zs):
    for j in range(nb_of_zs):
        y[i,j,:] = softmax(np.asarray([zs_1[i,j], zs_2[i,j]]))
# Plot the cost function surfaces for both classes
fig = plt.figure()
# Plot the cost function surface for t=1
ax = fig.gca(projection='3d')
surf = ax.plot_surface(zs_1, zs_2, y[:,:,0], linewidth=0, cmap=cm.coolwarm)
ax.view_init(elev=30, azim=70)
cbar = fig.colorbar(surf)
ax.set_xlabel('$z_1$', fontsize=15)
ax.set_ylabel('$z_2$', fontsize=15)
ax.set_zlabel('$y_1$', fontsize=15)
ax.set_title ('$P(t=1|\mathbf{z})$')
cbar.ax.set_ylabel('$P(t=1|\mathbf{z})$', fontsize=15)
plt.grid()
plt.show()
```

9.3　多层前馈正向传播神经网络

由于感知机局限性只有输出层神经元进行激活函数处理，即只拥有一层功能神经元，其学习能力非常有限。可以证明，若二类模式是线性可分的，即存在一个线性超平面能将它们分开，则感知机的学习一定会收敛(Converge)而求得适当的权向量 $w = (w_1, w_2, w_3, \cdots)$；否则，感知机学习过程将会发生震荡，$w$ 难以稳定下来，不能求得合适解。要解决非线性可分问题需要考虑使用多层人工神经网络。

多层神经网络也叫多层感知机(Multi-Layer Perceptron，MLP)，常见的神经网络是由输入层、隐藏层和输出层组成的，一般只需包含一个隐藏层(或多层)便可以称为多层神经网络，其模型结构如图9.10所示。神经网络中最基本的成分是神经元。每层神经元与下一层神经元全互连，神经元之间不存在同层连接，也不存在跨层连接。这样的神经网络结构通常称为多层前馈神经网络(Multi-layer Feedforward Neural Networks)，(前馈并不意味着网络中信号不能向后传，而是指网络拓扑结构上不存在环或回路)，其中输入层神经元仅接收外界输入，不进行函数处理；隐藏层和输出层都是具有激活函数的功能神经元，能将接收到的总输入值与一定的阈值进行比较，然后通过激活函数处理以产生神经元的输出。若将阈值也作为输入信号在神经网络中标出，则除输出层之外，各层会多出一个固定输入为 −1 的哑节点，该节点与下一层的连接权重即为阈值。这样权重和阈值的学习就可以统一为权重的学习。为方便后续解释，图9.10 中并未标出哑节点。

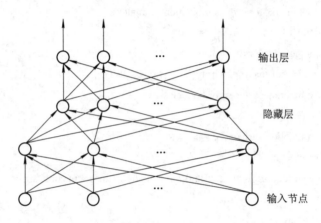

图 9.10　前馈式神经网络模型结构

前馈式神经网络是利用大量标准样本(已知样本的输入信息和输出信息)进行学习，获得网络的权值(知识)。这些知识可以用来对新实例(已知输入信息)进行神经网络的推理完成识别，求出该实例的输出信息。

多层前馈神经网络结构满足以下几个特点：
(1) 每层神经元与下一层神经元之间完全互连。
(2) 神经元之间不存在同层连接。
(3) 神经元之间不存在跨层连接。

多层感知机克服了单层感知器的许多缺点，原来一些单层感知器无法解决的问题，在多层感知器中就可以解决。例如，应用二层感知器就可以解决异或逻辑运算问题。

9.3.1　正向传播神经网络结构

正向传播多层神经网络相当于多个单层叠加成多层的过程，正向传播过程可以理解为网络最终算出一个预测值。正向传播神经网络分为输入层 X、隐藏层 A 和输出层 Y 三种类型的层，如图9.11所示。输入层在神经网络最左边的一层，通过这些神经元输入需要训练观察的样本，即初始输入数据的一层；隐藏层介于输入层与输出层之间，可帮助神经网络学习数据间的复杂关系，即对数据进行处理的层，隐藏层的层数和节点数可以自由变化；

输出层是由前两层得到的神经网络的最后一层，即结果输出的一层。

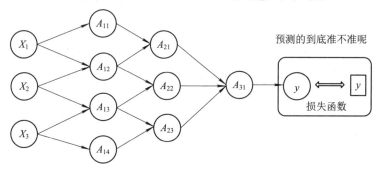

图 9.11　正向传播全连接神经网络的基本计算方式

图 9.11 是一个最普通的全连接方式的神经网络(所谓全连接网络就是每一层节点的输出结果会发送给下一层的所有节点)，其中最左边的圆点代表输入层，最右边的圆点代表输出层，前面一层的节点把值通过“边”传递给后面一层的所有节点。对于后面一层的节点来说，每个节点都会接受前面一层所有节点的值。

既然后面一层中节点的值与前面一层的所有节点都有关系，那么总会出现有的节点贡献大一些，有的节点贡献小一点的情况，于是就要在计算的时候在每个“边”上加上不同的权值来控制每个节点的影响。同时为了增加表现能力，又在后面加了一个偏置项 b 值。

于是第二层的节点 a_1 的值可以这样实现：

$$a_1 = w_1 \times x_1 + w_2 \times x_2 + w_3 \times x_3 + b$$

式中 w_1、w_2、w_3 表示 x_1、x_2、x_3 连接到每条“边”上的权值，x_1、x_2、x_3 表示前面一层每个节点的值。简单的线性变换已经能够根据神经元的权重来将信息复合起来。第二层中的其他节点的计算方式类似，具体如下：

$$a_1 = w_{11} \times x_1 + w_{12} \times x_2 + w_{13} \times x_3 + b_1$$
$$a_2 = w_{21} \times x_1 + w_{22} \times x_2 + w_{23} \times x_3 + b_2$$
$$a_3 = w_{31} \times x_1 + w_{32} \times x_2 + w_{33} \times x_3 + b_3$$

式中，w_{ij} 中的 i 表示这个权值的边连接的是本层的第几个节点，j 表示这个权值的边连接输入一端的是前面一层的第几个节点。通过提升隐藏层层数或者隐藏层神经元个数，神经网络的“容量”会变大，多隐藏层神经网络比单隐藏层神经网络好很多，空间表达力会变强。

9.3.2　多层神经网络激活函数

在自然界中生物神经元的输出和输入并不是比例关系，而是非线性关系。于是在设计人工神经网络的时候还使用了激活函数，激活函数 $f(\cdot)$ 使线性的结果非线性化。如果不用激活函数，每一层输出都是上层输入的线性函数，无论神经网络有多少层，最终的输出结果都是原始输入的线性组合，就没有多层感知器的意义了。只有每个隐藏层都会配一个激活函数，激活函数才能给神经元引入非线性因素变化，使得神经网络可以逼近非线性函数，当网络足够复杂时就可以逼近任意函数。这样神经网络就可以应用到众多的模型中(无论是线性模型还是非线性模型)。

$$y = g_n(w_n(\cdots g_2(\boxed{w_2 g_1(\boxed{w_1 x + b_1}, \theta_1) + b_2}, \theta_2)\cdots) + b_n, \theta_n)$$
$$= g_n(f_n(\cdots g_2(f_2(g_1(f_1(x), \theta_1)), \theta_2)\cdots), \theta_n)$$

前面每一层输入经过线性变换 $wx + b$ 后还用到了 Sigmoid()函数，在神经网络的结构中被称为传递函数或者激活函数。除了 Sigmoid()，还有 Tanh()、ReLU()等激活函数。这样就可以将公式改写成如下向量的形式

$$\boldsymbol{a}_i = f\left[(w_{i1}, w_{i2}, w_{i3})\begin{pmatrix} x_1 \\ x_2 \\ x_3 \end{pmatrix} + b_i\right] = f\left(\boldsymbol{w}_i^{\mathrm{T}} \boldsymbol{x} + b_i\right)$$

再将每个节点的值的计算都整合到一起，写成如下矩阵运算的方式：

$$\boldsymbol{a} = f\left[\begin{pmatrix} w_{11}, w_{12}, w_{13} \\ w_{21}, w_{22}, w_{23} \\ w_{31}, w_{32}, w_{33} \end{pmatrix}\begin{pmatrix} x_1 \\ x_2 \\ x_3 \end{pmatrix} + \begin{pmatrix} b_1 \\ b_2 \\ b_3 \end{pmatrix}\right] = f\left(\boldsymbol{Wx} + \boldsymbol{B}\right)$$

其中，$f(\cdot)$表示激活函数，$\boldsymbol{W}$ 代表矩阵 $\begin{pmatrix} w_{11}, w_{12}, w_{13} \\ w_{21}, w_{22}, w_{23} \\ w_{31}, w_{32}, w_{33} \end{pmatrix}$，$\boldsymbol{B}$ 代表向量 $\begin{pmatrix} b_1 \\ b_2 \\ b_3 \end{pmatrix}$。

通常认为神经网络中的一层是对数据的一次非线性映射。以全连接网络的计算公式 $y = f(\boldsymbol{Wx} + \boldsymbol{B})$为例，$\boldsymbol{Wx} + \boldsymbol{B}$ 实现了对输入数据的范围变换、空间旋转以及平移操作，而非线性的激活函数则完成了对输入数据原始空间的扭曲。当网络层数变多时，在前面层网络已经学习到的初步特征的基础上，后面层网络可以形成更加高级的特征，对原始空间的扭曲也更大。很多复杂的任务需要高度的非线性的分界面，深度更深的网络可以比浅层的神经网络有更好的工程表达效果。过多的隐层和神经元节点会带来过拟合问题，不要试图通过降低神经网络参数量来减缓过拟合，需要使用正则化或者 dropout 方法来减缓过拟合问题。

9.3.3　损失函数

假设设计的前向多层神经网络是全连接神经网络，那么如何衡量预测值与真实值之间的差距到底有多大呢？通过损失函数来度量整个神经网络的表现。网络使用由若干个"输入-输出对"的数据集合进行训练，进而能够让整个神经网络输出类似训练数据的结果分布。这种衡量网络的输出数据和真实结果相差多少的数学量化函数，就是损失函数或者优化目标函数(Loss Function 或者 Cost Function)。损失函数用于衡量预测值与实际值的偏离程度，损失值越小表示预测值越接近真实值，损失值越大表示预测越差。如果预测是完全精确的，则损失值为 0；如果损失值不为 0，则表示预测值和真实值不一致。损失函数有很多种，可以根据使用场景选择不同的损失函数。

全连接神经网络中除了使用欧氏距离损失函数，还会使用交叉熵、绝对值损失函数

等。对于分类问题，一般来说交叉熵比欧氏距离有更好的表现。下面列出几种常见的损失函数：

(1) Zero-one Loss(0-1 损失函数)：如果预测值和真实值一样，则损失值为 0；如果不相等，则损失值为 1。将其用公式表示为

$$l\left(y_i, \hat{y}_i\right) = \begin{cases} 1, & y \neq \hat{y}_i \\ 0, & y = \hat{y}_i \end{cases}$$

(2) 交叉熵损失函数(Cross Entropy Loss)：衡量同一个随机变量中的真实概率分布与预测概率分布的差异程度。交叉熵的值越小，模型预测效果就越好。

$$l\left(y_i, \hat{y}_i\right) = -y_i \cdot \log \hat{y}_i - \left(1 - \hat{y}_i\right) \cdot \log\left(1 - \hat{y}_i\right)$$

(3) 均方误差损失函数(Mean Squared Error，MSE)：计算模型输出与真实输出的差的平方，再把这 n 个样本的差平方加起来，然后求平均，得到均方误差。将其用公式表示为

$$\text{MSE} = \frac{1}{n} \sum_{i=1}^{n} \left(y^{(i)} - \hat{y}^{(i)}\right)^2$$

(4) 绝对值损失函数：用预测值与真实值之间的值差的绝对值来衡量，将其用公式表示为

$$l\left(y_i, \hat{y}_i\right) = \left|y_i - \hat{y}_i\right|$$

9.3.4　前向传播网络 Python 代码实现

前向传播网络的实现代码如下：

```python
import numpy as np
import matplotlib.pyplot as plt
import math
a=np.array([0.05,0.1])                    #a1、a2 的输入值
weight1=np.array([[0.15,0.25],[0.2,0.3]]) #a1 对 b1、b2 的权重，a2 对 b1、b2 的权重
weight2=np.array([[0.4,0.5],[0.45,0.55]]) #b1 对 c1、c2 的权重，b2 对 c1、c2 的权重
target=np.array([0.01,0.99])
d1=0.35    #输入层的偏置(1)的权重
d2=0.6     #隐藏层的偏置(1)的权重
β =0.5     #学习效率
#计算输入层到隐藏层的输入值，得到矩阵 netb1、netb2
netb=np.dot(a,weight1)+d1
#计算隐藏层的输出值，得到矩阵 outb1、outb2
m=[]
for i in range(len(netb)):
```

```
        outb=1.0 / (1.0 + math.exp(-netb[i]))
        m.append(outb)
m=np.array(m)
#计算隐藏层到输出层的输入值，得到矩阵 netc1,netc2
netc=np.dot(m,weight2)+d2
#计算隐藏层的输出值，得到矩阵 outc1、outc2
n=[]
for i in range(len(netc)):
    outc=1.0 / (1.0 + math.exp(-netc[i]))
n.append(outc)
n=np.array(n)
```

9.4　反向多层传播 BP 神经网络

9.4.1　BP 算法的基本思想

　　BP 反馈型神经网络算法全称为误差反向传播算法。其算法基本思想为在前馈网络中将输入信号经输入层输入，通过隐藏层计算由输出层输出，输出值与标记值比较，若有误差则将误差反向由输出层向输入层传播，在这个过程中利用梯度下降算法求所有节点参数 (w, b) 的偏导数，利用逆向传播学习神经网络的权重系数及阈值进行神经元权值调整，使 BP 神经网络实现最终目标寻找损失函数 $J(w, b)$ 的最小值。模型结构如图 9.12 所示。

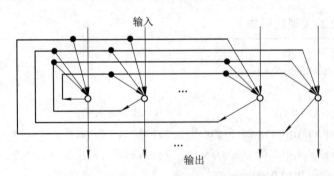

图 9.12　典型的反馈型神经网络模型结构

　　BP 是一种迭代学习算法，在迭代的每一轮中采用广义的感知机(Perceptron)学习规则对参数进行更新估计，即任意参数 w 的更新方式为

$$w \leftarrow w + \Delta w$$

其中，Δw 是目标函数(Objective Function)关于该参数的梯度(偏导)。若要使目标函数的迭代值与迭代数成反比，即随着迭代的进行，目标函数值越来越小，则目标函数要为凹函数，拥有全局最小值，用于收敛并采用负梯度下降更新权重；反之，若要使目标函数的迭代值与迭代数成正比，则目标函数为凸函数，具有全局最大值，同样用于收敛并用正梯度

上升更新权重。具体如图 9.13 所示。

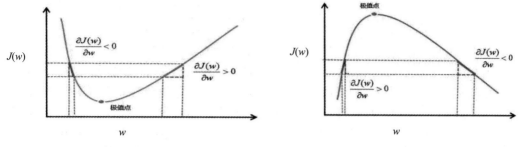

(a) 凹函数：采用负梯度下降　　　　　　　　(b) 凸函数：采用正梯度上升

图 9.13　神经网络梯度的学习过程图

BP 算法采用误差函数 $J(v, w, \gamma, \theta)$ 为目标函数，又称为代价函数(Cost Function)，其数学表达式为

$$J(v, w, \gamma, \theta) = \frac{1}{2} \sum_{i=1}^{n} \sum_{o=1}^{l} (\hat{y}_o^{(i)} - y_o^{(i)})^2$$

误差函数的值要求随着迭代的进行而下降，从而找到能使代价函数为全局最小值的权重，因此代价函数为凹函数，采用梯度下降(Gradient Descent)策略，则 Δw 可以表示为

$$\Delta w = -\eta \frac{\partial J(w)}{\partial w}$$

其中，梯度就是表明损失函数相对参数的变化率，控制梯度下降步长的参数 η 被称为学习速率(Learning Rate)，通常学习率不能太大也不能太小。当学习率很小时会使算法收敛缓慢，学习率过大则会增加忽略全局最小值的可能性。因此，学习率 η 也是算法在实际运用中需要调优的超参数。

多层神经网络的代价函数与自适应线性神经元(Adaline)以及逻辑回归(Logistic Regression)这样的单层网络的代价函数相比更为复杂。单层网络的代价函数与参数相关的误差表面就如同图 9.13 所示一样通常是光滑的、无突起的。而多层神经网络的代价函数是复杂嵌套函数，维度更高，其误差表面有许多突起，即拥有许多局部极小值，如图 9.14 所示。

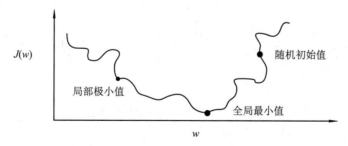

图 9.14　神经网络梯度下降学习过程图

因此，要想找到全局最小值就必须克服这些局部极小值。神经网络参数化通常所面临的挑战就是处理高维特征空间的大量权重系数。

微积分中的链式规则就是一种计算复杂嵌套函数导数的方法，如 $F(x) = f(g(h(u(v(x)))))$

应用链式法则的求导为

$$\frac{\mathrm{d}F}{\mathrm{d}x} = \frac{\mathrm{d}}{\mathrm{d}x}F(x) = \frac{\mathrm{d}}{\mathrm{d}x}\big[f(g(h(u(v(x)))))\big] = \frac{\mathrm{d}f}{\mathrm{d}g} \cdot \frac{\mathrm{d}g}{\mathrm{d}h} \cdot \frac{\mathrm{d}h}{\mathrm{d}u} \cdot \frac{\mathrm{d}u}{\mathrm{d}v} \cdot \frac{\mathrm{d}v}{\mathrm{d}x}$$

　　计算机代数已经开发出了一套非常有效地解决这类问题的技术，也就是所谓的自动微分。自动微分有正向和反向两种模式，反向传播仅仅是反向模式自动微分的特例。关键是正向模式应用链式法则可能相当昂贵，因为要与每层的大矩阵(雅可比矩阵)相乘，最终乘以一个向量以获得输出。反向模式的技巧是从右往左：用一个矩阵乘以一个向量，从而产生另一个向量，然后再乘以下一个矩阵，以此类推。矩阵向量乘法比矩阵与矩阵乘法在计算成本上要便宜得多，这就是为什么反向传播算法是神经网络训练中最常用的算法之一。

　　根据上述分析，可以认为 BP 算法本质上是一种计算多层神经网络复杂成本函数的偏导数的非常有效的方法，其目标是利用这些导数来学习权重系数，以实现多层人工神经网络的参数化。接下来以"单隐层神经网络"模型为例，利用微积分的链式规则来逐步推导 BP 算法中的权重更新公式。

9.4.2　BP 算法的数学推导

　　BP 算法中核心的数学工具就是微积分的链式求导法则。如果 z 是 y 的函数且可导，y 是 z 的函数且可导，则

$$\frac{\partial z}{\partial x} = \frac{\partial z}{\partial y} \cdot \frac{\partial y}{\partial x}$$

　　BP 算法推导过程如图 9.15 所示。

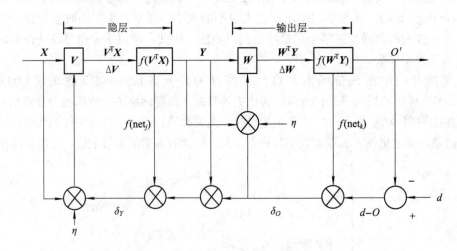

图 9.15　反馈型神经网络推导过程

　　由图 9.15 可知，BP 算法的工作过程如下：

（1）BP 算法正向传播求损失，反向传播回传误差。

（2）BP 算法根据误差信号修正每层的权重。

（3）f 是激活函数；$f(\mathrm{net}_j)$ 是隐层的输出，$f(\mathrm{net}_k)$ 是输出层的输出 O；d 是 target 结合 BP 网络结构，误差由输出展开至输入的过程如下：

输出层：

$$E = \frac{1}{2}(d-O)^2 = \frac{1}{2}\sum_{k=1}^{l}(d_k - o_k)^2$$

误差展开至隐层：

$$E = \frac{1}{2}\sum_{k=1}^{l}\left[d_k - f(\mathrm{net}_k)\right]^2 = \frac{1}{2}\sum_{k=1}^{l}\left[d_k - f\left(\sum_{j=0}^{m}w_{jk}y_j\right)\right]^2$$

展开至输入层：

$$E = \frac{1}{2}\sum_{k=1}^{l}\left\{d_k - f\left[\sum_{j=0}^{m}w_{jk}f(\mathrm{net}_j)\right]\right\}^2 = \frac{1}{2}\sum_{k=1}^{l}\left\{d_k - f\left[\sum_{j=0}^{m}w_{jk}f\left(\sum_{j=0}^{n}v_{ij}\chi_i\right)\right]\right\}^2$$

有了误差 E，通过求偏导就可以求得最优的权重(不要忘记学习率)：

$$\Delta w_{jk} = -\eta\frac{\partial E}{\partial w_{jk}} \quad j = 0,1,2,\cdots,m;\ k = 1,2,\cdots,l$$

$$\Delta v_{ij} = -\eta\frac{\partial E}{\partial v_{ij}} \quad i = 0,1,2,\cdots,n;\ j = 1,2,\cdots,m$$

9.4.3　梯度计算及梯度下降

1. 梯度计算

梯度的本意是一个向量(矢量)，表示某一函数在该点处的方向导数沿着该方向取得最大值。沿梯度方向函数有最大的变化率(正向增加，逆向减少)，即函数在该点处沿着该方向(此梯度的方向)变化最快，变化率最大(为该梯度的模)。在某点为极大值或极小值只有当在该点的每个偏导数等于 0 时才有可能，也就是说梯度等于 0。梯度的输出向量表明了在每个位置损失函数增长最快的方向，可将它视为表示在函数的每个位置向哪个方向移动函数值可以增长，如图 9.16 所示。

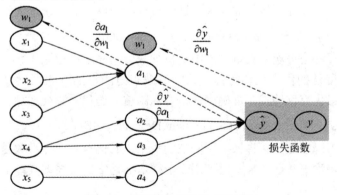

图 9.16　反馈型神经网络求导过程

反馈型神经网络的具体求导过程如下：

(1) 初始化所有的 w 和 b。w、b 为一个非 0 且足够小的值，b 有时也可以设置为 0。

(2) 得到损失函数。根据正向传播算出预测值 $\hat{y}$ 和损失函数。

(3) 得到所有参数的偏导数(梯度)。根据反向传播算出偏导数 $\dfrac{\partial J(w,\ b)}{\partial w}$ 和 $\dfrac{\partial J(w,\ b)}{\partial b}$。

(4) 更新参数值。根据现有的 w、b 和偏导数进行迭代更新参数的值(其中 a 为学习率):

$$w = w - a\frac{\partial J(w,\ b)}{\partial w},\quad b = b - a\frac{\partial J(w,\ b)}{\partial b}$$

根据已经更新的 w 和 b 参数,开启新一轮循环过程,即继续沿着梯度方向不断移动的过程。

图 9.17 中的圆点表示 $J(w,\ b)$ 的某个值,那么梯度下降就是让圆点沿着曲面下降直到 $J(w,b)$ 取到最小值或逼近最小值。

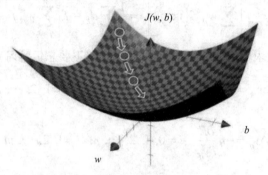

图 9.17　BP 神经网络求偏导过程

2. 梯度下降实现方式

神经网络梯度下降有多种实现方式,如批量梯度下降法 BGD、随机梯度下降法 SGD、小批量梯度下降法 MBGD 等。

1) 批量梯度下降法(Batch Gradient Descent,BGD)

批量梯度下降是梯度下降法最原始的形式,它的具体思路是每次迭代时都使用全部所有样本来进行更新。

批量梯度下降法的优点是易于并行实现(向量化),获得全局最优解。其缺点是当样本数目很多时,每次迭代计算量都非常大,训练过程会很慢,数据量过大则会把显存撑爆。

2) 随机梯度下降法(Stochastic Gradient Descent,SGD)

随机梯度下降法是每次从大量样本中随机抽取一个样本进行迭代。

随机梯度下降法的优点是训练速度快;其缺点是随机抽取的是一个样本,所以信息少,并不是全局最优盲目搜索,准确度低,容易跑偏,迭代次数会增加。

3) 小批量梯度下降法(Mini-batch Gradient Descent,MBGD)

小批量梯度下降法是前两种梯度下降法的折中,其优点是训练次数尽量少,每次训练的耗时尽量少。每次更新迭代参数时使用 b 个样本(b 通常需要根据具体情况来定,可以考虑设置为 10、100…)。

9.4.4　BP 神经网络举例

图 9.18 是一个典型的三层神经网络的基本构成,第一层是输入层,第二层是隐藏层,

第三层是输出层，现在要他们在隐藏层做某种变换，以此实例理解前向映射与误差反向传播过程。

图 9.18 中第一层是输入层，包含两个神经元 i_1、i_2 和截距项 b_1；第二层是隐藏层，包含两个神经元 h_1、h_2 和截距项 b_2；第三层是输出 o_1、o_2；每条线上标的 w_i 是层与层之间连接的权重(都有初始值)；激活函数默认为 Sigmoid 函数。现在对它们赋初值，如图 9.19 所示。

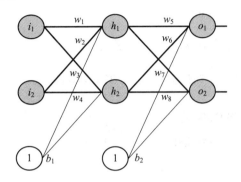

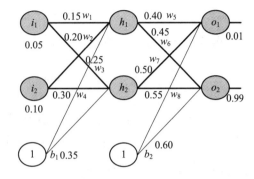

图 9.18　典型的反馈型神经网络模型结构　　　　图 9.19　反馈型神经网络模型举例

图 9.19 中：输入数据 $i_1 = 0.05$，$i_2 = 0.10$；输出数据 $o_1 = 0.01$，$o_2 = 0.99$；初始权重 $w_1 = 0.15$，$w_2 = 0.20$，$w_3 = 0.25$，$w_4 = 0.30$，$w_5 = 0.40$，$w_6 = 0.45$，$w_7 = 0.50$，$w_8 = 0.55$。

目标：给出输入数据 i_1、i_2，使输出尽可能与原始输出 o_1、o_2 接近。

1. 前向传播

1) 输入层至隐藏层

计算神经元 h_1 的输入加权和：

$$\text{net}_{h_1} = w_1 \times i_1 + w_2 \times i_2 + b_1 \times 1$$

$$\text{net}_{h_1} = 0.15 \times 0.05 + 0.2 \times 0.1 + 0.35 \times 1 = 0.3775$$

此处用 Sigmoid 激活函数计算出神经元 h_1 和 h_2 的输出 o_1 和输出 o_2。

$$\text{out}_{h_1} = \frac{1}{1 + \text{e}^{\text{net}_{h_1}}} = \frac{1}{1 + \text{e}^{-0.3775}} = 0.593269992$$

$$\text{out}_{h_2} = 0.596884378$$

2) 隐藏层至输出层

计算输出层神经元 o_1 和 o_2 的值：

$$\text{net}_{o_1} = w_5 \times \text{out}_{h_1} + w_6 \times \text{out}_{h_2} + b_2 \times 1$$

$$\text{net}_{o_1} = 0.4 \times 0.593269992 + 0.45 \times 0.596884378 + 0.6 \times 1 = 1.105905967$$

$$\text{out}_{o_1} = \frac{1}{1 + \text{e}^{-\text{net}_{o_1}}} = \frac{1}{1 + \text{e}^{-1.105905967}} = 0.75136507$$

$$\text{out}_{o_2} = 0.772928465$$

这样前向传播的过程就结束了，得到输出值为[0.75136079, 0.772928465]，与实际值 [0.01 , 0.99]相差还很远，下面对误差进行反向传播，更新权值，重新计算输出。

2. 反向传播

1) 计算总误差

总误差(Square Error)为

$$E_{\text{total}} = \sum \frac{1}{2}\left(\text{target} - \text{output}\right)^2$$

但是有两个输出，所以分别计算 o_1 和 o_2 的误差，总误差为两者之和：

$$E_{o_1} = \frac{1}{2}\left(\text{target}_{o_1} - \text{output}_{o_1}\right)^2 = \frac{1}{2}\left(0.01 - 0.75136507\right)^2 = 0.274811083$$

$$E_{o_2} = 0.023560026$$

$$E_{\text{total}} = E_{o_1} + E_{o_2} = 0.274811083 + 0.023560026 = 0.298371109$$

2) 隐藏层至输出层的权值更新

以权重参数 w_5 为例，如果想知道 w_5 对整体误差产生了多少影响，可以用整体误差对 w_5 求偏导求出(链式法则)：

$$\frac{\partial E_{\text{total}}}{\partial w_5} = \frac{\partial E_{\text{total}}}{\partial \text{out}_{o_1}} \times \frac{\partial \text{out}_{o_1}}{\partial \text{net}_{o_1}} \times \frac{\partial \text{net}_{o_1}}{\partial w_5}$$

通过图 9.20 可以更直观地看清楚 BP 神经网络误差反向传播的过程。

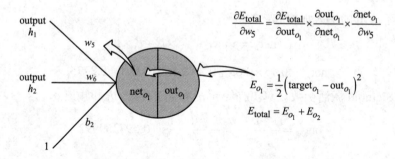

图 9.20　BP 神经网络误差反向传播过程

下面分别计算每个式子的值：

(1) 计算 $\dfrac{\partial E_{\text{total}}}{\partial \text{out}_{o_1}}$：

$$E_{\text{total}} = \frac{1}{2}\left(\text{target}_{o_1} - \text{out}_{o_1}\right)^2 + \frac{1}{2}\left(\text{target}_{o_2} - \text{out}_{o_2}\right)^2$$

$$\frac{\partial E_{\text{total}}}{\partial \text{out}_{o_1}} = 2 \times \frac{1}{2}\left(\text{target}_{o_1} - \text{out}_{o_1}\right)^{2-1} * -1 + 0$$

$$\frac{\partial E_{\text{total}}}{\partial \text{out}_{o_1}} = -\left(\text{target}_{o_1} - \text{out}_{o_1}\right) = -\left(0.01 - 0.75136507\right) = 0.74136507$$

(2) 计算 $\dfrac{\partial \text{out}_{o_1}}{\partial \text{net}_{o_1}}$:

$$\text{out}_{o_1} = \frac{1}{1+\text{e}^{-\text{net}_{o_1}}}$$

$$\frac{\partial \text{out}_{o_1}}{\partial \text{net}_{o_1}} = \text{out}_{o_1}\left(1-\text{out}_{o_1}\right) = 0.75136507\left(1-0.75136507\right) = 0.186815602$$

(3) 计算 $\dfrac{\partial \text{net}_{o_1}}{\partial w_5}$:

$$\text{net}_{o_1} = w_5 \times \text{out}_{h_1} + w_6 \times \text{out}_{h_2} + b_2 \times 1$$

$$\frac{\partial \text{net}_{o_1}}{\partial w_5} = 1 \times \text{out}_{h_1} \times w_5^{(1-1)} + 0 + 0 = \text{out}_{h_1} = 0.593269992$$

最后三者相乘：

$$\frac{\partial E_{\text{total}}}{\partial w_5} = \frac{\partial E_{\text{total}}}{\partial \text{out}_{o_1}} \times \frac{\partial \text{out}_{o_1}}{\partial \text{net}_{o_1}} \times \frac{\partial \text{net}_{o_1}}{\partial w_5}$$

$$\frac{\partial E_{\text{total}}}{\partial w_5} = 0.74136507 \times 0.186815602 \times 0.593269992 = 0.082167041$$

这样就计算出总误差 E_{total} 对 w_5 的偏导值。

最后更新 w_5 的值，其中 η 是学习速率，这里取 0.5。

$$w_5^+ = w_5 - \eta \times \frac{\partial E_{\text{total}}}{\partial w_5} = 0.4 - 0.5 \times 0.082167041 = 0.35891648$$

同理，可更新参数 w_6、w_7、w_8：

$$w_6^+ = 0.408666186$$

$$w_7^+ = 0.511301270$$

$$w_8^+ = 0.561370121$$

3) 输出层至隐藏层的权值更新

在上文计算总误差对 w_5 的偏导时，过程是 $\text{out}(o_1) \rightarrow \text{net}(o_1) \rightarrow w_5$，但是在隐藏层之间的权值更新时，过程是 $\text{out}(h_1) \rightarrow \text{net}(h_1) \rightarrow w_1$，而 $\text{out}(h_1)$ 会接受 $E(o_1)$ 和 $E(o_2)$ 两个地方传来的误差，所以这个地方求误差对 w_1 偏导时两个都要计算。BP 神经网络求偏导过程如图 9.21 所示。

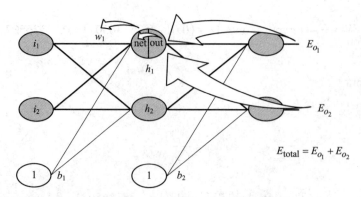

图 9.21　BP 神经网络求偏导过程

$$\frac{\partial E_{\text{total}}}{\partial \text{out}_{h_1}} = \frac{\partial E_{o_1}}{\partial \text{out}_{h_1}} + \frac{\partial E_{o_2}}{\partial \text{out}_{h_1}} = 0.055399425 - 0.019049119 = 0.036350306$$

$$\frac{\partial \text{out}_{h_1}}{\partial \text{net}_{h_1}} = \text{out}_{h_1}\left(1 - \text{out}_{h_1}\right) = 0.59326999\left(1 - 0.59326999\right) = 0.241300709$$

$$\frac{\partial \text{net}_{h_1}}{\partial w_1} = i_1 = 0.5$$

$$\downarrow$$

$$\frac{\partial E_{\text{total}}}{\partial w_1} = \frac{\partial E_{\text{total}}}{\partial \text{Out}_{h_1}} \times \frac{\partial \text{out}_{h_1}}{\partial \text{net}_{h_1}} \times \frac{\partial \text{net}_{h_1}}{\partial w_1} = 0.0363503060 \times 241300709 \times 0.05 = 0.000438568$$

为了简化公式，用 sigma(h_1)表示隐藏层单元 h_1 的误差：

$$\frac{\partial E_{\text{total}}}{\partial w_1} = \left(\sum_o \frac{\partial E_{\text{total}}}{\partial \text{out}_o} \times \frac{\partial \text{out}_o}{\partial \text{net}_o} \times \frac{\partial \text{net}_o}{\partial \text{out}_{h_1}}\right) \times \frac{\partial \text{out}_{h_1}}{\partial \text{net}_{h_1}} \times \frac{\partial \text{net}_{h_1}}{\partial w_1}$$

$$\frac{\partial E_{\text{total}}}{\partial w_1} = \left(\sum_o \delta_0 \times w_{h_0}\right) \times \text{out}_{h_1}\left(1 - \text{out}_{h_1}\right) \times i_1$$

$$\frac{\partial E_{\text{total}}}{\partial w_1} = \delta_{h_1} i_i$$

最后，更新 w_1 的权值：

$$w_1^+ = w_1 - \eta \times \frac{\partial E_{\text{total}}}{\partial w_1} = 0.15 - 0.5 \times 0.000438568 = 0.149780716$$

注意：w_1 对两个输出的误差都有影响，通过以上过程可以更新所有权重，就可以再次迭代更新了，直到满足条件。

同理，还可更新 w_2、w_3、w_4 的权值：

$$w_2^+ = 0.19956143$$

$$w_3^+ = 0.24975114$$

$$w_4^+ = 0.29950229$$

这样误差反向传播法就完成了，最后再把更新的权值重新计算，不停地迭代，在这个例子中第一次迭代之后，总误差 E_{total} 由 0.298371109 下降至 0.291027924。迭代 10000 次后，总误差为 0.000035085，输出为[0.015912196,0.984065734](原输入为[0.01,0.99])，证明效果还是不错的。

9.4.5　反向传播神经网络 Python 代码实现

反向传播神经网络的实现代码如下：

```
import numpy as np
import matplotlib.pyplot as plt
import math
a=np.array([0.05,0.1])                          #a1、a2 的输入值
weight1=np.array([[0.15,0.25],[0.2,0.3]])       #a1 对 b1、b2 的权重，a2 对 b1、b2 的权重
weight2=np.array([[0.4,0.5],[0.45,0.55]])       #b1 对 c1、c2 的权重，b2 对 c1、c2 的权重
target=np.array([0.01,0.99])
d1=0.35     #输入层的偏置(1)的权重
d2=0.6      #隐藏层的偏置(1)的权重
β =0.5      #学习效率
count=0 #计数
e=0         #误差
E=[]        #统计误差
#梯度下降
while True:
    count+=1
#总误差对 w1-w4 的偏导
pd1=(-(target[0]-n[0])*n[0]*(1-n[0])*weight2[0][0]-(target[1]-n[1])*n[1]*(1-n[1])
    *weight2[0][1])*m[0]*(1-m[0])*a[0]
pd2=(-(target[0]-n[0])*n[0]*(1-n[0])*weight2[0][0]-(target[1]-n[1])*n[1]*(1-n[1])
    *weight2[0][1])*m[0]*(1-m[0])*a[1]
pd3=(-(target[0]-n[0])*n[0]*(1-n[0])*weight2[0][0]-(target[1]-n[1])*n[1]*(1-n[1])
    *weight2[0][1])*m[0]*(1-m[0])*a[0]
pd4=(-(target[0]-n[0])*n[0]*(1-n[0])*weight2[1][1]-(target[1]-n[1])*n[1]*(1-n[1])
    *weight2[0][1])*m[0]*(1-m[0])*a[1]
weight1[0][0]=weight1[0][0]-β *pd1
weight1[1][0]=weight1[1][0]-β *pd2
```

```
weight1[0][1]=weight1[0][1]-β *pd3
weight1[1][1]=weight1[1][1]-β *pd4
#总误差对 w5-w8 的偏导
pd5=-(target[0]-n[0])*n[0]*(1-n[0])*m[0]
pd6=-(target[0]-n[0])*n[0]*(1-n[0])*m[1]
pd7=-(target[1]-n[1])*n[1]*(1-n[1])*m[0]
pd8=-(target[1]-n[1])*n[1]*(1-n[1])*m[1]
weight2[0][0]=weight2[0][0]-β *pd5
weight2[1][0]=weight2[1][0]-β *pd6
weight2[0][1]=weight2[0][1]-β *pd7
weight2[1][1]=weight2[1][1]-β *pd8
netb=np.dot(a,weight1)+d1
m=[]
for i in range(len(netb)):
    outb=1.0 / (1.0 + math.exp(-netb[i]))
    m.append(outb)
    m=np.array(m)
netc=np.dot(m,weight2)+d2
n=[]
for i in range(len(netc)):
    outc=1.0 / (1.0 + math.exp(-netc[i]))
n.append(outc)
n=np.array(n)
#计算总误差
for j in range(len(n)):
    e += (target[j]-n[j])**2/2
E.append(e)
#判断
if e<0.0000001:
    break
  else:
    e=0
print(count)
print(e)
print(n)
plt.plot(range(len(E)),E,label='error')
plt.legend()
plt.xlabel('time')
```

```
plt.ylabel('error')
plt.show()
```

9.4.6　BP 神经网络的优缺点

1. BP 神经网络的优点

(1) BP 神经网络实质上实现了一个从输入到输出的映射功能，而数学理论已证明它具有实现任何复杂非线性映射的功能。这使得它特别适合于求解内部机制复杂的问题。

(2) BP 神经网络能通过学习带正确答案的实例集自动提取"合理的"求解规则，即具有自学习能力和泛化能力。

(3) BP 神经网络具有一定的容错能力，允许输入样本中带有较大误差甚至个别错误。反映正确规律的知识来自全体样本，个别样本中的误差不能左右对权矩阵的调整。

2. BP 神经网络的缺陷

(1) BP 神经网络需要的参数过多，而且参数的选择没有有效的方法。确定一个 BP 神经网络需要知道网络的层数、每一层神经元的个数和权值。权值可以通过学习得到，如果隐藏层神经元数量太多会引起过学习，如果隐藏层神经元个数太少会引起欠学习。此外，学习率的选择也是需要考虑的。目前，对于参数的确定缺少一个简单有效的方法，所以导致算法很不稳定。

(2) BP 神经网络属于监督学习，对于样本有较大依赖性，网络学习的逼近和推广能力与样本有很大关系。由于权值是随机给定的，如果样本集合代表性差，样本矛盾多，存在冗余样本，网络就很难达到预期的性能。

(3) BP 多层神经网络由于其强大的表示能力而经常遭遇过拟合(Overfitting)，即模型在训练集上表现良好但无法概括未见过的新数据或测试数据的情况。在这种情况下，我们称模型具有高方差(High Variance)的属性，即模型对训练数据的随机性很敏感。

有两种策略常用来缓解 BP 网络的过拟合问题：

① 第一种策略是"早停"(Early Stopping)，即将数据分成训练集和验证集，训练集用来计算梯度、更新权重和阈值，验证集用来估计误差。若训练集误差降低但验证集误差升高，则停止训练，同时返回具有最小验证集误差的连接权和阈值。

② 第二种策略是"正则化"(Regularization)，其基本思想是在误差目标函数中增加一个用于描述网络复杂度的部分，例如连接权和阈值的平方和(L2 正则化)。由于过拟合问题通常是由训练后的模型表达式过于复杂所导致的，因此通过调整正则项系数 λ 使该正则项经过微分后能够不同程度地降低各个权重系数数值以减少各个特征对结果的影响，从而使模型得到不同程度的简化，就能最终达到抵抗模型过拟合的效果。

本 章 小 结

人工神经网络起到了承上启下的作用，它是深度学习和强化学习的重要学习基础，本章详细阐述了单层神经元——感知机模型、前馈神经网络、反向传播神经网络以及梯度计算和激活函数等内容。人工神经网络也是目前最为火热的研究方向，深度学习和强化学习是建立在人工神经网络发展的基础上延伸出的模型结构。

习　　题

1. 人工神经网络是什么样的？如何定义人工神经网络？
2. 什么是梯度下降，人工神经网络是如何利用梯度下降来进行问题优化求解的？
3. 试用图形与文字描述 MP 模型。
4. 试用图形与文字描述多层前馈神经网络模型。
5. 试用图形与文字描述多层 BP 神经网络模型。

第 10 章　TensorFlow 深度学习框架

 本章学习目标：

- 了解 TensorFlow 深度学习框架
- 理解 TensorFlow 常用的基本概念
- 掌握 TensorFlow 常用的基本操作
- 了解 TensorBoard 可视化训练过程

TensorFlow 是一个面向深度学习的科学计算库，内部数据保存在张量 Tensor 对象上，所有的运算操作(Operation，简称 OP)也都是基于张量对象进行的。复杂的神经网络本质上就是各种张量相乘、相加等基本运算操作的组合，因此在学习深度学习之前，需要熟练掌握 TensorFlow 张量的基础操作方法，只有掌握了这些操作方法才能随心所欲地实现各种复杂的深度学习网络模型，才能更加深刻理解各种深度学习模型的本质。

10.1　TensorFlow 简介

从 2011 开始，谷歌(Google)建立了一个基于深度学习神经网络的专用机器学习系统 DistBelief。在谷歌母公司 AlphaBet 的研究和商业应用中，DistBelief 的使用迅速增长。谷歌公司指派了多位计算机科学家，包括 Jeff Dean，来简化和重构 DistBelief 的代码库，使之成为一个更快、更健壮的应用库，从而成就了 TensorFlow。2009 年，由 Geoffrey Hinton 领导的团队已经实施了广义反向传播和其他改进的深度学习框架，能够以相当高的精度生成神经网络，例如能将传统语音识别中的错误减少 25%。

TensorFlow 深度学习框架最初在谷歌内部使用，2015 年 11 月 9 日在 Apache 2.0 开源许可证下 TensorFlow 正式发布，目前已得到广泛应用。TensorFlow 具有高度的灵活性、可移植性、支持多语言等众多优点，TensorFlow 提供稳定版本的 Python API，也提供 C++、Go、Java、JavaScript 和 Swift(早期版本)等开发语言的 API，是时下最受欢迎的深度学习框架之一，同时 TensorFlow 框架采用的是符号式编程而并非命令式编程，广泛用于机器学习。在谷歌公司内部，TensorFlow 大量应用于基础研究和产品研发，几乎取代了它的前身 DistBelief(非开源项目)。2016 年 6 月，Github 上的 1500 个存储库(开源项目)引用了 TensorFlow，其中有 5 个来自谷歌，说明 TensorFlow 已被广泛接受。

　　TensorFlow 是谷歌大脑的第二代系统，1.0 版于 2017 年 2 月 11 日发布。虽然其发行版只在单个设备上运行，但是 TensorFlow 实际上可以运行在多个 CPU 和 GPU(Graphic Processing Unit，图形处理器)上(带有可选的 CUDA 和 SYCL 扩展，用于 GPU 上的通用计算)。TensorFlow 在 2019 年年底发布 2.0 版本，如今 TensorFlow 在 64 位 Linux、MacOS、Windows 上可用，在移动计算平台包括 Android 和 iOS 上也有相应的版本。灵活的体系结构使得 TensorFlow 能从桌面电脑、大规模服务器集群到移动终端和边缘设备方便地跨平台部署。TensorFlow 模型框架如图 10.1 所示。

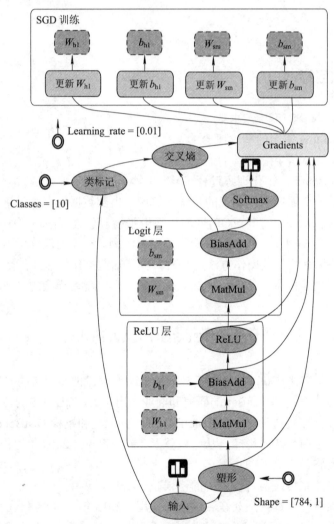

图 10.1　TensorFlow 模型框架图

　　现有的深度学习开源平台主要有 Caffe、PyTorch、MXNet、CNTK、Keras、Fastai 等。Caffe 开源深度学习框架是 C++/CUDA 架构，支持命令行、Python 和 MATLAB 接口，支持 CPU/GPU，并且第一个在工业上得到广泛应用，主要是用于图像的主流框架。Caffe 的作者贾杨清目前在 Facebook 开发了 Caffe2，以适应不断发展的需求。现有的深度学习平台框架比较如表 10.1。

表 10.1　现有的深度学习框架比较

平台	优　点	缺　点
TensorFlow	(1) 功能很齐全，能够搭建的网络更丰富； (2) 支持多种编程语言； (3) 拥有强大的计算集群； (4) 谷歌支持； (5) 社区活跃度高； (6) 支持多 GPU； (7) TensorBoard 支持图形可视化	(1) 编程入门难度较大； (2) 计算图是纯 Python 的，因此速度较慢； (3) 图构造是静态的，意味着图必须先被编译再运行
Keras	(1) Keras 是 TensorFlow 高级集成 API； (2) Keras 是一个简法的 API，可以快速帮助用户创建应用程序； (3) 代码更加可读和简洁； (4) Keras 处于高度集成框架； (5) 社区活跃	(1) Keras 框架环境配置比其他底层框架要复杂一些； (2) 虽然更容易创建模型，但是面对复杂的网络结构时可能不如 TensorFlow； (3) 性能方面比较欠缺
Prtorch	(1) 它可以在流程中更改体系结构； (2) 训练神经网络的过程简单明了； (3) 使用标准 Python 语法编写 for 循环语句； (4) 大量预训练模型	(1) 不如 TensorFlow 全面，不过未来会弥补； (2) PyTorch 部署移动端不是很好
MXNet	(1) 支持多语言； (2) 文档齐全； (3) 支持多个 GPU； (4) 清晰且易于维护的代码； (5) 命令式和符号式编程风格之间进行选择	(1) 不被广泛使用； (2) 社区不够活跃； (3) 学习难度大一些

10.2　TensorFlow 安装和使用

目前，TensorFlow 社区推荐的安装和运行环境是 Ubuntu 系统，它同时也支持 Mac 和 Windows 上的安装部署。因为在深度学习的计算过程中，大量操作是有关向量和矩阵的计算，而 GPU 在向量和矩阵计算速度方面比 CPU 有一个数量级的提升，并且深度学习在 GPU 上的运算效率更高，所以推荐在配有 GPU 的机器上运行 TensorFlow 程序。

10.2.1　安装环境介绍

1. CUDA 简介

显卡厂商 NVIDIA 推出的运算平台 CUDA(Computer Unified Device Architecture)是一种通用的并行计算架构，该架构使 GPU 能够解决复杂的计算问题，它包含了 CUDA 指令集以及 GPU 内部的并行计算引擎。此外，它还提供了硬件的直接访问接口，而不必像传统方式那样必须依赖图形 API 接口来实现 GPU 的访问，从而给大规模的数据计算应用提供了一种比 CPU 更加强大的计算能力。

2. cuDNN 简介

cuDNN 的全称是 CUDA Deep Neural Network Library，它是专门针对深度学习框架设计的一套 GPU 计算加速方案，其最新版本提供了对深度神经网络中向前向后的卷积池化以及 RNN 的性能优化。

目前，包括 TensorFlow 在内的大部分深度学习框架都支持 CUDA。因此，为了让深度神经网络程序在 TensorFlow 上运行得更好，推荐配置至少一块支持 CUDA 和 cuDNN 的 NVIDIA 显卡。

10.2.2　安装 TensorFlow

TensorFlow 的 Python 语言 API 支持 Python2.7 和 Python3.3 以上的版本。GPU 版本推荐使用 CUDA Toolkit 8.0 和 cuDNN V6 版本。CUDA 和 cuDNN 的其他版本也支持，不过需要自己通过 pip 或编译源代码的方式安装。

1. 通过 pip 安装 TensorFlow

TensorFlow 已经把最新版本的安装程序上传到了 PyPI，所以可以通过最简单的方式来安装 TensorFlow(这要求 pip 版本在 8.1 以上)。下面介绍在 Windows、Linux 和 Mac 系统上安装 TensorFlow 的方法。

1) Linux 和 Mac 系统

(1) 安装支持 CPU 版本的 TensorFlow 的命令如下：

```
#python 2.7
sudo pip install tensorflow
#python 3.5
sudo pip3 install tensorflow
```

(2) 安装支持 GPU 版本的 TensorFlow 的命令如下：

```
#python 2.7
sudo pip install tensorflow-gpu
#python 3.5
sudo pip3 install tensorflow-gpu
```

2) Windows 系统

在 Windows 系统上安装 TensorFlow 与其他平台稍有不同，因为目前 Windows 系统上只支持 Python 3.5 版本，所以需要使用 pip3 来安装 TensorFlow。

在 Windows 系统上安装支持 CPU 版本的 TensorFlow 的命令如下：

```
c:\> pip3 install --upgrade tensorflow
```

在 Windows 系统上安装支持 GPU 版本的 TensorFlow 的命令如下：

```
c:\> pip3 install --upgrade tensorflow-gpu
```

2. 在 Windows 10 环境下搭建 TensorFlow 环境

进入 Anaconda 官网下载 Anaconda，安装过程中使用默认设置即可。在进入如下安装界面时，两个选项都要勾选(如果第一个选项忘记勾选，可以在整个安装完成之后自己设置环境变量)。

在命令提示符下输入 conda-V，出现如图 10.2 所示的界面则说明 Anaconda 安装成功。

```
C:\Users\knight>conda -V
conda 4.3.30
```

图 10.2　Anaconda 安装成功界面

(1) 创建一个名为 tensorflow 的环境，指定 Python 版本是 3.5。

cmd:conda create --name tensorflow python=3.5

(2) 创建完成后，使用 activate 激活 TensorFlow。(退出当前环境输入 deactivate tensorflow 即可。)

(3) 安装 TensorFlow。

Windows10 下 TensorFlow 有两个版本(GPU 和 CPU 版本)，这里需要看自己的显卡是否支持 CUDA 运算平台(一般 N 卡都会支持，也可百度查看自己的显卡是否支持)。如果显卡支持 CUDA，那么可以下载 GPU 版本；如果不支持，则可以下载 CPU 版本。在刚才的 TensorFlow 环境中输入如下命令:

GPU 版本 pip3 install --upgrade tensorflow-gpu

CPU 版本 pip3 install --upgrade tensorflow

接下来会自动安装 TensorFlow。

注意：要慎重选择自己电脑所对应的 CUDA 和 cuDNN 版本，否则会因为版本不兼容而导致 TensorFlow 搭建失败，目前常用的有 CUDA8 + cuDNN6 和 CUDA9 + cuDNN7，这里推荐 CUDA8 +cuDNN6。

(4) 安装 CUDA。

进入 CUDA 官网 https://developer.nvidia.com/cuda-toolkit-archive 下载 CUDA，选择自己电脑所对应的版本，默认安装即可，安装完成后要在环境变量中加入 bin 和 lib\x64 这两个路径，如图 10.3 所示。

```
C:\Program Files\NVIDIA GPU Computing Toolkit\CUDA\v8.0\bin
C:\Program Files\NVIDIA GPU Computing Toolkit\CUDA\v8.0\libnvvp
C:\Program Files\NVIDIA GPU Computing Toolkit\CUDA\v8.0\lib\x64
```

图 10.3　安装 CUDA 的环境变量

安装完成后输入 nvcc-V，出现如图 10.4 所示的界面则说明安装成功。

```
C:\Users\knight>nvcc -V
nvcc: NVIDIA (R) Cuda compiler driver
Copyright (c) 2005-2016 NVIDIA Corporation
Built on Sat_Sep__3_19:05:48_CDT_2016
Cuda compilation tools, release 8.0, V8.0.44
```

图 10.4　CUDA 安装成功界面

(5) 配置 cuDNN。

进入 cuDNN 官网 https://developer.nvidia.com/rdp/cudnn-archive 下载 cuDNN(需要注册账号)，这里选择的版本一定要与刚才的 CUDA 版本相对应。下载压缩包后，解压刚才下载的安装包，将这三个文件夹下的文件拷到 CUDA 对应的文件夹下面即可。

(6) 进行代码测试。

```
import tensorflow as tf
hello = tf.constant('Hello, TensorFlow!')
tf.Session().run(hello)
```

如果显示如图 10.5 所示的界面，则代表整个 TensorFlow 平台搭建成功。

```
(tensorflow) C:\Users\knight>python
Python 3.5.4 |Anaconda, Inc.| (default, Oct 15 2017, 03:43:24) [MSC v.1900 64 bi
t (AMD64)] on win32
Type "help", "copyright", "credits" or "license" for more information.
>>> import tensorflow as tf
>>> hello = tf.constant('hello world!')
>>> tf.Session().run(hello)
2017-11-17 15:17:54.522297: W C:\tf_jenkins\home\workspace\rel-win\M\windows-gpu
\PY\35\tensorflow\core\platform\cpu_feature_guard.cc:45] The TensorFlow library
wasn't compiled to use AVX instructions, but these are available on your machine
 and could speed up CPU computations.
2017-11-17 15:17:54.522433: W C:\tf_jenkins\home\workspace\rel-win\M\windows-gpu
\PY\35\tensorflow\core\platform\cpu_feature_guard.cc:45] The TensorFlow library
wasn't compiled to use AVX2 instructions, but these are available on your machin
e and could speed up CPU computations.
2017-11-17 15:17:55.182520: I C:\tf_jenkins\home\workspace\rel-win\M\windows-gpu
\PY\35\tensorflow\core\common_runtime\gpu\gpu_device.cc:955] Found device 0 with
 properties:
name: GeForce GTX 960M
major: 5 minor: 0 memoryClockRate (GHz) 1.176
pciBusID 0000:01:00.0
Total memory: 4.00GiB
Free memory: 3.35GiB
2017-11-17 15:17:55.182647: I C:\tf_jenkins\home\workspace\rel-win\M\windows-gpu
\PY\35\tensorflow\core\common_runtime\gpu\gpu_device.cc:976] DMA: 0
2017-11-17 15:17:55.185035: I C:\tf_jenkins\home\workspace\rel-win\M\windows-gpu
\PY\35\tensorflow\core\common_runtime\gpu\gpu_device.cc:986] 0:   Y
2017-11-17 15:17:55.186256: I C:\tf_jenkins\home\workspace\rel-win\M\windows-gpu
\PY\35\tensorflow\core\common_runtime\gpu\gpu_device.cc:1045] Creating TensorFlo
w device (/gpu:0) -> (device: 0, name: GeForce GTX 960M, pci bus id: 0000:01:00.
0)
b'hello world!'
>>>
```

图 10.5　TensorFlow 平台搭建成功

10.3　TensorFlow 基础知识

10.3.1　TensorFlow 使用

TensorFlow 是一个开源软件库，被称作在 Tensor 张量的多维数组上的神经网络运算。如果 TensorFlow 直译成中文就是“张量流”，它最初想要表达的含义是保持计算节点不变，让数据在不同的计算设备上传输并计算。TensorFlow 计算表达为有状态的数据流图，即使用 Data Flow Graph 数据流图进行数值计算。图中的节点 Flow 表示数学运算(Operation，OP)，而图边表示在它们之间传递的多维数据数组(Tensor，张量)。图中的一个节点的 OP 运算操作可以获得 0 个或多个 Tensor，执行计算产生 0 个或多个 Tensor(一个 *n* 维的数组或列表)；而图中运算操作必须在会话 Session 中被启动并进行传递和变换，会话 Session 就如同神经信号在大脑内纵横驰骋。因此，TensorFlow 模拟了一个人造大脑，数据流图将计算的定义和执行很好地分离开(即计算定义≠执行计算)，实现分布式计算，如图 10.6 所示。

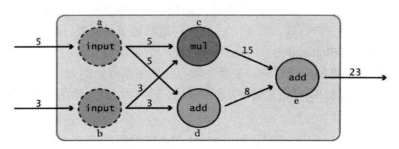

图 10.6　TensorFlow 代码流程

所有 TensorFlow 代码通常都包含以下两个重要部分：

(1) 构建计算图(定义计算)来表示计算的数据流；

(2) 运行会话 Session 来执行计算图中的运算。

创建计算图对数据执行的运算，然后使用会话单独运行它，代码如下：

```
#定义数据流图
import TensorFlow as tf
#定义数据流图，在 input 节点上输入数据
a=tf.constant(5)
b=tf.constant(3)
#定义运算节点 OP
c=tf.add(a,b)
#运行数据流图
simple_session=tf.Session()
value_of_c=simple_session.run(c)
print(value_of_c)
simple_session.close()
```

10.3.2　张量

TensorFlow 内核定义了一系列的深度学习方法，如能够实现图形与图像处理的卷积神经网络 CNN、进行文本处理的循环神经网络 RNN 和基于 GPU 的反向传播算法。同时 TensorFlow 架构适合在高性能的计算机系统 CPU、并行计算的 GPU 或者移动处理器中工作，见表 10.2。

表 10.2　TensorFlow 内核

张量(Tensor)	操作(Operation)
图(Graph)	
运行时(CPU、GPU、移动设备等)	

TensorFlow 使用被称为张量(Tensor)的数据结构来表示所有数据，用于模型的任何类型的数据都可以存储在 Tensor 中。Tensor 在 TensorFlow 里可以理解成一个表示各种相同数据类型的多维数组，每个 Tensor 中包含了类型(Type)、阶(Rank)和形状(Shape)。阶

指的就是维度，Rank 为 0、1、2 时分别称为标量、向量和矩阵，Rank 为 3 时是 3 阶张量，Rank 大于 3 时是 n 阶张量，如表 10.3 所示。这些标量、向量、矩阵和张量里的每一个元素被称为 Tensor Element(张量的元素)，且同一个张量里元素的类型是一样的。张量的阶和矩阵的阶并不是同一个概念，主要是看有几层中括号。例如，一个 3 阶矩阵 m = [[1, 2, 3], [4, 5, 6], [7, 8, 9]]，在张量中的阶数表示 2 阶(因为它有两层中括号)，具体如图 10.7 所示。

表 10.3　Tensor 的属性列表

Tensor	数学实例	Python 例子
0-阶:	标量/数 scalar(number)	s = 483
1-阶:	向量 vector(大小和方向)	v = [1.1, 2.2, 3.3]
2-阶:	矩阵 matrix(数据表)	m = [[1, 2, 3], [4, 5, 6], [7, 8, 9]]
3-阶:	张量(数据立体)时间序列	t = [[[2], [4], [6]], [[8], [10], [12]], [[14], [16], [18]]]
4-阶:	图像(n 个基本向量)	
5-阶:	视频(n 个基本向量)	

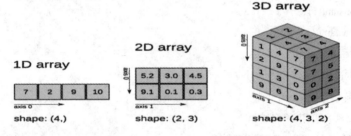

图 10.7　TensorFlow 中标量、向量和矩阵的集合图

10.3.3　张量的各种操作变换

前面在图中描述了计算顺序，图中的节点就是操作(Operation)。比如，一次加法是一个操作，一次乘法也是一个操作，构建一些变量的初始值也是一个操作。

使用 tf.constant()构造常量，常量的值在执行过程中不会发生改变；使用 tf.Variable()构造变量，变量的值在执行过程中可以修改。变量的构建需要一个初始化的值，这个初始值可以是任意类型和任意维度大小的张量，可以通过 initialized_value()来初始化变量或获取其他变量的值。

1. 张量 Tensor 类型与 Python 类型的比较

在 TensorFlow 中张量会有对应的数据类型和维度大小，支持的数据类型和 Python 内置的数据类型的对应关系如表 10.4 所示。

数据类型 DT 中，D 代表 data(数据)，T 代表 Type(类型)。Tensor 里每一个元素的数据类型是一样的。类似于 Numpy 中 ndarray.dtype，tensorflow 里的数据类型可以有很多种，比如 tf.float32 就是 32 位的浮点数，tf.int8 就是 8 位的整型，tf.unit8 就是 8 位的无符号整型，tf.string 为字符串，等等。

表 10.4　Tensor 数据类型与 Python 内置的数据类型的比较

Tensor 类型	Python 类型	描　　述
DT_FLOAT	tf.float32	32 位浮点数
DT_DOUBLE	tf.float64	64 位浮点数
DT_INT64	tf.int64	64 位有符号整型
DT_INT32	tf.int32	32 位有符号整型
DT_INT16	tf.int16	16 位有符号整型
DT_INT8	tf.int8	8 位有符号整型
DT_UINT8	tf.uint8	8 位无符号整型
DT_STRING	tf.string	可变长度的字节数组，每一个张量元素都是一个字节数组
DT_BOOL	tf.bool	布尔型
DT_COMPLEX64	tf.complex64	由两个 32 位浮点数组成的复数：实数和虚数

2. 张量的相关操作

1) arthmetic 算术操作(+，−，*，/，Mod)

tensor-tensor 操作(element-wise)代码如下：

```
#两个 Tensor 运算
#运算规则：element-wise，即 c[i, j, …, k] = a[i, j, …, k] op b[i, j, …, k]
ts1=tf.constant(1.0, shape = [2, 2])
ts2=tf.Variable(tf.random_normal([2, 2]))
sess.run(tf.global_variables_initializer())
#以 ts1 和 ts2 为例：
#(1)加法+
ts_add1=tf.add(ts1, ts2, name=None)
ts_add2=ts1+ts2                         #二者等价
#(2)减法-
ts_sub1=tf.subtract(ts1, ts2, name=None)
ts_sub2=ts1-ts2                         #二者等价
#(3)乘法*
ts_mul1=tf.multiply(ts1, ts2, name=None)
ts_mul2=ts1*ts2
#(4)除法/
ts_div1=tf.divide(ts1, ts2, name=None)
ts_div2=tf.div(ts1, ts2, name=None)     #div 支持 broadcasting(即 shape 可不同)
ts_div3=ts1/ts2
```

2) 类型转换

有时需要对数据内置的类型进行转换。转换数据类型时，只需要将数据类型作为函数名即可(如表 10.5 所示)，这些函数返回一个新的对象表示转换的值。

表 10.5　类型变换相关函数

函　　数	描　　述
tf.string_to_number(string_tensor, out_type = None, name = None)	字符串转为数字
tf.to_double(x, name = 'ToDouble')	转为 64 位浮点类型
tf.to_float(x, name = 'ToFloat')	转为 32 位浮点类型
tf.to_int32(x, name = 'ToFloat32')	转为 32 位整型
tf.to_int64(x, name = 'ToFloat64')	转为 64 位整型
tf.to.cast(x, dtype,name =None)	将 x 或者 x.values 转换为 dtype 所指定的类型。例如： W= tf.Variable(1.0) tf.cast(W,tf.int32)==>W=1 # dtype=tf.int32

3) 数值操作

数值操作相关函数如表 10.6 所示。

表 10.6　数值操作相关函数

函　　数	描　　述
tf.ones(shape, dtype)	按指定类型与形状生成值为 1 的张量。例如： tf.ones([2, 3], tf.int32) ==> [[1 1 1][1 1 1]]
tf.zeros(shape, dtype)	按指定类型与形状生成值为 0 的张量。例如： tf.zeros([2, 3], tf.int32) ==> [[0 0 0] [0 0 0]]
tf.ones_like(input)	生成和输入张量一样形状和类型的 0。例如： tensor=[[1, 2, 3], [4,5,6]] tf.ones_like (tensor) ==> [[0 0 0] [0 0 0]]
tf.zeros_like(input)	生成和输入张量一样形状和类型的 1。例如： tensor=[[1, 2, 3], [4, 5, 6]] tf.zeros_like (tensor) ==> [[0 0 0] [0 0 0]]
tf. fill(shape,value)	为指定形状填值。例如： tf.fill ([2, 3], 1) ==> [[1 1 1] [1 1 1]]
tf.constant(value, shape)	生成常量。例如： tf.constant (1, [2, 3]) ==> [[1 1 1] [1 1 1]]
tf.random_normal(shape, mean = 0.0, stddev = 1.0, dtype = tf.float32, seed = None, name = None)	从服从正态分布随机数种子中取指定个数的值，其中 mean 为正态分布均值，stddev 为正态分布标准差，seed 为随机数种子
tf.turncated_normal(shape, mean=0.0, stddev=1.0, dtype = tf.float32, seed = None, name = None)	生成均值 mean = 0，方差 stddev = 1 的正态分布矩阵，矩阵维度 = shape，取值范围为[mean-2*stddev, mean+2*stddev]
tf.random_uniform(shape, minval = 0, maxval = None, dtype = tf.float32, seed = None, name = None)	均匀分布随机数，范围为[minval, maxval]
tf.random_crop(value, size, seed = None, name = None)	将输入值 value 按照 size 尺寸随机剪辑
tf.set_random_seed(seed)	设置随机数种子

函　　数	描　　述
tf.linspace(start, stop, num, name = None)	在[start, stop]范围内产生 num 个数的等差数列。注意 start 和 stop 要用浮点数表示，否则会报错。例如： tf.linspace(start=1.0, stop=5.0, num=5, name=None) [1.　2.　3.　4.　5.]
tf.range(start, limit = None, delta = 1, name = 'range')	在[start, limit]范围内以步进值 delta 产生等差数列。注意，不包括 limit 在内的。例如： tf.range(start = l, limit = 5, delta=1) [1 2 3 4]

4) 形状变换

表 10.7 展示如何选择可用于转换张量的操作符，从表中可见有些操作符与阵列转换相似。然而，当处理二阶以上张量时，需要小心使用像转置这样的转换器。

表 10.7　形状变换相关函数

函　　数	描　　述

tf.shape(input, name=None)	返回一个张量，其值为输入参数 input 的 shape。这个 input 可以是个张量，也可以是一个数组或者 list。例如：
	t=[1, 2, 3, 4, 5, 6, 7, 8, 9]
	print(np.shape(t))　　　#输出(9,)
	tshape = tf.shape(t)　　　#返回一个张量，值为 Python 自有类型 t 的 shape
	tshape2= tf.shape(tshape) #返回一个张量，值为张量 tshape 的 shape
	sess = tf.Session()
	print(sess.run(shape))　　#输出[9]，表示 t 的 shape 的值
	print(sess.run(shape2))　　#输出[1]，表示 tshape 的 shape 的值
	t=[[[1, 1, 1], [2, 2, 2]], [[3, 3, 3], [4, 4, 4]]]

tf.size(input, name=None)	返回一个张量，其内容为输入数据的元素数量。例如： t=[[[[1, 1, 1], [2, 2, 2]], [[3, 3, 3], [4, 4, 4]]]] sizet = tf.size(t) sess = tf.Session() print(sess.run(sizet))　　　　#输出 12，表示列表 t 中的元素个数
tf.rank(input, name=None)	返回一个张量，其内容为输入数据 input 的 rank。注意，此 rank 不同于矩阵的 rank，详见 4.2.1 节中的 rank 介绍。例如： t=[[[[1, 1, 1], [2, 2, 2]], [[3, 3, 3], [4, 4, 4]]]] rankt = tf.rank(t) sess = tf.Session() print(sess.run(rankt)) #输出 4，表示列表 t 的阶(一共有 4 层中括号，[[[[]]]])

函　　数	描　　述

tf.reshape(input, shape, name=None)	将原有输入数据的 shape 按照指定形状进行变化，生成一个新的张量。
	例如：t=[1, 2, 3, 4, 5, 6, 7, 8, 9]
	tt=tf.reshape(t, [3, 3])
	sess = tf.Session()
	print(sess.run(tt))
	#此时输出的张量如下：
	#[[1, 2, 3]
	#[4, 5, 6],
	#[7, 8, 9]]
	#如果 shape 有元素[−1]，则表示在该维度下按照原有数据自动计算。见下面的代码：
	ttt=tf.reshape(tt, 1, −1])
	print(ttt. shape)　　　　#输出 (1,9) 表示 tt 的 shape, 9 是自动计算得来的
	print(tt. shape)　　　　#输出 (3,3) 表示 tt 并没有被修改

tf.expand_dims(input, dim, name=None)	插入维度 1 进入一个 Tensor 中。例如：
	t =[[2, 3, 3], [1, 5, 5]]
	t1 = tf.expand_dims(t, 0)
	t2 = tf.expand_dims(t, 1)
	t3 = tf.expand_dims(t, 2)
	t4 = tf.expand_dims(t, -1)
	#如果写成 t4 = tf.expand_dims(t, 3)，则会出错，因为只有两个维度
	print(np.shape(t))　　　　#输出(2, 3)
	print(np.shape(tl))　　　　#输出(1, 2, 3)
	print(np.shape(t2))　　　　#输出(2, 1, 3)
	print(np shape(t3))　　　　#输出(2, 3, 1)
	print(np.shape(t4))　　　　#输出(2, 3, 1)

tf.squeeze(input, dim, name=None)	将 dim 指定的维度去掉(dim 所指定的维度必须为 1，如果不为 1 则会报错)。例如：
	t =[[[[2], [1]]]]
	t1 = tf.squeeze(t, 0)
	t2 = tf.squeeze(t, 1)
	t3 = tf.squeeze(t, 3)
	t4 = tf.squeeze(t, -1)
	#如果写成 t4 = tf.squeeze (t, 2)，则会出错，因为 2 对应的维度为 2，不为 1
	print(np.shape(t))#(1,1,2,1)
	print(np.shape(t1))#(1,2,1)
	print(np.shape(t2))#(1,2,1)
	print(np.shape(t3))#(1,1,2)
	print(np.shape(t4))#(1,1,2)

5) 数据操作

数据操作相关函数如表 10.8 所示。

表 10.8　数据操作相关函数

函　数	描　　述
tf.slice (input, begin, size name=None)	对输入数据 input 进行切片操作，begin 与 size 可以为 list 类型。要求 begin 与 size 的值必须一一对应，并且 begin 中每个值都要大于等于 0 且 小于等于 size 中对应的值。例如： t=[[1, 1, 1], [2, 2, 2]], [3, 3, 3], [4, 4, 4]], [[5, 5, 5], [6, 6, 6]]] slicet1 = tf.slicet(t, [1, 0, 0], [1, 1, 3]) slicet2 = tf.slicet(t, [1, 0, 0], [1, 2, 3]) slicet3 = tf.slicet(t, [1, 0, 0], [2, 1, 3]) sess = tf.Session(), print(sess.run(slicent1))　　　#输出　　[[[3 3 3]]] print(sess.run(slicent2))　　　#输出　　[[[3 3 3] [444]]] print(sess.run(slicent3))　　　#输出　　[[[3 3 3]] [[5 5 5]]
tf.split(value,num_or_size_ splits, axis=0, num=None, name="split")	沿着某一维度将 Tensor 分离为 num_or_size_splits value 是一个 shape 为[5,30]的张量 # 沿着第一列将 value 按[4, 15, 11]分成 3 个张量 split0,split1,split2 = tf.split(value, [4, 15, 11], 1) tf.shape(split0) ==>[5, 4] tf.shape(split0) ==>[5, 15] tf.shape(split0) ==>[5, 11]
tf.concat(concat_dim,values, name='concat')	tf.concat 是连接两个矩阵的操作： t1 = [[1, 2, 3,], [4, 5, 6]] t2 = [[7, 8, 9], [10, 11, 12]] tf.concat([t1, t2], 0) ==>[[1, 2, 3], [4, 5, 6], [7, 8, 9], [10, 11, 12]] tf.conca([t1, t2].1) ==> [[1, 2, 3, 7, 8, 9], [4, 5, 6, 10, 11, 12]] 如果想沿着 Tensor 的新维度表连接，则必须调用 tf.expand_dims 来 扩维 tf.concat(axis, [tf.expand.dims(t, axis) for t in tensors]) 等同于 tf.stack(tensors, axis axis)
tf.stack(input, axis=0)	将两个 n 维张量列表沿着 axis 轴组合成一个沿着 axis 轴组合成一个 n+1 维的张量 tensor=[1, 2, 3], [4, 5, 6] tensor2=[[10, 20, 30], [40, 50, 60]] tfstack([tensor, tensor2]) ==>[[[1 2 3] [4 5 6]] [[10 20 30][40 50 60]] tf.stack([tensor, tensor2], axis=1) ==>[[[1 2 3][10 20 30]] [[4 5 6][40 50 60]]]

函　数	描　述
defunstack(value, num = None, axis=0, name="unstack"	将输入 value 按照指定的维度进行拆分，输出 shape 含有 num 元素的列表 list 的个数，num 必须和指定维度内元素的个数相等，否则会报错。 tensor=[[1, 2, 3],[4, 5, 6]] tf.unstack(tensor,aixs=0) ==> [array([1, 2, 3]). array([4, 5, 6])] tf.unstack(tensor,axis=1)==>[array([1, 4]),array([2, 5]).array([4,5,6])] #tensor.shape=[2,3],axis=0,num 就是 2，变换后 list 有 2 个元素 #tensor.shape=[2, 3, 4], axis=1, num 就是 3，变换后 list 有 3 个元素
tf.gather(params, indices, validate_indices-None, name = None)	合并索引 lindices 所指示 params 中的切片 y= tf.constant([0.,2.,-1.]) t= tf.gather(y,[2.0]) sess=tf.Session() t2 = sess.run([t]) print(t2) #输出[array([-1., 0.], dtype=float32)]
tf.one_ hot(indices,depth, on_value = None, off_value = None, axis = None, dtype = None, name=None)	生成符合 onehot 编码的张量。 ● indices：要生成的张量。 ● depth: 在 depth 长度的数组中，哪个索引的值为 onchot 值。 ● on_value: 为 onehot 值时，该值为多少。 ● off_value: 非 onehot 值时，该值为多少。 Axis 为-1 时生成的 shape 为[indices 长度, depth]，为 0 时 shape 为[depth, indices 长度]。还可以是 1，是指在类似时间序列(三维度以上)情况下，以时间序列优先而非 batch 优先，即[depth,batch,indices 长度](这里的 indices 长度可以当成样本中的 feature 特征维度)，例如： indices = [0,2,-1,1] depth=3 on_value=5.0 off_ value =0.0 axis=-1 t=tf.one_hot(indices,depth,on_value,off_value,axis) sess = tf.Session() print(sess.run(t)) 则输出如下： [[5. 0. 0.]　　#0 [0. 0. 5.]　　#2 [0. 0. 5.]　　#-1 [0. 5. 0.]]　#1
tf.count_nonzero(input_tensor, axis = None, keep_dims=False, dtype = dtype.int64, name = None, reduction_indices = None)	统计非 0 个数

6) 算数相关的操作运算

算术运算相关操作如表 10.9 所示。

表 10.9　算数运算相关操作

操　作	描　述
tf.multiply (x, y,name=None)	乘法
tf.divide (x, y, name=None)	除法，也可以使用 tf.div 函数
tf.mod(x, y, name=None)	取模
tf.abs(x, name =None)	求绝对值
tf.negative(x, name=None)	取负(y=-x)
tf.sign(x, name= None)	返回输入 x 的符号。如果 x 小于 0，则返回−1；如果 x=0，则返回 0；如果 x 大于 0，则返回−1
tf.inv(x, name=None)	对取反操作
tf.square(x, name=None)	计算平方(y=x*x=x^2)
tf.round(x, name =None)	舍入最接近的整数。例如： a=[0.9, 2.5, 2.3, 1.5, −4.5] tf.round(a)==>[1.0, 2.0, 2.0, 2.0, −4.0] 如果需要真正的四舍五入，可以用 tf.int32 类型强制转换
tf.sqrt(x, name=None)	开根号(y=\sqrt{x} =x^{1/2}).
tf.pow(x, y, name= None)	x 和 y 中的对应元素按幂次方计算 x^y。例如： x=[[2,2],[3.3]] y=[[8,16],[2,3]] tf.pow(x,y)==> [[256, 65536], [9,27]]　#2 的 8 次方，2 的 16 次方，3 的 2 次方，3 的 3 次方
tf.exp(x. name=None)	计算 e 的次方
tf.log(x. name=None)	计算 log，一个输入计算 e 的 ln，两输入以第二输入为底
tf.maximum(x. y name=None)	返回最大值(x > y ? x : y)
tf.minimum(x. y. name= None)	返回最小值(x < y ? x : y)
tf.cos(x. name=None)	三角函数 cosine
tf.sin(x. name =None)	三角函数 sine
tf.tan(x. name=None)	三角函数 tan
tf.atan(x. name None)	三角函数 ctan
tf. cond(pred, true_ fn=None, false_fn=None strict= False, name =None, fnl=None, fn2=None)	满足条件就执行 fnl，否则执行 fn。例如： x = tf.constant(2) y = tf.constant(5) def f1(): retun tf.multiply(x,17) def f2(): retun tf.add(y, 23) r = tf.cond(tf.less(x,y,.f1,f2) 则 r 的值为 34

7）矩阵相关的操作运算

矩阵运算相关操作如表 10.10 所示。

表 10.10　矩阵运算相关操作

操　作	描　　述
tf.diag(diagonal,name=None)	返回一个给定的对角值的对角 tensor。 diagonal = [1,2,3,4] tf.diag(diagonal)会得到如下矩阵： [[1,0,0,0] [0,2,0,0] [0,0,3,0] [0,0,0,4]]
tf.diag_part(input,name=None)	功能与上面相反
tf.trace(x,name=None)	求一个二维 Tensor 足迹及对角值 diagonal 之和
tf.transpose(a,perm=None, name='transpose')	让输入 a 按照参数 perm 指定的维度顺序进行转置操作。如果 t = [[1,2,3],[4,5,6]] tt = tf.transpose(t)　#等价于 tt = tf.transpose(t,[1,0]) sess = tf.Session() print(sess.run(tt))　　#将原有 shape[2,3]中的第 1 和第 2 维度 顺序颠倒，变为新的 shape[3,2] 则输出如下： [[1 4] [2 5] [3 6]]

tf.reverse(tensor,dims,name=None)	沿着指定的维度对输入进行反转。其中，dims 为列表，元素含义为指向输入 shape 的索引。例如：
	t = [[[[0, 1, 2, 3], #定义一个 4 阶的数组
	　　　[4, 5, 6, 7],
	　　　[8, 9, 10, 11]],
	　　　[[12, 13, 14, 15],
	　　　[16, 17, 18, 19],
	　　　[20, 21, 22, 23]]]]
	print(np.shape(t)) #输出[1, 2, 3, 4]
	dim=[3]　　#dim 为 tshape 中的索引，3 就代表 shape 中的最后一个值 4。同理，使用−1 也可以
	rt = tf.reverse(t, dim) #进行反转操作
	sess = tf.Session()
	print(sess.run(rt)) #输出反转后的结果为：
	　　　#[[[[3, 2, 1, 0],
	　　　#[7, 6, 5, 4],
	　　　#[11, 10, 9, 8]],
	　　　#[[15, 14, 13, 12],
	　　　#[19, 18, 17, 16],
	　　　#[23, 22, 21, 20]]]]
	rt = tf.reverse(t, [1, 2]) #也可以同时按照多个轴反转
	print(sess.run(rt))#按照 shape 中 1、2 的索引指向的值为 2、3，

操　作	描　述
	基于这两个维度反转输出的结果为： #[[[[20 21 22 23] #　[16 17 18 19] #　[12 13 14 15]] #[[8 9 10 11] #　[4 5 6 7] #　[0 1 2 3]]]]
tf.matmul(a, b, transpose_a=False, transpose_b=False, a_is_sparse=False, b_is_sparse=False, name=None)	矩阵相乘
tf.matrix_determinant(input, name=None)	返回方阵的行列式
tf.matrix_inverse(input, adjoint=None, name=None)	求方阵的逆矩阵，adjiont 为 True 时，计算输入共轭矩阵的逆矩阵
tf.cholesky(input, name=None)	对输入方阵 cholesky 分解，即把一个对称正定的矩阵表示成一个下三角矩阵 L 和其转置的乘积的分解 A=LL^T
tf.matrix_solve(matrix, rhs, adjiont=None, name=None)	求解矩阵方程，返回矩阵变量。其中，matrix 为矩阵变量的系数，rhs 为矩阵方程的结果。例如： $$2x+3y = 12，x+y=5$$ 代码可以写为： sess = tf.InteractiveSession() a = tf.constant([[2, 3.],[1, 1.]]) print(tf.matrix_solve(a, [[12.], [5.]]).eval()) 　#输出方程中 x 和 y 的解 　#[[3.00000024] 　#[1.99999988]] 　#即 x=3，y=2

8) 复数操作函数

复数运算相关函数如表 10.11 所示。

表 10.11　复数运算相关函数

函　数	描　述
tf.complex_abs(s,name=None)	将两实数转换为复数形式。例如： real = [2.25, 3.25] Imag = [4.75, 5.75] tf.complex(real,imag) ==>[[2.25 + 4.75j], [3.25 + 5.75]]
tf.complex_abs(x,name=None)	计算复数的绝对值，即长度。例如： x = [[−2.23 + 4.75j], [−3.75 + 5.75j]] tf.complex_abs(x) ==>[5.25594902, 6.60492229]
tf.conj(input,name=None)	计算共轭复数
tf.imag(input,name=None) tf.real(input,name=None)	提取复数的虚部和实部
tf.fft(input,name=None)	计算一维的离散傅里叶变换，输入数据类型为 complex64

9) 规约计算

规约计算的操作都有降维的功能，在所有 reduce_***系列操作函数中都是以***的手段降维，每个函数都有 axis 这个参数，即沿某个方向使用***方法对输入的 Tensor 进行降维。规约计算相关操作如表 10.12 所示。

表 10.12　规约计算相关操作

操　作	描　　述
tf.reduce_sum(input_tensor, axis=None, name=None, reduction_indices=None)	计算输入 Tensor 元素的和，或者按照 axis 指定的轴进行求和。例如： x=[[1, 1, 1,], [1, 1, 1,]] tf.reduce_sum(x) ==>6 tf.reduce_sum(x,0) ==>[2, 2, 2] tf.reduce_sum(x, 1) ==>[3, 3] tf.reduce_sum(x, 1, keep_dims=True) ==>[[3], [3]] tf.reduce_sum(x, [0, 1]) ==>6
tf.reduce_prod(input_tensor,axis=None,keep_dims=False,name=None,reduction_indices=None)	计算输入 Tensor 元素的乘积，或者按照 axis 指定的轴进行求乘积。例如： fi=if.Variable(if.constant([2,3,4,5]),shape=[2,2]) ff=if.reduce_prod(fi,0) with tf.Session() as sess: 　　sess.run(tf.global_variables_initializer()) 　　print(sess.fun(fi)) 　　print(sess.fun(ff)) 运行代码如下： [[2 2] [4 5]] [8 15]
tf.reduce_min(input_tensor,axis=None,keep_dims=False,name=None,reduction_indices=None)	求 Tensor 中的最小值
tf.reduce_max(input_tensor,axis=None,keep_dims=False,name=None,reduction_indices=None)	求 Tensor 中的最大值
tf.reduce_mean(input_tensor,axis=None,keep_dims=False,name=None,reduction_indices=None)	求 Tensor 中的平均值
tf.reduce_all(input_tensor,axis=None,keep_dims=False,name=None,reduction_indices=None)	对 Tensor 中的各个元素求逻辑'与'。例如： x =[[True,True],[False,False]] tf.reduce_all(x) ==>False tf.reduce_all(x,0) ==>[False, False] tf.reduce_all(x,1) ==>[True,False]
tf.reduce_any(input_tensor,axis=None,keep_dims=False,name=None,reduction_indices=None)	对 tensor 中各个元素求逻辑'或'

10.4　基于 TensorFlow 求解线性回归问题

线性回归算法是机器学习中最常用、最重要的算法之一。下面使用 TensorFlow 来训练完成一个俄勒冈州波特兰市的房价预测问题，该数据集包含 47 个示例，如表 10.13 所示。

表 10.13　房价样本训练集(Portland, OR)

Size in feet^2(x)	Housing Price(dollars)in 1000's(y)
2104	460
1416	232
1534	315
852	178
…	…

表 10.13 中 x 是房屋大小特征值，y 是房价目标值，每一行都表示一个训练样本(x, y)。例如，$x(1)=2104$，$y(1)=460$ 表示特定训练样本时，将使用$(x(i)，y(i))$来表示第 i 个训练样本。根据不同尺寸的房子对应不同的售价组成的数据集来画图，如图 10.8 所示。

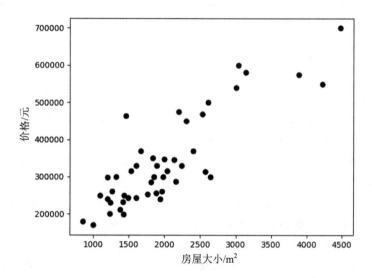

图 10.8　俄勒冈州波特兰市的房价样本数据

由训练集数据可视化图 10.8 可知，预测 y 是关于 x 的一元线性回归方程。学习算法的任务是构造一个函数 h，房子的大小作为输入变量x的值(你想出售的新房子的大小)，学习算法会输出相应房子的预测价格 y 值，所以 h 是一个引导从 x 到 y 的函数。

$$h_\theta\left(x\right)=\theta_0+\theta_1 x$$

1. 数据集预处理

规范化数据有助于提高梯度下降的性能，特别是在多元线性回归的情况下。我们可以用公式 $\dfrac{X-m}{q}$ 来做到这一点，其中 m 是变量的平均值，q 是标准偏差。代码如下：

```
def normalize(array):
    return (array - array.mean()) / array.std()
```

2. 选择学习率设置

通常情况下学习率的范围为在 $0.001 \leqslant \alpha \leqslant 1$，本任务选择学习率为 0.1。

3. 实现成本函数并将梯度下降方法应用于最小化平方误差

成本函数(cost_function)的计算公式如下：

$$J(\theta) = \frac{1}{2m} \sum_{i=1}^{m} (h_\theta(x^{(i)}) - y^{(i)})^2$$

实现代码如下：

```
cost_function = tf.reduce_sum(tf.pow(model - Y, 2))/(2 * samples_number)
optimizer =tf.train.GradientDescentOptimizer(learning_rate).minimize(cost_function)
```

4. 波特兰市房价预测问题的 Tensorflow 算法实现源代码

```
import tensorflow as tf
import numpy   as np
import matplotlib.pyplot as plt


# Train a data set
size_data = numpy.asarray([ 2104, 1600, 2400, 1416, 3000, 1985, 1534, 1427, 1380, 1494,
    1940, 2000, 1890, 4478, 1268, 2300, 1320, 1236, 2609, 3031, 1767, 1888, 1604, 1962,
    3890, 1100, 1458, 2526, 2200, 2637, 1839, 1000, 2040, 3137, 1811, 1437, 1239, 2132,
    4215, 2162, 1664, 2238, 2567, 1200,    852, 1852, 1203])
price_data = numpy.asarray([399900, 329900, 369000, 232000, 539900, 299900, 314900,
    198999, 212000, 242500, 239999, 347000, 329999, 699900, 259900, 449900, 299900,
    199900, 499998, 599000, 252900, 255000, 242900, 259900, 573900, 249900, 464500,
    469000, 475000, 299900, 349900, 169900, 314900, 579900, 285900, 249900, 229900,
    345000, 549000, 287000, 368500, 329900, 314000, 299000, 179900, 299900, 239500])
size_data_test = numpy.asarray([1600, 1494, 1236, 1100, 3137, 2238 ])
price_data_test = numpy.asarray([329900, 242500, 199900, 249900, 579900, 329900])
def normalize(array): return (array - array.mean()) / array.std()
size_data_n = normalize(size_data)
price_data_n = normalize(price_data)
size_data_test_n = normalize(size_data_test)
price_data_test_n = normalize(price_data_test)
plt.plot(size_data, price_data, 'ro', label='Samples data')
plt.legend()
plt.draw()
samples_number = price_data_n.size
X = tf.placeholder("float")
```

```
Y = tf.placeholder("float")

# Create a model
# Set model weights
W = tf.Variable(numpy.random.randn(), name="weight")
b = tf.Variable(numpy.random.randn(), name="bias")
learning_rate = 0.1
training_iteration = 200
model = tf.add(tf.multiply(X, W), b)
cost_function = tf.reduce_sum(tf.pow(model - Y, 2))/(2 * samples_number)
optimizer = tf.train.GradientDescentOptimizer(learning_rate).minimize(cost_function)

init = tf.initialize_all_variables()
with tf.Session() as sess:
    sess.run(init)
    display_step = 20
    # Fit all training data
    for iteration in range(training_iteration):
        for (x, y) in zip(size_data_n, price_data_n):
            sess.run(optimizer, feed_dict={X: x, Y: y})
# Display logs per iteration step
        if iteration % display_step == 0:
            print( "Iteration:", '%04d' % (iteration + 1), "cost=",
"{:.9f}".format(sess.run(cost_function, feed_dict={X:size_data_n, Y:price_data_n})),"W=",
sess.run(W), "b=", sess.run(b))
        tuning_cost = sess.run(cost_function, feed_dict={X: normalize(size_data_n), Y:
normalize(price_data_n)})
        print ("Tuning completed:", "cost=", "{:.9f}".format(tuning_cost), "W=", sess.run(W), "b=",
sess.run(b))
        testing_cost = sess.run(cost_function, feed_dict={X: size_data_test_n, Y: price_data_test_n})
        print ("Testing data cost:" , testing_cost)

    plt.figure()
    plt.plot(size_data_n, price_data_n, 'ro', label='Normalized samples')
    plt.plot(size_data_test_n, price_data_test_n, 'go', label='Normalized testing samples')
    plt.plot(size_data_n, sess.run(W) * size_data_n + sess.run(b), label='Fitted line')
    plt.legend()
    plt.show()
```

运行结果如图 10.9 所示，拟合出的直线比较精确，且成本函数值(Cost)较小。

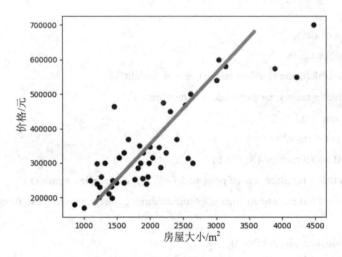

图 10.9　TensorFlow 线性回归算法结果图

10.5　利用 TensorBoard 进行数据可视化

当训练一个复杂的神经网络时，经常需要根据实际情况来调整网络结构。比如我们会在训练过程中，根据训练集和验证集的准确率判断训练是否出现过拟合的现象，或者查看训练过程中损失函数的损失值变化情况。一般我们可将这些数据打印到日志文件里来观察训练过程中的状态信息，但是这并不是很直观。TensorFlow 提供 TensorBoard 可视化工具来帮助我们更好地理解、调试和优化神经网络。TensorBoard 可视化结构如图 10.10 所示。

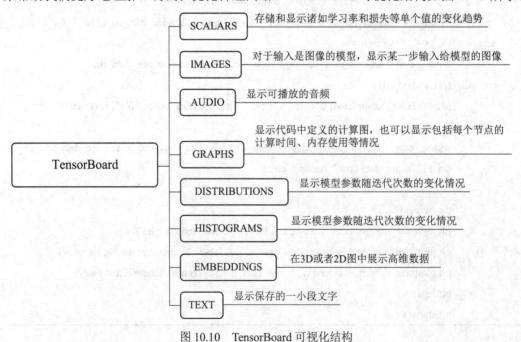

图 10.10　TensorBoard 可视化结构

10.5.1　在 TensorBoard 中查看图结构

为了让 TensorFlow 程序激活 TensorBoard 需要添加一些代码，这会将 TensorFlow 运算导出到称为事件日志的文件中。TensorBoard 能够读取此文件并提供模型图形及其性能的一些可视化显示。例如，构造一个简单的计算图，创建两个常量将它们相加并乘在一起，在定义完计算图和运行 Session 之前使用 summary writer，然后通过 TensorBoard 来查看图结构，代码如下：

```
import tensorflow as tf #创建计算图
#定义命名空间
with tf.name_scope('input'):
  #fetch：就是同时运行多个 OP 的意思
  input1 = tf.constant(3.0,name='A')#定义名称，会在 TensorBoard 中代替显示
  input2 = tf.constant(4.0,name='B')
  input3 = tf.constant(5.0,name='C')
with tf.name_scope('op'):
  #加法
  add = tf.add(input2,input3)
  #乘法
  mul = tf.multiply(input1,add)
#在会话中启动计算图
with tf.Session() as ss:
  #默认在当前 py 目录下的 logs 文件夹，没有会自己创建
  result = ss.run([mul,add])
  #或在会话中创建写入器，写到日志文件里
  wirter = tf.summary.FileWriter('logs/demo/',ss.graph)
print(result)
writer.close() #关闭 writer
```

为了用 TensorBoard 将程序可视化，需要编写程序的日志文件。要编写事件日志文件，首先需要使用以下代码为这些日志创建一个写入器：

```
writer=tf.summary.FileWriter([logdir],[graph])
```

其中，[logdir]是要存储这些日志文件的文件夹。也可以选择[logdir]为 "./graphs" 等有意义的名字。第二个参数[graph]是正在开发程序的图形。有两种方法可以获得图形：

(1) 使用 tf.get_default_graph()调用图形，该函数返回程序的默认图形。

(2) 将其设置为返回会话的图形的 sess.graph，这里需要创建一个会话。

接下来，在运行 Python 代码的目录下启动 TensorBoard 服务，使用命令行解析日志，浏览器端可视化。

在命令行/IDE 中运行：

```
$ python [yourprogram].py  #(执行程序)
```

```
$ tensorboard --logdir="./graphs"--port 6006
```

在浏览器中访问 http://127.0.0.1:6006/并点击 GRAPHS 菜单，进入 TensorBoard 页面，如图 10.11 所示。

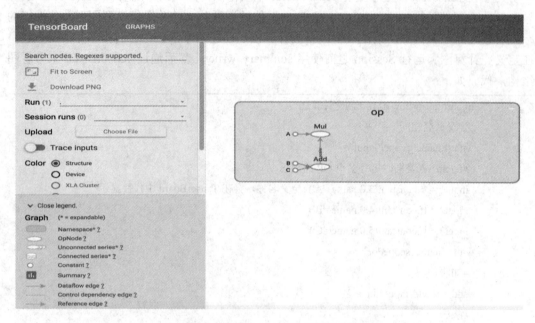

图 10.11　查看 TensorBoard 结构示意图

10.5.2　TensorBoard 查看数据趋势变化

如果我们想知道模型训练过程中一些数据的变化趋势，比如损失值是否越来越小，准确率是不是越来越高，此时就需要将训练过程中产生的一些中间数据用图形化的方式展示出来，并且能够很方便地查看某项数值的变化趋势。要实现这个功能，需要先将数据记录到 event 文件中，然后使用 TensorBoard 工具打开保存的 event 文件，再进行图形化展示。实现收集训练过程中的 Tensor 数据功能的代码如下：

```
tf.summary.scalar(name,Tensor)
```

其中：第一个参数 name 是一个字符串，在通过 TensorBoard 展示时作为图表的名称；第二个参数 Tensor 是要记录数据的张量。

下面展示如何使用 TensorBoard 来训练完成一个逻辑回归的代码程序。

```
#迭代总轮次
n_epochs = 30
with tf.Session() as sess:
#在 TensorBoard 里可以看到图的结构
writer = tf.summary.FileWriter('./graphs/logistic_reg', sess.graph)
start_time = time.time()
sess.run(tf.global_variables_initializer())
n_batches = int(mnist.train.num_examples/batch_size)
```

```
for i in range(n_epochs): # 迭代这么多轮
    total_loss = 0
for _ in range(n_batches):
    X_batch, Y_batch = mnist.train.next_batch(batch_size) _, loss_batch = sess.run([optimizer, loss],
    feed_dict={X: X_batch, Y:Y_batch})
        total_loss += loss_batch
print('Average loss epoch {0}: {1}'.format(i, total_loss/n_batches))
print('Total time: {0} seconds'.format(time.time() - start_time))
print('Optimization Finished!')
```

　　有时可能需要同时收集很多项数据，TensorFlow 提供了一个将所有收集数据整合起来的 tf.summary.merge_all()操作，这样相当于在会话中执行操作的同时执行 train_op 和 merged_summary，相当于训练了一次网络并且收集了一次当前状态下的 accuracy、weight、bias 和 loss 的值到 summary 中。随着训练不断执行，收集到的数据值也不断变化。每次在得到要收集的数据之后，通过 add_summary()操作将 event 数据存放到 FileWriter 对象的缓存中，而何时将缓存数据写入硬盘的 event 文件由 FileWriter 对象自己控制。add_summary()操作的第二个参数是 global_step，表示当前数据是第几步生成的，在通过 TensorBoard 展示数据的时候，代表的是横坐标的值。虽然第二个参数 global_step 是可选的，但是建议传入一个表示当前步数的参数。执行代码之后，会将数据保存在 log_graph 文件夹。再次通过 TensorBoard 工具展示数据的代码为：

```
tensorboard –logdir=./log_graph
```

然后在浏览器中输入访问地址 http://127.0.0.1:6006/，效果如图 10.12 和图 10.13 所示。

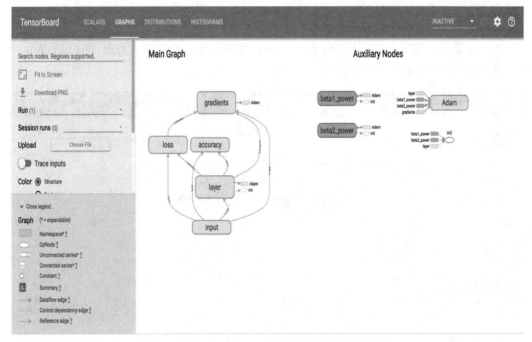

图 10.12　TensorBoard 展示构建的逻辑回归网络

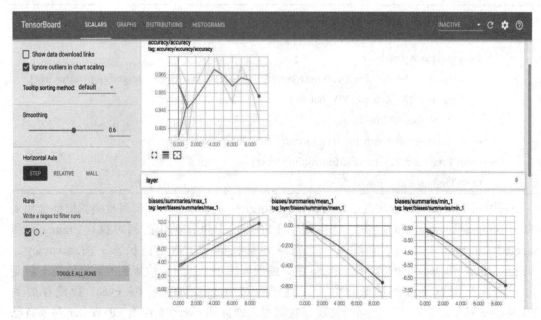

图 10.13　　TensorBoard 展示数据的变化过程

除了查看单一的值在训练过程中变化的趋势以外，还可以利用 tf.summary.histogram 来查看一个任意维度 Tensor 中包含的所有数据的分布。TensorFlow 中 histogram 是展现一些数据分布的百分比情况。

通过 tf.summary.histogram 将多维张量的数据分布记录到 event 文件中，在下面的代码中我们将 weight 和 bias 分布记录下来。

```
tf.summary.histogram("weight",weight)
tf.summary.histogram("bias",bias)
```

运行完成后，通过 TensorBoard 打开文件，用浏览器查看结果，点开 Distributions 菜单，可以看到如图 10.14 所示的图像。

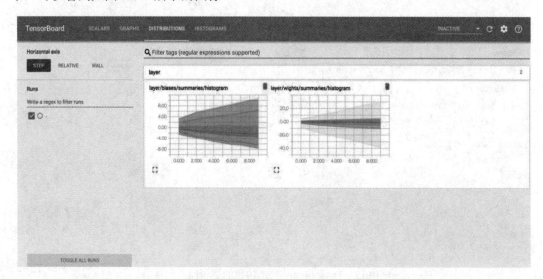

图 10.14　　TensorBoard 展示 weight 和 bias 值的分布变化情况

本 章 小 结

本章首先介绍了 TensorFlow 的基本概念(张量、张量的各种操作变换等)，以及如何在 Window、MAC 环境下安装 TensorFlow 框架；然后基于 TensorFlow 框架结构进行线性回归问题求解，并使用 Tensor Board 观察 TensorFlow 机器学习训练过程中的模型评价指标、数据变化等趋势。

习　　题

1. 试用文字和图来描述机器学习的 TensorFlow 模型框架。
2. 试描述 TensorFlow 中张量、图、操作和会话的作用。
3. TensorFlow 模型框架的 Window、Mac 安装环境之间有什么区别？
4. 如何基于 TensorFlow 框架结构进行线性回归问题求解？
5. 如何使用 Tensor Board 观察机器学习训练过程中单一数据变化的趋势？

第 11 章　卷积神经网络

 本章学习目标:

- 了解卷积神经网络的研究背景、基本特性等
- 理解卷积神经网络的基本工作原理
- 了解卷积神经网络中包含的基本运算,如卷积运算、激励函数、池化计算等
- 掌握卷积神经网络的训练过程
- 应用 TensorFlow 实现卷积神经网络
- 了解几种经典卷积神经网络 LeNet、AlexNet、VGGNet 和 ResNet 的基本原理

卷积神经网络(Convolutional Neural Network, CNN)是一类包含卷积计算且具有深度结构的前馈神经网络(Feedforward Neural Networks),是深度学习的代表算法之一。卷积神经网络具有表征学习(Representation Learning)能力,能够按其阶层结构对输入信息进行平移不变分类(Shift-Invariant Classification),因此也被称为"平移不变人工神经网络(Shift-Invariant Artificial Neural Networks, SIANN),正是靠着卷积神经网络,深度学习在图像识别领域才超越了几乎其他所有的机器学习手段。

11.1　卷积神经网络简介

11.1.1　研究背景

受生物神经网络的启发,卷积神经网络的思想早在 1962 年就被提出。当时 Hubel 和 Wiesel 在研究猫的视觉神经时,发现猫视觉皮层对信息的抽取是一层一层进行的,即每个神经元会对下一层相邻区域的神经元发出电脉冲,进而提出了卷积神经网络的思想。CNN 的工作原理是模仿人类识别图像的多层过程,具体为:瞳孔摄入像素;大脑皮层某些细胞初步处理,发现形状边缘、方向;抽象判定形状(如圆形、方形);进一步抽象判定(如判断物体是气球),历经一系列卷积层、激活函数层(非线性层)、池化(下采样)层和全连接层,最终得到最好的输出,输出可以是描述了图像内容的一个单独分类或一组分类的概率。这些方法可以被归纳为,CNN 可以自动从(通常是大规模)数据中学习特征,并把结果向同类型未知数据泛化。

但是卷积神经网络的发展并不顺利,直到 1998 年现代卷积神经网络的鼻祖 LeNet 才被

Yann LeCun 正式提出。让卷积神经网络真正名声大振的是 AlexNet，它在 2012 年的 ImageNet 图像分类任务比赛中，将以往的成绩提高了将近 10 个百分点，大幅度提升了数据分类精度。这是人工智能发展历史上的一个标志性的事件，可以说是这一波人工智能浪潮的开端。

卷积神经网络仿造生物的视知觉(visual perception)机制构建，可以进行监督学习和非监督学习，其隐含层内的卷积核参数共享和层间连接的稀疏性使得卷积神经网络能够以较小的计算量对格点化(grid-like topology)特征，例如像素和音频进行学习且有稳定的效果，并且对数据没有额外的特征工程(feature engineering)要求。2011 年之前，深度学习能达到图像误识率都是 26%，而在今天这个数字超过人类的误识率(3%)，达到了 1%，如图 11.1 所示。

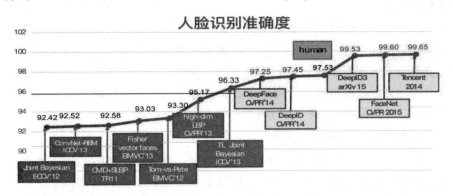

图 11.1　人类及深度学习对人脸图像识别的准确度

11.1.2　卷积神经网络的基本特性

卷积神经网络 (CNN) 构筑的循环神经网络有三个基本的特性：局部稀疏交互(Sparse Interactions)、池化(Pooling)、参数共享(Parameter Sharing)。

1. 局部稀疏交互

卷积网络的稀疏交互(也叫稀疏权重)，是通过使卷积核远小于输入特征图片来达到的。在卷积神经网络中卷积层内每个神经元都与前一层中位置接近区域的多个神经元相连，区域的大小取决于卷积核的大小，被称为感受野(receptive field)，其含义为卷积核只接受有限个输入，使得参数量减小(主要是在学习局部相关性)。卷积核在工作时把每一个隐藏节点只连接到图像的某个局部区域，并有规律地扫过输入特征，在感受野内对输入特征做矩阵元素乘法求和并叠加偏差量，从而减少参数训练的数量。例如，3×3 大小的卷积核，只接受 9 个像素点上的输入。对于一般的视觉也是如此，当观看一张图像时更多的时候关注的是局部，即一个输入单元只和部分输入单元发生交互，一个输出单元也只和部分输出单元发生交互，图 11.2 所示为局部连接交互性。

二维平面通常将位置平面作为重要性分布衡量

图 11.2　局部连接的网络层

标准的依据，距离越近，重要性越大；距离越远，重要性越小。以 2D 图片为例，与当前像素距离小于等于 $k/\sqrt{2}$ 的像素点重要性更高，距离以外重要性低。利用局部相关性的思想，把感受野窗口的高、宽记为 k，当前位置的节点与大小为 k 的窗口内的所有像素相连接，与窗口外的其他像素点无关，此时网络层的输入、输出关系表达如下：

$$O_j = \sigma\left(\sum_{\mathrm{dist}(i,j)\leqslant k/\sqrt{2}} w_{ij}x_i + b_j\right)$$

该问题就是探索 i 层输入节点对于 j 号输出节点的重要性分布，其中 $\mathrm{dist}(i,j)$ 表示节点 i、j 之间的欧氏距离，输入节点为 x_i，输出节点为 O_j，权值矩阵为 w_{ij}，偏差为 b_j。

2. 池化(Pooling)

池化函数使用某一位置的相邻输出的总体统计特征来代替网络在该位置的输出，比如最大池化、平均池化等。不管采用什么样的池化函数，当输入作出少量平移时，池化能够帮助输入的表示近似不变。由于待处理的图像往往都比较大，而在实际过程中没有必要对原图进行分析，能够有效获得图像的特征才是最主要的，因此可以采用类似于图像压缩的思想，对图像进行卷积操作(通过一个下采样过程)来调整图像的大小。

3. 参数共享(Parameter Sharing)

参数共享是指在一个模型的多个函数中使用相同的参数。一般情况下，卷积网络中一个卷积核会作用在输入的每一个位置，这种参数共享保证了我们只需要学习一个参数集合，而不是对每一个输入位置都需要学习一个单独的参数。权值共享就是对于输出节点 O_j，都使用相同的权值矩阵 w。

对于卷积神经网络来说，参数共享和池化的特殊形式使得神经网络层具有平移不变性(Shift-Invariant)。平移不变性是一个很有用的特性，尤其是当我们关心某个特征是否出现而不关心它出现的具体位置时，卷积神经网络的平移不变性就意味着即使图像经历了一个小的平移，依然会产生相同的特征。

假设有平移函数 $g(x)$(例如：$g(I(x,y))=I(x-1,y)$)、卷积函数 $f(x)$、卷积结果 $I(x,y)$。根据卷积公式，卷积操作满足 $f(g(I))=g(f(I))$，即如果输入数据向某个方向平移多少个单位，卷积操作输出数据向同一个方向移动同样的单位长度，就是用一个卷积核从左往右，从上到下按照步长 stride 去遍历完特征图的所有位置，如图 11.3 所示。

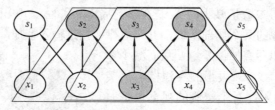

图 11.3　平移不变性 Shift-Invariant 操作

11.1.3　卷积神经网络的应用

卷积神经网络是一种经典的人工神经网络，其中卷积运算(Conv)是卷积神经网络中最明显的标志。在卷积神经网络的具体实现中，可以有很多个卷积层、池化层和全连接，所以网络的层次数量也比较多,被看作是深度的神经网络。卷积神经网络在计算机视觉领域应用非常广泛,最基本的一个应用就是进行图像的分类(俗称图像识别)。当然整个过程最重要的工作就是如何通过训练数据迭代调整网络权重。经过训练的卷积神经网络可以对一幅输入图像进行分类,输出是几个概率值,分别对应几种类别,最终会选取概率值最大的值作为分类的结果。卷积神经网络识别图像的示意图如图 11.4 所示。

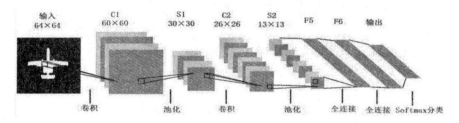

图 11.4 卷积神经网络识别图像示意图

卷积神经网络不仅可以用来进行图像识别,还可以做很多其他的事情,比如下围棋,图 11.5 所示为利用卷积神经网络对下一步棋进行预测。

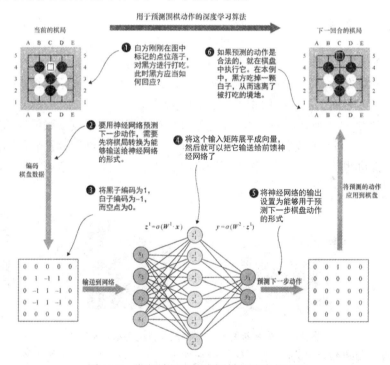

图 11.5 卷积神经网络在围棋策略中的应用

11.2 卷积神经网络的基本运算

卷积神经网络(CNN)通常由 INPUT(输入层)、Convolutional Layer(卷积层)、RELU(激活函数)、Pooling Layer(池化层)、Full Connection(全连接层)和 OUTPUT(输出层)组成。CNN 输出的结果是每幅图像的特定特征空间。当处理图像分类任务时,我们会把 CNN 输出的特征空间作为全连接神经网络层(Fully Connected Neural Network, FCN)的输入，用全连接层来完成从输入图像到标签集的映射，即分类。整个过程最重要的工作就是如何通过训练数据迭代调整网络权重，也就是后向传播算法。目前主流的卷积神经网络(CNNs)比如VGG、ResNet都是由简单的CNN调整、组合而来。图11.6显示的是CNN网络结构示意图。

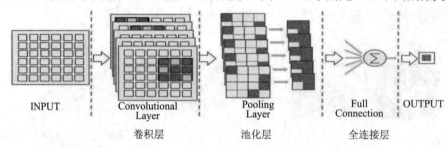

图 11.6　卷积神经网络的结构示意图

11.2.1　卷积神经网络的输入

卷积神经网络的输入层可以处理多维数据，常见的一维卷积神经网络的输入层接收一维或二维数组，其中一维数组通常为时间或频谱采样，二维数组可能包含多个通道；二维卷积神经网络的输入层接收二维或三维数组；三维卷积神经网络的输入层接收四维数组。由于卷积神经网络在计算机视觉领域应用较广，因此许多研究在介绍其结构时预先假设了三维输入数据，即平面上的二维像素点和 RGB 通道。

例如在处理图 11.7 所示的彩色 RGB 图像时，输入层一般代表一张图像的三维像素矩阵，大小通常为 $w \times h \times 3$ 或者 $w \times h \times 1$ 的矩阵，其中这三个维度分别表示图像的宽度、高度、深度。深度也称为通道数，在彩色图像中有 R、G、B 三种色彩通道，而黑白图像只有一种色彩通道。

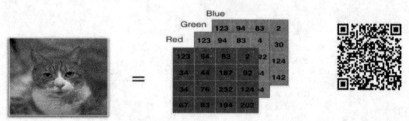

图 11.7　卷积神经网络的输入与特征图像示意图

与其他神经网络算法类似，由于使用梯度下降算法进行学习，卷积神经网络的输入特征需要进行标准化处理。具体的操作是，在将学习数据输入卷积神经网络前，需在通道或时间/频率维对输入数据进行归一化，若输入数据为像素，也可将分布于[0,255]的原始像素值归一化至[0,1]区间。输入特征的标准化有利于提升卷积神经网络的学习效率和表现。

11.2.2　卷积运算

在机器学习和图像处理领域，卷积的主要功能是在一个图像(或某种特征)上滑动一个卷积核(即滤波器)，通过卷积操作得到一组新的特征。卷积操作通过使用过滤器(filter)将当前层神经网络上的子节点矩阵转化为下一层神经网络上的一个节点矩阵，得到的矩阵称之为特征图(feature map)。

假设单一通道输入图像的空间坐标为(x, y)，卷积核大小是 $p \times q$，卷积过程就是卷积核所有权重 w_i 与其在输入图像上对应元素亮度值 v_i 乘积之和，可以表示为

$$\text{conv}_{x,y} = \sum_{i}^{p \times q} w_i v_i$$

在具体实现上，卷积运算就是做矩阵的内积乘法，也就是相同位置的矩阵元素相乘，然后再把相乘之后的值全部加在一起。在卷积神经网络里卷积的具体操作如下：

(1) 从原始图像的左上角开始，选择和卷积核大小相同的区域；

(2) 卷积核沿着从左到右、从上到下的次序扫过特征图，选出来的区域和卷积核上的元素逐个相乘，然后将求和得到的值作为新图像的一像素点的值；

(3) 在原始图片上水平和垂直移动选择区域，重复步骤(2)的操作。移动的步长可以是1 或者大于1(如果步长大于1，得到的新图像尺寸会缩小)；

(4) 有时候为了不让新生成的图片缩小，可以给原始图片添加填充(padding)。

1. 单通道的单卷积核运算

这里以像素矩阵通道等于 1 为例来了解单通道的单卷积核操作过程。首先人为定义一个 3×3 的滤波器 filter 矩阵。滤波器数值这里是手工设置的，大小应该是一个奇数，常见的有 3×3、5×5 或者 7×7，被称作卷积核。实际这些值是网络的参数，通常是随机初始化后通过网络学习得到的。

卷积操作就是滤波器矩阵跟滤波器覆盖的图片局部区域矩阵(如图 11.8 所示 image 中的 3×3 黄色区域)对应的每个元素相乘后累加求和即可得到卷积结果。

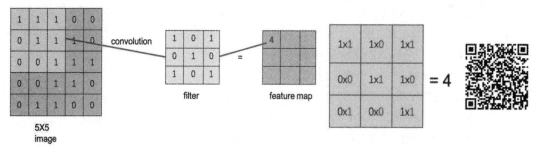

图 11.8　卷积运算的操作过程

图 11.8 中右侧矩阵中的"4"是怎么计算得到的呢？右侧大图详细演示其计算过程，乘号左边的黑色数值来自 5×5 输入 image 对应的局部区域，乘号右边的红色数值是对应的 filter 矩阵的值。

完成上面的卷积操作后，卷积核 filter 会继续移动，然后再进行卷积操作。一次移动的距离称作步长(Stride)。这里设定步长为 1，则向右移动 1 个单元格，在当前区域继续进行卷积操作，得到卷积值。注意，卷积步长只在输入矩阵的长和宽这两个维度实施。单个卷积核在输入矩阵上完成卷积的整个动态过程如图 11.9 所示。

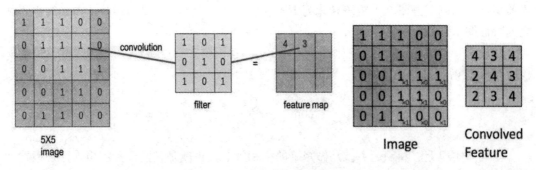

图 11.9　卷积神经网络的动态操作过程

　　卷积层的操作过程就是将上面的卷积核矩阵从输入矩阵的左上角一个步长一个步长地移动到右下角，并将卷积核 kernel 随(x, y)平移扫描，这时假设输入图像大小是 512×512，卷积核是 3×3，在零填充(zero padding)的情况下，得到输出空间是$(512 - 3 + 1) \times (512 - 3 + 1) = 510 \times 510$。可以看到，在卷积过程中要始终保持卷积核矩阵在输入矩阵范围内。在移动过程中计算每一个卷积值，最终计算得到的矩阵就是特征图。当卷积核移动到输入矩阵的最右侧时，下一次将向下移动一个步长，同时从最左侧重新开始。

　　下面我们构造一张高和宽分别为 6 像素和 8 像素的 6×8 图像。它中间 4 列为黑(0)，其余为白(1)。然后构造一个高和宽为 1×2 的卷积核 K，将输入 X 与卷积核 K 做互相关运算，得到输出 Y。训练的目的是不断更新初始化的卷积核参数，使得输入和训练网络中的卷积核运算后结果接近 Y(这里使用 L2 范数损失，并在更新时引入一个惩罚系数)。代码如下：

```
X = nd.ones((6, 8))
X[:, 2:6] = 0
K = nd.array([[1, -1]])
Y = corr2d(X, K)
#构造一个输出通道数为1，核数组形状是(1, 2)的二维卷积层
conv2d = nn.Conv2D(1, kernel_size=(1, 2))
conv2d.initialize()        #参数初始化
#数据变换 reshape 成(样本, 通道, 高, 宽)的图像格式
X = X.reshape((1, 1, 6, 8))
Y = Y.reshape((1, 1, 6, 7))
    batch=15
        for i in range(batch):
            with autograd.record():
                Y_hat = conv2d(X)
                l = (Y_hat - Y) ** 2
            l.backward()
            conv2d.weight.data()[:] -= 3e-2 * conv2d.weight.grad()      #3e-2 为惩罚系数
if (i + 1) % 2 == 0:
    print('batch %d, loss %.3f' % (i + 1, l.sum().asscalar()))
```

每两个 batch 打印一下损失：

batch 2, loss 4.949

batch 4, loss 0.831

batch 6, loss 0.140

batch 8, loss 0.024

batch 10, loss 0.004

batch 12, loss 0.001

batch 14, loss 0.000

经过 15 次迭代损失最小化，来看一下学习的效果：

conv2d.weight.data().reshape((1, 2))

输出：

[[0.9984094 -0.9991071]]

<NDArray 1x2 @cpu(0)>

2. 多通道的多卷积核运算

在实际应用中输入层通常包含多个矩阵的叠加，也就是多通道输入层结构，如图
11.10 所示。

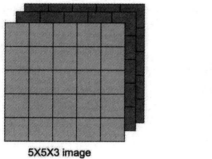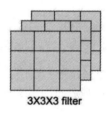

图 11.10　多通道的输入层结构

因此，对于彩色图像包含 3 通道结构的情况，卷积神经网络并不学习单一核中的参
数，而是同时学习多层卷积，每一层有多个卷积核。卷积核的深度由输入矩阵的深度决
定。图 10.11 中输入矩阵包含了三个通道的数据，那么卷积核也会包含三个矩阵。卷积计
算过程与之前不同的地方在于，每一层的卷积核在与对应层的输入矩阵进行卷积后，会接
着再把各个层计算的结果相加得到输出值，如图 11.11 所示。

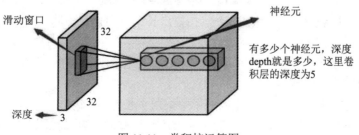

图 11.11　卷积核运算图

假设卷积核大小为 $w_f \times h_f \times c_f$，对应的元素用 u 表示，输入矩阵的元素用 a 表示，那么在卷积层的计算过程中，特征图矩阵中第 i 个节点的取值为

$$g(i) = \sum_{x=1}^{w_f}\sum_{y=1}^{h_f}\sum_{z=1}^{c_f}\left(a_{x,y,z} + u_{x,y,z}^i\right)$$

其中 i 表示卷积核在输入矩阵从左上角向右下角根据步长移动时对应的位置信息。

一个卷积核可以针对一个特征进行提取。实际物体通常会包含多个显著特征，我们通常设置多个卷积核来提取不同的特征。例如，使用 2 个卷积核来进行卷积，就得到 2 个相同大小的特征图。这些特征图会重新组合成为深度为 2 的图片，作为下一层卷积输入。使用多层卷积核来提取更深层次的特征图，W_1 为输入 image 矩阵宽，H_1 为输入矩阵高，F 为卷积核 filter 的宽和高，P 为 padding 边界填充(需要填充 0 的个数)，N 为卷积核 filter 个数，S 为步长 Stride。width、height 分别为卷积后输出矩阵的宽和高。具体计算过程如下：

$$\text{width} = \frac{W_1 - F + 2P}{S} + 1$$

$$\text{height} = \frac{H_1 - F + 2P}{S} + 1$$

$$D = N$$

当 conv2d(), max_pool( ) 中的 padding = 'SAME' 时，width = W，height = H，当 padding = 'valid' 时，P = 0。

输出图像大小为(width，height，D)

举例，如果输入图像 input volume 为 $32 \times 32 \times 3$，通过 5×5 卷积核 filters，步长 Stride 为 1，边界填充 P 值为 2；输出图像 output volume 的 width 和 height 为(32 − 5 + 2 × 2)/1 + 1 = 32，D 为 5 + 5 = 10，则输出图像大小为(32 × 32 × 10)。多卷积核运算过程如图 11.12 所示。

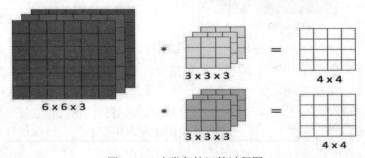

图 11.12　多卷积核运算过程图

注意卷积层的卷积核可能不止一个，扫描步长、方向也有不同，这些进阶方式可以归纳如下：

(1) 可以采用多个卷积核，设为 n 个卷积核同时扫描，得到的特征图会增加 n 个维度，通常认为是多抓取 n 个特征；

(2) 可以采取不同扫描步长。比如例子中采用步长为 n，输出是(510/n，510/n)；

(3) 填充 padding。上例里卷积过后图像维度是缩减的，可以在图像周围填充 0 来保证

特征图与原始图像大小不变；

(4) 深度升降。例如采用增加一个 1×1 卷积核 kernel 来增加深度，相当于复制一层当前通道作为特征图；

(5) 跨层传递特征图，不再局限于输入即输出实现传递特征。例如残差网络 ResNet 通过 Res 层保证各个层级的特征可以随意组合，让有用的特征传递到最终的特征层；深度学习目标检测框架 Faster RCNN 利用 POI pooling 层保证任意大小特征图输入都完成指定大小输出。

CNN 中所用的卷积是一种 2D 卷积，即卷积核只能在 x,y 上滑动位移，不能进行深度 (跨通道)位移。多通道的卷积计算可以根据图 11.13 来理解，对于图中的 RGB 图像，采用三个独立的 2D 卷积核，这里蓝色矩阵就是输入的图像，粉色矩阵就是卷积层的神经元，这里表示有两个神经元(W_0, W_1)，绿色矩阵就是经过卷积运算后的输出矩阵，步长设置为 2。

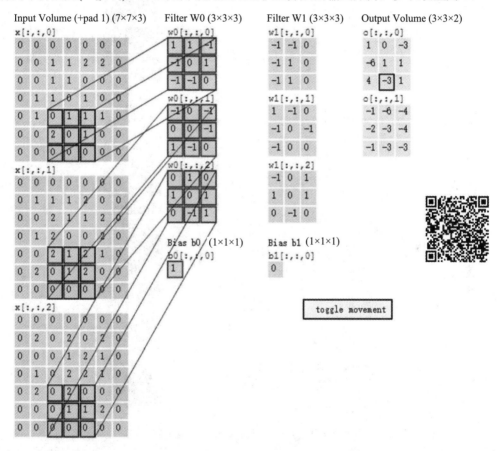

图 11.13　多通道的多卷积核操作

那么填充值是什么呢？比如有一个 5×5 的图片，而滑动窗口取 2×2，步长取 2，那么会剩下 1 个像素没法滑完，这时需要在原先的矩阵上加一层填充值，使其变成 6×6 的矩阵，那么窗口就可以刚好把所有像素遍历完，这就是填充值的作用。(注意，上面蓝色矩阵周围有一圈灰色的框，就是所说到的填充值)。蓝色的矩阵(输入图像)对粉色的卷积核矩阵进行矩阵内积计算并将三个内积运算的结果与偏置值 b 相加。例如图 11.13 的计算过程为：$(1-1-2+1)+(-2-2-2)+(2+1)+1=-1-6+3+1=-3$，计算后的输出值就是绿色矩阵的一个元素。

　　卷积运算的目的是简化复杂的数据表达，过滤掉复杂数据中多余的噪声，提取出图像的关键特征，这也是为什么卷积应用被称作滤波，而卷积核被称作滤波器。根据不同卷积核的计算方式，对原图像(Identity)进行边缘检测(Edge Detection)、锐化(Sharpen)、均值模糊(Box Blur)、高斯模糊(Gaussian Blur)等卷积操作会得到不同的特征提取效果，如图 11.14 所示。

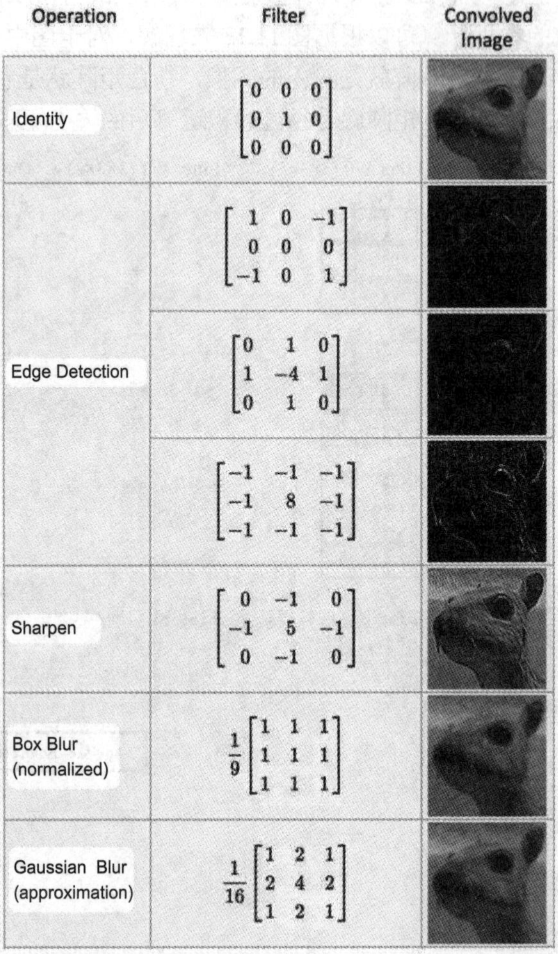

Operation	Filter	Convolved Image
Identity	$\begin{bmatrix} 0 & 0 & 0 \\ 0 & 1 & 0 \\ 0 & 0 & 0 \end{bmatrix}$	
Edge Detection	$\begin{bmatrix} 1 & 0 & -1 \\ 0 & 0 & 0 \\ -1 & 0 & 1 \end{bmatrix}$	
	$\begin{bmatrix} 0 & 1 & 0 \\ 1 & -4 & 1 \\ 0 & 1 & 0 \end{bmatrix}$	
	$\begin{bmatrix} -1 & -1 & -1 \\ -1 & 8 & -1 \\ -1 & -1 & -1 \end{bmatrix}$	
Sharpen	$\begin{bmatrix} 0 & -1 & 0 \\ -1 & 5 & -1 \\ 0 & -1 & 0 \end{bmatrix}$	
Box Blur (normalized)	$\frac{1}{9}\begin{bmatrix} 1 & 1 & 1 \\ 1 & 1 & 1 \\ 1 & 1 & 1 \end{bmatrix}$	
Gaussian Blur (approximation)	$\frac{1}{16}\begin{bmatrix} 1 & 2 & 1 \\ 2 & 4 & 2 \\ 1 & 2 & 1 \end{bmatrix}$	

图 11.14　不同卷积核的边缘检测、锐化、均值模糊、高斯模糊效果图

11.2.3　图像边界填充

　　由图像卷积核的交叉相关计算可知，随着卷积层的堆叠，特征图的尺寸会逐步减小，例如尺寸为 7×7 的原始输入图像在经过单位步长、无填充的 3×3 的卷积核后，会输出 5×5 的特征图。这就造成卷积后图片和卷积前图片尺寸不一致，这显然不是我们想要的结果，所以为了避免这种情况，需要先对原始图片做边界填充处理。填充是在特征图通过卷

积核之前人为增大其尺寸以抵消计算中尺寸收缩影响的方法。常见的填充方法为按 0 填充和重复边界值填充(replication padding)，如图 11.15 所示。

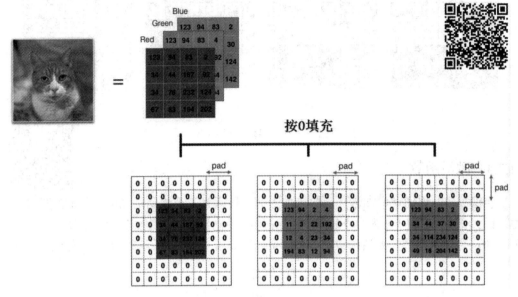

图 11.15　添加填充示意图

填充(Padding)操作依据其层数和目的可分为三类：

(1) 有效填充(valid padding)：完全不使用填充，卷积核 filter 只允许访问特征图中包含完整感受野的位置。步长 stride 输出的所有像素都是输入中相同数量像素的函数。使用有效填充的卷积被称为窄卷积(narrow convolution)，窄卷积输出的特征图尺寸为$(n-f)/s+1$。

(2) 相同填充/半填充(same/half padding)：只进行足够的填充来保持输出和输入的特征图尺寸相同。相同填充下特征图的尺寸不会缩减但输入像素中靠近边界的部分相比于中间部分对于特征图的影响更小，即存在边界像素的欠表达。使用相同填充的卷积被称为等长卷积(equal-width convolution)。为了保证输出尺寸不变，输入的图像先用 0 填充，保证输出的 shape 和输入的实际 shape 一样。

(3) 全填充(full padding)：进行足够多的填充使得每个像素在每个方向上被卷积核 filter 访问的次数相同。假设图片尺寸为n，卷积尺寸为f(奇数)，步长 stride 为 1 时，全填充输出的特征图尺寸为$n+f-1$，大于输入值。使用全填充的卷积被称为宽卷积(wide convolution)。

卷积滤波函数的用法为

```
C=conv2(A,B,shape);  #卷积滤波
```

对于卷积滤波 C=conv2(A, B, shape)，假设 A 为输入图像，B 为卷积核。若输入图像 A 的大小为$[M_a, N_a]$，卷积核 B 大小为$[M_b, N_b]$，C = conv2(, 'shape')用来指定 conv2 返回二维卷积结果部分，如图 11.16 所示，参数 shape 可取值如下：

• full 为缺省值，表示返回全部二维卷积的结果，即返回 size(C) = $[M_a+M_{b-1}, Na+N_{b-1}]$；

• same 表示返回与 A 大小相同的卷积中心部分；

• valid 表示在卷积过程中不考虑边缘补零，即只要有边界补出的零参与运算的卷积结果部分，当 size(A)＞size(B)时，size(C) = $[M_a-M_{b+1}, N_a-N_{b+1}]$。

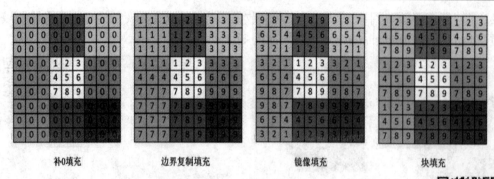

补0填充　　　　　　边界复制填充　　　　　　镜像填充　　　　　　块填充

图 11.16　填充后的图像

11.2.4　激活函数

卷积神经网络通过增加激活函数来加入非线性因素，也就是增加网络的非线性分割能力。因为线性模型的表达力不够，所以卷积神经网络在卷积操作之后通常会加入偏置 (Bias, b)，并引入非线性激活函数(Activation function)，经过激活函数 $h()$ 后，得到的结果是

$$z_{x,y} = h\left(\sum_{i}^{p*q} w_i v_i + b\right)$$

这里的偏置(Bias)不与元素位置相关，只与层有关。主流的激活函数有 Sigmoid 函数、Tanh 函数和 ReLU(线性整流单元)函数等，如图 11.17 所示。

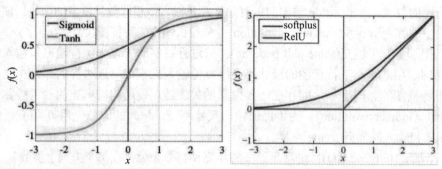

图 11.17　Sigmoid、tanh 和 ReLU 激活函数

Sigmoid 和 Tanh 在 x 趋于无穷的两侧，都出现了导数为 0 的现象，成为软饱和激活函数，也就是造成梯度消失，从而无法更新网络状态。Sigmoid 和 tanh 作为激活函数，一定要注意对 input 进行归一化，否则激励后的值都会进入平坦区，使隐层的输出全部趋同，但是 ReLU 并不需要输入归一化来防止它们达到饱和。

ReLU 是一个非常优秀的激活函数，相比较于传统的 Sigmoid 函数，ReLU 的主要特点是单侧抑制、相对宽阔的兴奋边界和稀疏激活性，三个作用具体如下：

(1) 防止梯度弥散。Sigmoid 的导数只有在 0 附近的时候有比较好的激活性，在正负饱和区的梯度都接近于 0，这会造成梯度弥散，而 ReLU 函数在大于 0 的部分梯度为常数，所以不会产生梯度弥散现象。

(2) 加快计算。ReLU 函数的导数计算更快，程序实现就是一个 if-else 语句，而 Sigmoid

函数要进行浮点四则运算。

(3) 稀疏激活性。稀疏激活性是指使得部分神经元输出为 0，造成网络的稀疏性，缓解过拟合现象。ReLU 函数在负半区的导数为 0，所以一旦神经元激活值进入负半区，梯度就会为 0，也就是说这个神经元不会经历训练，即所谓的稀疏性。但是当稀疏过大的时候，会出现大部分神经元死亡的状态，因此还有改进版的 PReLU(Parametric Rectified Linear Unit)即带参数的 ReLU 来改进左侧的分布。

TensorFlow 中实现卷积神经网络的 ReLU 激活函数为 tf.nn.relu(features, name = None)，即 ReLU 函数 $f(x) = \max(x, 0)$，将大于 0 的保持不变，小于 0 的数置为 0。

```
import tensorflow as tf
a = tf.constant([-1.0, 2.0])
with tf.Session() as sess:
    b = tf.nn.relu(a)
    print sess.run(b)
#以上程序输出的结果是：[0. ,2.]
```

ReLU 函数通过构建稀疏矩阵(大多数元素为 0 的矩阵)去除数据中的冗余，最大可能保留数据的特征。因为稀疏特性的存在，ReLU 层把所有的负激活(negative activation)都变为零，这一层会增加模型乃至整个 CNN 神经网络的非线性特征，使得 CNN 神经网络的运算效果又好又快，而且不会影响卷积层的感受野。

11.2.5　池化计算

池化(Pooling)是一种降采样(Subsampling)操作，通过选取图像的一个区域(比如 2×2 大小的区域)，然后用一个个点来表示，这些点代表这块区域的主要信息。池化过程的主要目标是降低特征空间(Feature Maps)，或者是过滤掉一些不重要的高频信息。因为 feature map 参数太多，而图像细节不利于高层特征的抽取。最常见的池化操作有最大值池化(Max-Pooling)和平均值池化(Avg-Pooling)等方式。Pooling 操作如图 11.18 所示。

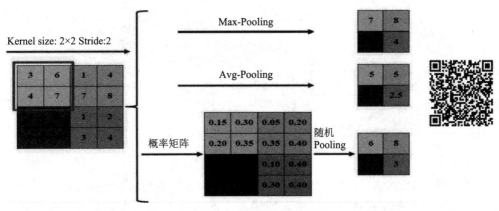

图 11.18　池化(Pooling)过程示意图

目前主要的池化(Pooling)操作有：
- 最大值池化(Max-Pooling)：2 × 2 的 Max-Pooling 就是取 4 个像素点中的最大值保留；

- 平均值池化 Avg-Pooling：2×2 的 Avg-Pooling 就是取 4 个像素点中的平均值保留；
- L2 池化(L2 Pooling)：对局部区域中的像素值采用 L2 规则化计算，即取均方值保留。

Tensor Flow 使用 tf.nn.max_pool(value, ksize, strides, padding, name=None)实现最大池化操作。其中，value 表示 4-D Tensor 形状，[batch,height,width,channels]；ksize 表示池化窗口大小，[1, ksize, ksize,1]；strides 表示步长大小，[1, strides, strides,1]；padding 表示填充算法的类型，可以取"SAME""VALID"，一般使用"SAME"。

11.2.6　全连接层

CNN 的全连接层(Fully Connected Layers，FC)在整个卷积神经网络中起到"分类器"的作用。如果说前面的卷积层、池化层和激活函数层等操作相当于做特征工程，后面的全连接层则相当于做特征加权。全连接就是矩阵乘法，即将原始数据映射到隐层特征空间，相当于一个特征空间变换，全连接层则起到将学到的"分布式特征表示"映射到样本标记空间的作用，可以把前面所有有用的信息提取整合。再加上激活函数的非线性映射，多层全连接层理论上可以模拟任何非线性变换，但缺点也很明显：无法保持空间结构。

不同于 CNN 的滑动卷积，全连接网络每一层所有单元与上一层完全连接，如图 11.19 所示。对于第 L 层的第 i 个神经元，a_i 为输出，b_j 为偏差，具体的计算方式如下：

$$z_i(L) = \sum_{j=1}^{n_{l-1}} w_{ij}(L)a_j(L-1) + b_j(L)$$

考虑激活函数 $h(\cdot)$ 之后，对于第 L 层的第 i 个神经元，输出是

$$a_i(L) = h(z_i(L))$$

计算这一层中的所有神经元之后，作为下一层的输入。

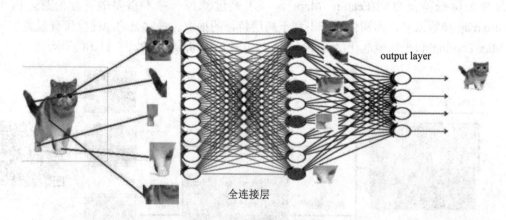

图 11.19　全连接层结构图

在设计 CNN 网络时，设定的每层神经元代表一个学习到的中间特征(即几个权值的组合)，网络所有神经元共同作用来表征输入数据的特定属性(如图像分类中表征所属类别)。相对于网络的复杂程度(即网络的表达能力、拟合能力)而言数据量过小时，出现过拟合，显然这时各神经元表示的特征相互之间存在许多重复和冗余。Dropout 作为一种预

防 CNN 过拟合的正则化方法，其直接作用是减少中间特征的数量，从而减少冗余，即增加每层各个特征之间的正交性(数据表征的稀疏性观点也恰好支持此解释)。

卷积神经网络做分类的时候，只是在最后的全连接层使用 Dropout，Dropout 层一般加在全连接层防止过拟合，提升模型泛化能力。Dropout 概率值在 0.4~0.6 之间选取。经过交叉验证，隐含节点 Dropout 概率等于 0.5 的时候效果最好，原因是 0.5 的时候 Dropout 随机生成的网络结构最多。如果过拟合明显好转，但指标也下降明显，可以尝试减少 Dropout(0.2)。Dropout 也可以被作为一种添加噪声的方法，直接对 input 进行操作。输入层设为更接近 1 的数，使得输入变化不会太大(0.8)。输入层的随机采样选取的比较多，随机扔掉的比较少，通常训练集的概率在 0.1 左右，中间层可以选取 0.5 左右。决定 Dropout 之前，需要先判断是否模型过拟合 Dropout = 0，训练后得到模型的一些指标(比如 F1、Accuracy、AP)。

目前由于全连接层参数冗余(仅全连接层参数就占整个网络参数的 80%左右)，一些性能优异的网络模型如 ResNet 和 GoogLeNet 等均用全局平均池化(Global Average Pooling，GAP)取代 FC 来融合学到的深度特征，最后仍用 softmax 等损失函数作为网络目标函数来指导学习过程。需要指出的是，用 GAP 替代 FC 的网络通常有较好的预测性能。

11.2.7　卷积神经网络的训练过程

卷积神经网络的训练过程分为两个阶段。第一个阶段是数据由低层次向高层次传播的阶段，即前向(正向)传播(Forward Propagation)阶段；另外一个阶段是当前向传播得出的结果与预期不相符时，将误差从高层次向底层次进行传播训练的阶段，即反向(后向)传播(Back Propagation)阶段。CNN 训练过程如图 11.20 所示。

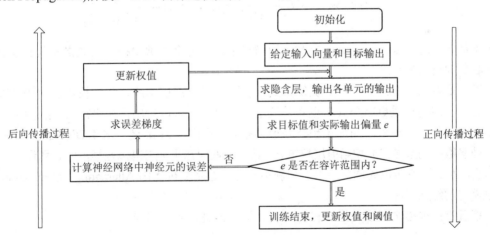

图 11.20　卷积神经网络的训练过程

CNN 训练步骤如下：

第一步：网络进行权值的初始化。

第二步：输入数据经过卷积层、下采样层、全连接层的前向传播得到输出值。

第三步：求出网络的输出值与目标值之间的总误差，求出输出层 n 的输出 $a(n)$ 与目标值 y 之间的误差。计算公式为

$$\delta(n) = -(y - a(n)) * f(z(n))$$

其中，$\delta(n)$为激励函数的导函数的值。

第四步：当误差大于期望值时，则进行反向传播过程。求出结果与期望值的误差，再将误差一层一层返回，该过程的主要目的是通过训练样本和期望值来调整网络权值。每一层造成的误差值是不一样的，所以当我们求出网络的总误差之后，需要将误差传入网络中，求得各层对于总误差应该承担多少比重。当误差等于或小于期望值时，结束训练。

CNN 网络的训练误差需要通过一个目标函数来衡量，目前比较流行的目标函数是均方误差(Mean Square Error)和 K-L 散度(K-L Divergence)。

均方误差(Mean Square Error，MSE)：

$$E = \frac{1}{2}\sum_{j=1}^{n_L}(r_j - a_j(L))^2$$

K-L 散度(K-L Divergence)：

$$E = -\frac{1}{n_L}\sum_{j=1}^{n_L}[r_j \ln a_j(L) + (1 - r_j)\ln(1 - a_j(L))]$$

其中 r_j 是期望输出(标注标签)，$a_j(L)$是第 L 层的第 j 个神经元的输出。

通常 K-L Divergence 的权重更新会比 MSE 更快。如果仅仅考虑最后一层的更新，通过梯度下降，可以算出权重 w_{ij} 和 b_i 的更新方式：

$$w_{ij}(l) \leftarrow w_{ij}(l) - \alpha \frac{\nabla E}{\nabla w_{ij}(l)}, \quad b_i(l) \leftarrow b_i(l) - \alpha \frac{\nabla E}{\nabla b_i(l)}$$

其中 α 是学习速率(learning rate)，如果 α 取值过大，可能会收敛于振荡；如果 α 取值过小，可能收敛速度太慢。

以上是网络只有最后一层的训练方式，实际上对于深层网络，我们很难一次通过数学计算出每一层的权重更新公式，也就是权重很难更新。可以看出，如果想要训练网络，就需要根据误差更新权重，而如果想要获得误差 E，不论是 MSE 还是 K-L Divergence，都需要两种参数：期望输出 r 和当前层权重 a。其中，期望输出 r 来自标签集，而 a 和误差 E 相互影响。那么，就可以先固定一方，更新另一方，这是交替优化(Alternating Optimization)多参数模型的经典思路。

第五步：根据求得误差进行权值更新。然后再进入到第二步。

11.3　用 TensorFlow 实现卷积神经网络

本节介绍在 TensorFlow 框架下如何实现卷积神经网络，相比全连接网络，卷积神经网络多了一个卷积操作和一个池化操作。在 TensorFlow 中卷积和池化操作已经实现，我们只需要调用相关的 API。

11.3.1 TensorFlow 的卷积操作

1. TensorFlow 卷积操作 conv 函数说明

TensorFlow 中提供了对一维、二维、三维数据的卷积操作函数 conv，同时也可以用于进行多项式的乘法运算，相应的函数分别是 tf.nn.conv1d()、tf.nn.conv2d()和 tf.nn.conv3d()。其中最常用的 tf.nn.conv2d()函数的定义如下：

    tf.nn.conv2d(input,filter,strides,padding,use_cudnn_on_gpu=None,data_format=None,name=None)

● input 为输入数据，是一个 4 维的张量。每一维值的含义是[batch 大小，图片的高度，图片的宽度，图片的通道数]。第一个值 batch 大小的含义是：在训练的时候，通常不会一个一个样本去训练，而是会好多个样本一块输入，目的是为了让学习过程和收敛方向更加一致。第二个和第三个值表示图片的高度和宽度的像素值。第四个值表示图片的通道数。比如，输入的图片可能是 RGB 这 3 个颜色通道的，在经过多个卷积核卷积之后，也会变成和核卷积个数对应的通道数。

● filter 为卷积核的参数，这是一个 4 维的张量。如图 11.21 所示。每一个维值的含义是[卷积核的高度，卷积核的宽度，输入的通道个数，输出的通道个数]。前面两个值分别是卷积核的高和宽，第三个值表示进行卷积操作时输入的数据有多少个通道，第四个值是输出的通道个数，相当于这一层的卷积运算有多少个卷积核。

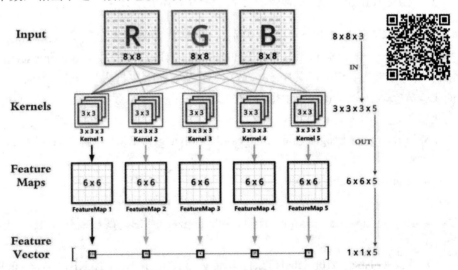

图 11.21 输入为 3 个通道，输出为 5 个通道的卷积计算细节

● strides 为步长，这是一个长度为 4 的向量。第一个值表示 batch 的大小，第二个值表示在卷积核进行移动时垂直方向上每次移动的距离，第三个值表示在卷积核进行移动时水平方向上每次移动的距离，第四个值表示通道数。

● padding 表示在卷积操作时是否进行边缘填充，取值类型是字符串。可选的取值有 SAME 和 VALID。

2. TensorFlow 的池化操作

TensorFlow 池化操作有最大池化和平均池化，对应的函数是 tf.nn.max_pool()、tf.nn.

avg_pool()。

　　最大池化函数的定义如下：

　　　　tf.nn.max_pool(value, ksize, strides, padding, data_format='NHWC', name=None)

　　平均池化函数的定义如下：

　　　　tf.nn. avg_pool(value, ksize, strides, padding, data_format='NHWC', name=None)

　　它们的区别就是一个是计算最大值，另一个是计算平均值，参数的含义都一样，具体解释如下：

- value 为输入数据，和前面卷积操作的输入数据含义一样，是一个4维的张量。每一维值的含义是[batch 大小，图片的高度，图片的宽度，图片的通道数]。
- ksize 为池化窗口的大小，是一个具有 4 个长度大小的向量[batch，height，width，channels]，其中第一个值是 batch 的大小，第二个值是池化窗口的高度，第三个值是池化窗口的宽度，第四个值是图片的通道数。
- strides 为步长，其含义和卷积操作的步长参数一样。
- padding 为填充参数，其含义和卷积操作的 padding 参数一样。
- data_format 为输入数据的格式，它为字符串类型，可选的值有 NHWC 和 NCHW。
- name 为操作的名字，为字符串类型。

11.3.2　用 TensorFlow 实现 MNIST 手写体识别

　　使用 CNN 完成 MNIST 手写体识别，MNIST 数据集来自美国国家标准与技术研究所(National Institute of Standards and Technology，NIST)。训练集(training set)由来自 250 个不同人手写的数字构成，其中 50%是高中学生、50%来自人口普查局(the Census Bureau)的工作人员，测试集(test set)也是同样比例的手写数字数据。官网提供的可供下载的数据集如下：

- Training set images: train-images-idx3-ubyte.gz(9.9 MB，解压后 47 MB，包含 60 000 个样本)。
- Training set labels: train-labels-idx1-ubyte.gz(29 KB，解压后 60 KB，包含 60 000 个标签)。
- Test set images: t10k-images-idx3-ubyte.gz(1.6 MB，解压后 7.8 MB，包含 10 000 个样本)。
- Test set labels: t10k-labels-idx1-ubyte.gz(5 KB，解压后 10 KB，包含 10 000 个标签)。

　　由图片生成的训练数据是图片文件。如图 11.22 所示，图片大小为 28 × 28，共有 RGB 三个通道。构造了一个含单隐藏层的多层感知机模型来对 Fashion-MNIST 数据集中的图像进行分类。每张图像的高和宽均是 28 像素。将图像中的像素逐行展开，得到长度为 784 的向量，并输入全连接层。然而，这种分类方法有一定的局限性。

　　(1) 同一列邻近的像素在这个向量中可能相距较远。它们构成的模式可能难以被模型识别。

　　(2) 对于大尺寸的输入图像，使用全连接层容易造成模型过大。假设输入是高和宽均为 1000 像素的彩色照片(含 3 个通道)，全连接层输出个数仍是 256，该层权重参数的形状是 3000000 × 256，它占用了大约 3 GB 的内存或显存。这带来过复杂的模型和过高的存储开销。

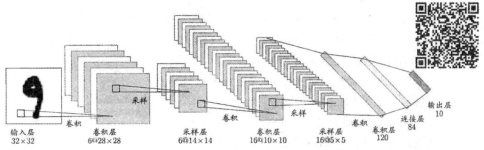

图 11.22　MNIST 手写体数字图片识别模型结构

卷积层尝试解决这两个问题。一方面，卷积层保留输入形状，使图像的像素在高和宽两个方向上的相关性均可能被有效识别；另一方面，卷积层通过滑动窗口将同一卷积核与不同位置的输入重复计算，从而避免参数尺寸过大。代码如下：

```
# 输入层
# 定义两个 placeholder
x = tf.placeholder(tf.float32, [None, 784]) # 28*28
y = tf.placeholder(tf.float32, [None, 10])
# 改变 x 的格式转为 4 维的向量[batch,in_hight,in_width,in_channels]
x_image = tf.reshape(x, [-1, 28, 28, 1])
# 卷积、激励、池化操作
# 初始化第一个卷积层的权值和偏置
W_conv1 = weight_variable([5, 5, 1, 32]) # 5*5 的采样窗口，32 个卷积核从 1 个平面抽取特征
b_conv1 = bias_variable([32]) # 每一个卷积核一个偏置值
# 把 x_image 和权值向量进行卷积，再加上偏置值，然后应用于 ReLU 激活函数
h_conv1 = tf.nn.relu(conv2d(x_image, W_conv1) + b_conv1)
h_pool1 = max_pool_2x2(h_conv1) # 进行 max_pooling 池化层
# 初始化第二个卷积层的权值和偏置
W_conv2 = weight_variable([5, 5, 32, 64]) # 5*5 的采样窗口，64 个卷积核从 32 个平面抽取特征
b_conv2 = bias_variable([64])
#把第一个池化层结果和权值向量进行卷积再加上偏置值，然后应用 ReLU 激活函数
h_conv2 = tf.nn.relu(conv2d(h_pool1, W_conv2) + b_conv2)
h_pool2 = max_pool_2x2(h_conv2) # 池化层
#28*28 的图片第一次卷积后还是 28*28，第一次池化后变为 14*14
# 第二次卷积后变为 14*14，第二次池化后变为了 7*7
# 经过上面操作后得到 64 张 7*7 的平面
# 全连接层
# 初始化第一个全连接层的权值
W_fc1 = weight_variable([7 * 7 * 64, 1024])
```

```
# 经过池化层后有 7*7*64 个神经元，全连接层有 1024 个神经元
b_fc1 = bias_variable([1024]) # 1024 个节点
# 把池化层 2 的输出扁平化为 1 维
h_pool2_flat = tf.reshape(h_pool2, [-1, 7 * 7 * 64])
# 求第一个全连接层的输出
h_fc1 = tf.nn.relu(tf.matmul(h_pool2_flat, W_fc1) + b_fc1)
# keep_prob 用来表示神经元的输出概率
keep_prob = tf.placeholder(tf.float32)
h_fc1_drop = tf.nn.dropout(h_fc1, keep_prob)
# 初始化第二个全连接层
W_fc2 = weight_variable([1024, 10])
b_fc2 = bias_variable([10])
# 输出层
# 计算输出
prediction = tf.nn.softmax(tf.matmul(h_fc1_drop, W_fc2) + b_fc2)
# 交叉熵代价函数
cross_entropy = tf.reduce_mean(tf.nn.softmax_cross_entropy_with_logits(labels=y, logits=prediction))
# 使用 AdamOptimizer 进行优化
train_step = tf.train.AdamOptimizer(1e-4).minimize(cross_entropy)
# 结果存放在一个布尔列表中(argmax 函数返回一维张量中最大的值所在的位置)
correct_prediction = tf.equal(tf.argmax(prediction, 1), tf.argmax(y, 1))
# 求准确率(tf.cast 将布尔值转换为 float 型)
accuracy = tf.reduce_mean(tf.cast(correct_prediction, tf.float32))
```

11.4　几种经典的卷积神经网络

前面介绍了最基本的卷积神经网络，也用一个最简单的例子来展示了如何用 TensorFlow 实现。那么这样一个简单的卷积神经网络是否可以应用于高准确率的图像识别呢？答案是"还达不到业内最好的效果"。本节继续介绍几种常见的卷积神经网络的结构，其出现的顺序为 LeNet、AlexNet、VGGNet 和 ResNet。目前图像分类中的 ResNet、目标检测领域占统治地位的 Faster R-CNN、分割中最牛的 Mask-RCNN、UNet 和经典的 FCN 都是以上面几种常见网络为基础的。

11.4.1　LeNet 网络

LeNet 诞生于 1994 年，由深度学习三巨头之一的 Yan LeCun 提出，他也被称为卷积神经网络之父。LeNet 主要设计用来进行手写数字、字符的识别与分类的卷积神经网络，准确率达到了 98%，并在美国大多数银行中投入使用，通过它来识别支票上面的手写数字。LeNet 奠定了现代卷积神经网络的基础，图 11.23 为 LeNet 网络结构图。

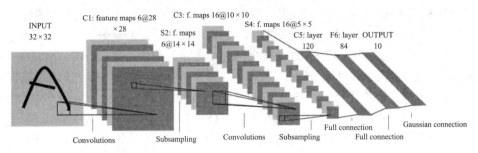

图 11.23 LeNet-5 网络结构

LeNet-5 是一个 5 层卷积神经网络，它接受 32×32 大小的数字和字符图片，每个卷积层包括三部分：卷积、池化和非线性激活函数(sigmoid 激活函数)。图 11.22 中 C 代表卷积层，S 代表下采样层，F 代表全连接层)，LeNet-5 网络结构共分为输入层(INPUT)、卷积层(Convolutions，C1)、池化层(Subsampling，S2)、卷积层(C3)、池化层(Subsampling，S4)、卷积层(C5)、全连接层(F6)、输出层(径向基层)。经过第一个卷积层得到[b, 28, 28, 6]形状的张量，经过一个向下采样层，张量尺寸缩小到[b, 14, 14, 6]，经过第二个卷积层得到[b, 10, 10, 16]形状的张量，同样经过一个向下采样层，张量尺寸缩小到[b, 5, 5, 16]，在进入全连接层之前，先将张量打成[b,400]的张量，送入输出节点数分别为 120、84 的 2 个全连接层，得到[b, 84]的张量，最后通过 Gaussian connections 层。LeNet-5 各层神经网络的参数整理如表 11.1 所示。

表 11.1 LeNet-5 各层神经网络的参数

层 名 称	Kernel Size	Activation Shape	Activation Size
输入层	/	(32, 32, 1)	1024
卷积层 C1	5×5	(28, 28, 6)	4704
池化层 S2	2×2，stride = 2	(14, 14, 6)	1176
卷积层 C3	5×5	(10, 10, 16)	1600
池化层 S4	2×2，stride = 2	(5, 5, 16)	400
全连接层 F5	120×5×5	(120, 1)	120
全连接层 F6	120	(84, 1)	84
输出层 Softmax	84	(10, 1)	10

LeNet-5 网络是针对灰度图进行训练的，输入图像大小为 32×32×1，不包含输入层的情况下共有 7 层，每层都包含可训练参数(连接权重)。

(1) C1 层是一个卷积层。通过卷积运算，可以增强原信号特征并且降低噪音。C1 层使用 6 个 5×5 大小的过滤器，步长 s = 1，padding = 0。即：由 6 个特征图(Feature Map)构成，特征图中每个神经元与输入中 5×5 的邻域相连，输出得到的特征图大小为 28×28×6。C1 有 156 个可训练参数(每个滤波器 5×5 = 25 个 unit 参数和一个 bias 参数，一共 6 个滤波器，共(5×5+1)×6 = 156 个参数)，共 156×(28×28) = 122 304 个连接。

(2) S2 层是一个下采样层(平均池化层)。利用图像局部相关性的原理，对图像进行抽样，可以减少数据处理量同时保留有用信息，降低网络训练参数及模型的过拟合程度。S2 层使用 2×2 大小的过滤器，步长 s = 2，padding = 0。即：特征图中的每个单元与

C1 中相对应特征图的 2×2 邻域相连接，有 6 个 14×14 的特征图，输出得到的特征图大小为 $14 \times 14 \times 6$。池化层只有一组超参数 f 和 s，没有需要学习的参数。

(3) C3 层是一个卷积层。C3 层使用 16 个 5×5 大小的过滤器，步长 $s = 1$，padding $= 0$。即：由 16 个特征图(Feature Map)构成，特征图中每个神经元与输入中 5×5 的邻域相连，输出得到的特征图大小为 $10 \times 10 \times 16$。C3 有 416 个可训练参数(每个滤波器 $5 \times 5 = 25$ 个 unit 参数和一个 bias 参数，一共 16 个滤波器，共 $(5 \times 5 + 1) \times 16 = 416$ 个参数)。

(4) S4 层是一个下采样层(平均池化层)。使用 2×2 大小的过滤器，步长 $s = 2$，padding $= 0$。即：特征图中的每个单元与 C3 中相对应特征图的 2×2 邻域相连接，有 16 个 5×5 的特征图，输出得到的特征图大小为 $5 \times 5 \times 16$。没有需要学习的参数。

(5) F5 层是一个全连接层，有 120 个单元。每个单元与 S4 层全部 400 个单元之间进行全连接。F5 层有 $120 \times (400 + 1) = 48\,120$ 个可训练参数。如同经典神经网络，F5 层计算输入向量和权重向量之间的点积，再加上偏置。

(6) F6 层是一个全连接层，有 84 个单元。每个单元与 F5 层的全部 120 个单元之间进行全连接。F6 层有 $84 \times (120 + 1) = 10\,164$ 个可训练参数。如同经典神经网络，F6 层计算输入向量和权重向量之间的点积，再加上偏置。

(7) 输出层。神经元个数为 10，得到 10 维的特征向量，用于 10 个数字的分类训练，送入 Softmax 分类，得到分类结果的概率。

下面的代码来自 github，用 Tensorflow 进行封装，所以 LeNet-5 代码看起来也很简单。

```python
import tensorflow as tf
import tensorflow.contrib.slim as slim
import config as cfg

class Lenet:
    def __init__(self):
        self.raw_input_image = tf.placeholder(tf.float32, [None, 784])
        self.input_images = tf.reshape(self.raw_input_image, [-1, 28, 28, 1])
        self.raw_input_label = tf.placeholder("float", [None, 10])
        self.input_labels = tf.cast(self.raw_input_label, tf.int32)
        self.dropout = cfg.KEEP_PROB

        with tf.variable_scope("Lenet") as scope:
            self.train_digits = self.construct_net(True)
            scope.reuse_variables()
            self.pred_digits = self.construct_net(False)

        self.prediction = tf.argmax(self.pred_digits, 1)
        self.correct_prediction=tf.equal(tf.argmax(self.pred_digits,1), tf.argmax(self.input_labels,1))
        self.train_accuracy = tf.reduce_mean(tf.cast(self.correct_prediction, "float"))
        self.loss = slim.losses.softmax_cross_entropy(self.train_digits, self.input_labels)
```

```
            self.lr = cfg.LEARNING_RATE
            self.train_op = tf.train.AdamOptimizer(self.lr).minimize(self.loss)

        def construct_net(self,is_trained = True):
            with slim.arg_scope([slim.conv2d], padding='VALID',
                    weights_initializer=tf.truncated_normal_initializer(stddev=0.01),
                        weights_regularizer=slim.l2_regularizer(0.0005)):
                net = slim.conv2d(self.input_images,6,[5,5],1,padding='SAME',scope='conv1')
                net = slim.max_pool2d(net, [2, 2], scope='pool2')
                net = slim.conv2d(net,16,[5,5],1,scope='conv3')
                net = slim.max_pool2d(net, [2, 2], scope='pool4')
                net = slim.conv2d(net,120,[5,5],1,scope='conv5')
                net = slim.flatten(net, scope='flat6')
                net = slim.fully_connected(net, 84, scope='fc7')
                net = slim.dropout(net, self.dropout,is_training=is_trained, scope='dropout8')
                digits = slim.fully_connected(net, 10, scope='fc9')
            return digits
```

这里推荐一个网站 http://scs.ryerson.ca/~aharley/vis/conv/flat.html，可以 2D 动画效果展示 LeNet-5 的计算过程。

11.4.2　AlexNet 网络

2012 年 AlexNet 横空出世，这个模型的名字来源于论文第一作者的姓名 Alex Krizhevsky (Hinton 的学生)，AlexNet 使用 8 层卷积神经网络并以很大的优势获得了 ImageNet 2012 图像识别挑战赛的冠军。AlexNet 可以算是 LeNet 的一种更深更宽的版本，它首次证明了学习到的特征可以超越手工设计的特征，以及卷积神经网络在复杂模型下的有效性，确立了深度学习或者说卷积神经网络在计算机视觉中的统治地位。AlexNet 的结构及参数如图 11.24 所示。

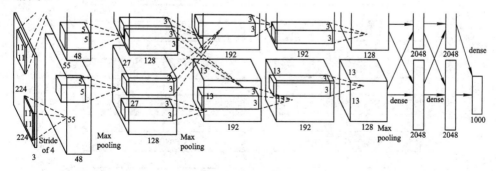

图 11.24　AlexNet 网络结构

AlexNet 网络有 8 层结构(忽略激活、池化、LRN 和 Dropout 层)，其中前 5 层为卷积层，后 3 层为全连接层。第一卷积层使用大的卷积核，大小为 11×11，步长为 4；第二卷积层使用 5×5 的卷积核，步长为 1；剩余卷积层的卷积核的大小都是 3×3，步长为 1。池化层使用重叠的最大池化，大小为 3×3，步长为 2。在全连接层增加了 Dropout 并第一次将 Dropout 实用化。LRN 层出现在第一个及第二个卷积层之后，而最大池化层出现在两个 LRN 层及最后一个卷积层后。激活函数使用 ReLU 并应用于这 8 层每一层的后面。

AlexNet 主要使用到的新技术如下：

(1) 成功使用 ReLU 作为 CNN 的激活函数，并验证其在较深网络中的有效性，解决了 Sigmod 在网络较深时的梯度弥散问题；

(2) 在训练最后几个全连接层使用 Dropout 随机忽略一部分神经元以避免模型过拟合；

(3) 数据增强。随机从 256×256 的原始图像中截取 224×224 大小的区域作为网络输入；

(4) 提出局部响应归一化(Local Response Normalization，LRN)增强模型的泛化能力；

(5) 使用 CUDA 加速深度卷积神经网络的训练。使用两块 GRX 580 GPU 并行加速训练，大大降低了训练时间；

(6) 使用重叠的最大池化。AlexNet 全部使用最大池化，避免平均池化的模糊效果；并提出让步长比池化核的尺寸小，这样池化层的输出之间会有重叠覆盖，提升了特征的丰富性。

AlexNet 与 LeNet 的设计理念非常相似，但也有显著的区别。AlexNet 与 LeNet 的网络结构对比如图 11.25 所示。

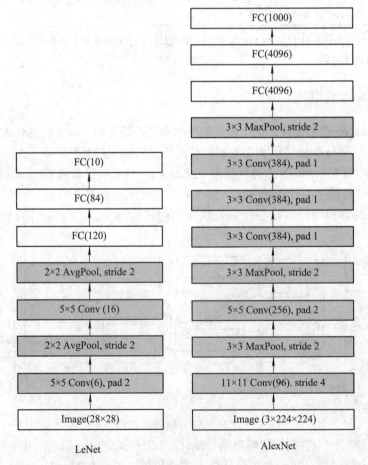

图 11.25　AlexNet 与 LeNet 的网络结构对比图

AlexNet 与 LeNet 的不同体现在以下方面。

第一，与相对较小的 LeNet 相比，AlexNet 包含 8 层变换，其中有 5 个卷积层、2 个全连接隐藏层以及 1 个全连接输出层。AlexNet 第一层中的卷积窗口形状是 11 × 11。因为 ImageNet 中绝大多数图像的高和宽均比 MNIST 图像的高和宽大 10 倍以上，ImageNet 图像的物体占用更多的像素，所以需要更大的卷积窗口来捕获物体。第二层中的卷积窗口形状减小到 5 × 5，之后全采用 3 × 3。此外，第一、第二和第五个卷积层之后都使用了窗口形状为 3 × 3、步幅为 2 的最大池化层。AlexNet 使用的卷积通道数也是 LeNet 中的卷积通道数的数十倍；而且 AlexNet 最后一个卷积层是两个输出个数为 4096 的全连接层。这两个巨大的全连接层带来将近 1 GB 的模型参数。

第二，AlexNet 将 sigmoid 激活函数改成了更加简单的 ReLU 激活函数。一方面 ReLU 激活函数的计算更简单，例如它并没有 sigmoid 激活函数中的求幂运算。另一方面 ReLU 激活函数在正区间的梯度恒为 1。因此 ReLU 激活函数在不同的参数初始化方法下使模型更容易训练。

第三，AlexNet 通过丢弃法(Dropout)来控制全连接层的模型复杂度，而 LeNet 并没有使用丢弃法。

第四，AlexNet 引入大量的图像增广，如翻转、裁剪和颜色变化，从而进一步扩大数据集来缓解过拟合。

11.4.3 VGGNet 网络

VGGNet 网络是牛津大学视觉几何组(Visual Geometry Group)和 Google DeepMind 公司一起研发的深度卷积神经网络，并取得 2014 年 ImageNet 比赛定位项目第一名和分类项目第二名。该网络主要通过反复堆叠 3 × 3 的小型卷积核和 2 × 2 的最大池化层，通过不断加深网络结构来提升性能，泛化性能很好，容易迁移到其他的图像识别项目上，可以下载 VGGNet 训练好的参数进行很好的初始化权重操作，很多卷积神经网络都是以该网络为基础的，比如 FCN、UNet、SegNet 等。VGG 版本很多，常用的是 VGG16、VGG19 网络。VGGNet 网络结构如图 11.26 所示。

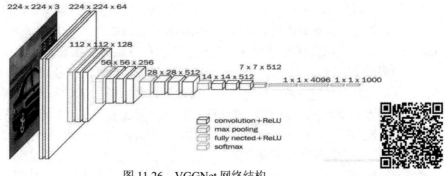

图 11.26 VGGNet 网络结构

VGGNet 网络拥有 5 段卷积，每一段内有 2～3 个卷积层，同时每段尾部会连接一个最大池化层用来缩小图片尺寸。每段内的卷积核数量一样，越后面的段的卷积核数量越多，从开始的 64 个卷积核到 512 个卷积核。其中 VGG16 的网络结构共 16 层(不包括池化和

softmax 层)，所有的卷积核大小都为 3×3，都使用大小为 2×2、步长为 2 的最大池化，卷积层深度依次为 64、128、256、512、512。

VGGNet 网络和 AlexNet 网络的主要区别如下，具体见图 11.27。

(1) VGGNet 的网络结构更深。VGGNet 把网络层数加到了 16～19 层(不包括池化和 softmax 层)，而 AlexNet 是 8 层结构。

(2) VGGNet 网络将卷积层提升到卷积块的概念。卷积块由 2～3 个卷积层构成，使网络有更大感受野的同时能降低网络参数，同时多次使用 ReLU 激活函数有更多的线性变换，学习能力更强。

(3) 在训练时和预测时 VGGNet 网络使用 Multi-Scale 做数据增强。训练时将同一张图片缩放到不同的尺寸，再随机剪裁到 224×224 的大小，能够增加数据量。预测时将同一张图片缩放到不同尺寸做预测，最后取平均值。

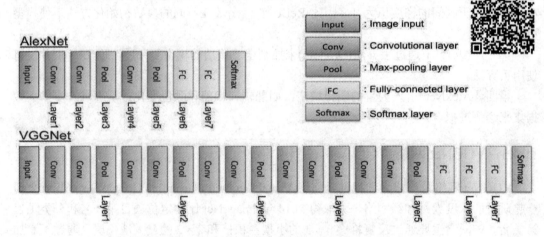

图 11.27　AlexNet 与 VGGNet 的网络结构对比图

11.4.4　ResNet 网络

残差神经网络(Residual Neural Network，ResNet)由微软研究院的何凯明等四位华人于 2015 年提出，通过使用 Residual Unit 成功训练 152 层卷积神经网络，同时参数量却比 VGGNet 少，并深刻影响后来的深度神经网络的设计，效果非常突出。ResNet 在 2015 年的 ImageNet 图像识别挑战赛上夺魁，在五个主要任务轨迹中都获得了第一名的成绩：ImageNet 分类任务，错误率 3.57%；ImageNet 检测任务，超过第二名 16%；ImageNet 定位任务，超过第二名 27%；COCO 检测任务，超过第二名 11%；COCO 分割任务，超过第二名 12%。作为大神级人物，何凯明凭借 Mask R-CNN 论文获得了 ICCV2017 最佳论文奖，也是他第三次斩获顶会最佳论文；同时他参与的另一篇论文 *Focal Loss for Dense Object Detection* 也被大会评为最佳学生论文。

理论上原模型解的空间只是新模型解的空间的子空间。也就是说，如果我们能将新添加的层训练成恒等映射 $f(x) = x$，新模型和原模型将同样有效。由于新模型可能得出更优的解来拟合训练数据集，因此添加层似乎更容易降低训练误差。然而在实践中，添加过多的层后训练误差往往不降反升。即使利用批量归一化带来的数值稳定性使训练深层模型更加容易，该问题仍然存在。针对这一问题何恺明等人提出了残差网络(ResNet)，让我们聚焦于神经网络局部，图 11.28 所示为残差神经网络的基本模块(或叫残差学习单元)。

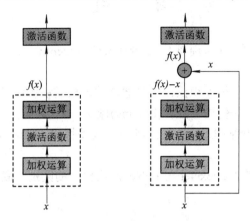

图 11.28 ResNet 网络结构

图 11.28 中左图虚线框中的部分需要直接拟合出该映射 $f(x)$，而右图虚线框中的部分则需要拟合出有关恒等映射的残差映射 $f(x) - x$。假设输入为 x，$F(x)$ 代表网络中数据的一系列乘、加操作，假设神经网络最优的拟合结果输出为 $H(x) = F(x) + x$，那么神经网络最优的 $F(x)$ 即为 $H(x)$ 与 x 的残差，通过拟合残差来提升网络优化效果。为什么转变为拟合残差就比传统卷积网络要好呢？因为我们只需将图中右图虚线框内上方的加权运算(如仿射)的权重和偏差参数学成 0，那么 $f(x)$ 即为恒等映射。实际中，当理想映射 $f(x)$ 极接近于恒等映射时，残差映射也易于捕捉恒等映射的细微波动，保证增加残差学习单元不会降低网络性能，假设一个浅层网络达到了饱和的准确率，后面再加上这个残差学习单元，起码误差不会增加。通过不断堆叠这个基本模块即残差块(residual block)，就可以得到最终的 ResNet 模型，理论上可以无限堆叠而不改变网络的性能。

ResNet 网络的特点：

(1) 使得训练超级深的神经网络成为可能，避免了神经网络深度不断增加导致准确率达到饱和的现象(后来将层数增加到 1000 层)；

(2) 输入可以直接连接到输出，使得整个网络只需要学习残差，简化了学习目标和难度。

(3) ResNet 是一个推广性非常好的网络结构，容易和其他网络结合，在残差块中输入可通过跨层的数据线路更快地向前传播。

在 ResNet 推出后不久，Google 就借鉴了 ResNet 的精髓，提出了 Inception v4 和 Inception-ResNet-v2，并通过融合这两个模型在 ILSVRC 数据集上取得了惊人的 3.08% 的错误率。

本 章 小 结

本章介绍了在工业应用上效果显著的卷积人工神经网络，主要内容包括基础知识、训练、如何用 TensorFlow 实现一个卷积神经网络来解决经典的手写体识别问题，并详细简介了目前比较流行的几种卷积人工神经网络模型 AlexNet、VGGNet、ResNet。

习　　题

1. 简述卷积神经网络中的局部感受野(Local Receptive Fields)和共享权值(Shared Weights)的定义。

2. 如何进行单通道的单核卷积操作？多通道的多核卷积操作又是怎么进行的呢？

3. 在卷积神经网络里如何进行池化(Pooling)操作？

4. 请描述残差神经网络(ResNet)是如何利用残差块(Residual Block)进行网络模型训练的。

5. 请用图形与文字描述 AlexNet 与 LeNet 网络模型的区别与联系。

第 12 章　循环神经网络

 本章学习目标：

- 理解循环神经网络(RNN)的基本原理
- 了解长短期记忆网络(LSTM)的工作原理，包括它的基本结构、核心思想等
- 了解 LSTM 的改进算法——门控循环单元模型(GRU)的工作原理
- 分析 LSTM 与 GRU 的优缺点
- 应用 TensorFlow 实现 RNN、LSTM、GRU 模型
- 实现 RNN 在自然语言处理(NLP)中的应用

卷积神经网络处理的是"静态"数据，如输入的是一张图片或者是一份数据，在图片识别上获得了很好的效果，但是在处理一段语音或者一段文本等序列化的数据时并不是很拿手，比如语音中有很多连续帧的数据，文本中有连续多个字符组合成有含义的句子。

语音识别和自然语言处理是序列预测问题的典型代表。前者的输入是一个语音信号序列，后者的输入是文字序列。下面用一个实际例子来说明序列预测问题。假设神经网络要用来完成汉语填空，考虑下面的这个句子：

现在已经是中午 12 点了，我们还没有去吃饭，非常饿，赶快去食堂_____。

神经网络每次的输入为一个词(实际上就是对这个词进行编码后的向量)，然后要填出这个空，这需要神经网络能够理解语义，并记住之前输入的信息即语句上下文。而在此之前，我们常用的语言模型是 N-Gram，无论何种语境，可能去食堂大概率匹配的是"吃饭"而不在乎之前的信息。本章学习的循环神经网络(Recurrent Neural Network，RNN)就解决了 N-Gram 的缺陷，它在理论上可以往前(后)看任意多个词。

RNN 具有记忆性、参数共享并且图灵完备(Turing completeness)，因此善于从连续序列的非线性特征的样本之间学习规律，它能挖掘数据中的时序信息以及语义信息。RNN 的这种能力使深度学习模型在解决语音识别、语言模型、机器翻译以及时序分析等自然语言处理(Nature Language Process，NLP)领域的问题时有所突破。对循环神经网络的研究始于二十世纪八九十年代，并在二十一世纪初发展为深度学习(deep learning)算法之一，其中双向循环神经网络(Bidirectional RNN，Bi-RNN)和长短期记忆网络(Long Short-Term Memory networks，LSTM)是常见的循环神经网络。

12.1　循环神经网络与自然语言处理

12.1.1　序列数据建模

具有先后顺序的数据一般称为序列(Sequence)，序列标注(Sequence Tagging)是自然语言处理(NLP)中最基础的任务，应用十分广泛，如分词、词性标注(POS tagging)、命名实体识别(Named Entity Recognition，NER)、关键词抽取、语义角色标注(Semantic Role Labeling)等实质上都属于序列标注的范畴。序列标注可以认为是分类问题的一个推广，或者是更复杂的结构预测(structure prediction)问题的简单形式。

序列标注问题的输入是一个观测序列，输出是一个标记序列或状态序列。问题的目标在于学习一个模型，使它能够对观测序列给出标记序列作为预测。

首先给定一个训练集：

$$T = \{(x_1, y_1), (x_2, y_2), \cdots, (x_n, y_n)\}$$

其中 $x_i = (x_i^{(1)}, x_i^{(2)}, \cdots, x_i^{(n)})^T$, $i = 1, 2, \cdots, N$，是输入观测序列，$y_i = (y_i^{(1)}, y_i^{(2)}, \cdots, y_i^{(n)})^T$ 是相应的输出标记序列，n 是序列的长度，对不同样本可以有不同的值。学习系统基于训练集构建一个模型，表示为条件概率分布：

$$P(Y^{(1)}, Y^{(2)}, \cdots, Y^{(n)} | X^{(1)}, X^{(2)}, \cdots, X^{(n)})$$

标注系统按照学习得到的条件概率分布模型，对新的输入观测序列找到相应的输出标记序列。具体地，对一个观测序列 $x_{N+1} = (x_{N+1}^{(1)}, x_{N+1}^{(2)}, \cdots, x_{N+1}^{(n)})^T$ 找到使条件概率

$$P((y_{N+1}^{(1)}, y_{N+1}^{(2)}, \cdots, y_{N+1}^{(n)})^T | (x_{N+1}^{(1)}, x_{N+1}^{(2)}, \cdots, x_{N+1}^{(n)})^T)$$ 最大的标记序列 $y_{N+1} = (y_{N+1}^{(1)}, y_{N+1}^{(2)}, \cdots, y_{N+1}^{(n)})^T$。

解决序列标注问题的方法可分为两种，一种是概率图模型，另一种是深度学习模型。

这里我们用深度学习模型解决随时间变化的商品价格数据这类典型的序列问题。考虑某件商品 A 在 1 月～8 月的价格变化趋势，记为一维向量：$[x_1, x_2, x_3, x_4, x_5, x_6, x_7, x_8]$，它的 shape 为[8]。如果要表示 n 件商品在 1 月～8 月的价格变化趋势，可以记为 2 维张量：

$$[x_1^{(1)}, x_2^{(1)}, \cdots, x_8^{(1)}], [x_1^{(2)}, x_2^{(2)}, \cdots, x_8^{(2)}], \cdots, [x_1^{(a)}, x_2^{(a)}, \cdots, x_8^{(a)}]$$

其中 n 表示商品的数量，张量 shape 为[a, 8]。

这样序列问题只需要一个 shape 为[a, s]的张量即可表示，其中 a 为序列数量，s 为序列长度。但是对于很多信号并不能直接用一个标量数值表示，例如每个时间戳产生长度为 n 的特征向量，则需要 shape 为[a, s, n]的张量才能表示。考虑更复杂的文本数据，如句子在每个时间戳上面产生的单词是一个字符，并不是数值，不能直接用某个标量表示。已经知道神经网络本质上是一系列的矩阵相乘、相加等数学运算，它并不能够直接处理字符串类

型的数据。如果希望神经网络能够用于自然语言处理任务，如何把单词或字符转化为数值就变得尤为关键。接下来主要探讨文本序列的表示方法，其他非数值类型的信号可以参考文本序列的表示方法。

12.1.2　序列数据的 One-Hot 编码

在机器学习算法中经常会遇到分类特征，例如人的性别有男、女，国籍有中国、美国、法国等。这些特征值并不是连续的，而是离散且无序的。

要作为机器学习算法的输入，就需要对其进行特征数字化。例如：

性别特征：["男", "女"]

国籍特征：["中国", "美国", "法国"]

运动特征：["足球", "篮球", "羽毛球", "乒乓球"]

假如某个样本(某个人)，他的特征是 ["男", "中国", "乒乓球"]，我们可以用[0,0,4]来表示，但是这样的特征处理并不能直接放入机器学习算法中，因为类别之间是无序的。

独热编码即 One-Hot 编码，又称一位有效编码。其方法是使用 N 位状态寄存器来对 N 个状态进行编码，每个状态都有独立的寄存器位，并且在任意时候其中只有一位有效。

One-Hot 编码是分类变量作为二进制向量的表示。One-Hot 编码先将分类值映射到整数值；然后每个整数值被表示为二进制向量，除整数的索引之外，它都是零值，被标记为1。

按照用 N 位状态寄存器来对 N 个状态进行编码的原理，处理后应该是这样的：

性别特征：["男", "女"] (这里只有两个特征，所以 $N = 2$):

男　=>　10

女　=>　01

国籍特征：["中国", "美国", "法国"]($N = 3$):

中国　=>　100

美国　=>　010

法国　=>　001

运动特征：["足球", "篮球", "羽毛球", "乒乓球"]($N = 4$):

足球　=>　1000

篮球　=>　0100

羽毛球　=>　0010

乒乓球　=>　0001

所以，样本["男", "中国", "乒乓球"]特征数字化结果为[1, 0, 1, 0, 0, 0, 0, 0, 1].

Python 代码示例如下：

```
from sklearn import preprocessing
enc = preprocessing.OneHotEncoder( )
enc.fit([[0,0,3], [1,1,0], [0,2,1], [1,0,2]])    # 训练。这里共有 4 个数据，3 种特征
array = enc. transform([[0,1,3]]). toarray()     # 测试。这里使用 1 个新数据来测试
print array #[[1 0 1 0 0 0 0 1]]                 # 独热编码结果
```

以上对应关系的解释如图 12.1 所示。

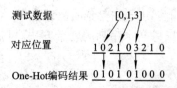

图 12.1　One-Hot 编码结果

利用 One-Hot 方法进行编码具有何优缺点呢?

One-Hot 编码的优点是解决了分类器不好处理离散数据的问题,在一定程度上也起到了扩充特征的作用。

(1) 在回归、分类、聚类等机器学习算法中,特征之间距离计算或相似度计算是非常重要的,而我们常用的距离或相似度的计算都是在欧式空间的相似度计算,计算余弦相似性(Cosine similarity)基于的就是欧式空间。

两个向量间的余弦值可以通过使用欧几里得点积公式求出:

$$similarity(a,\ b) \triangleq \cos(\theta) = \frac{a \times b}{|a| \times |b|}$$

这里 a 和 b 代表两个词向量,其余弦相似性 θ 由点积和向量长度给出,如图 12.2 所示。

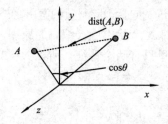

图 12.2　余弦相似度

(2) 使用 One-Hot 编码将离散特征的取值扩展到欧式空间,离散特征的某个取值就对应欧式空间的某个点。将离散型特征使用 One-Hot 编码会让特征之间的距离计算更加合理。

One-Hot 编码在文本特征表示上有些缺点也非常突出:

(1) 它是一个词袋模型,不考虑词与词之间的顺序(文本中词的顺序信息也是很重要的);

(2) 它假设词与词相互独立(在大多数情况下,词与词是相互影响的);

(3) 它得到的特征是离散稀疏的(这个问题最严重)。例如,如果将世界所有城市名称作为语料库的话,这个向量会过于稀疏,并且会造成维数灾难。如下:

杭州　[0,0,0,0,0,0,0,1,0,……,　0,0,0,0,0,0,0]

上海　[0,0,0,0,1,0,0,0,0,……,　0,0,0,0,0,0,0]

宁波　[0,0,0,1,0,0,0,0,0,……,　0,0,0,0,0,0,0]

北京　[0,0,0,0,0,0,0,0,0,0,……,　1,0,0,0,0,0,0]

在语料库中杭州、上海、宁波、北京各对应一个向量,向量中只有一个值为 1,其余都为 0。

12.1.3　神经语言模型

神经语言模型(Neural Language Model，NLM)是一类用来克服维数灾难的语言模型，它使用词的分布式表示对自然语言序列建模。为了构建自然语言的有效模型，通常必须使用专门处理序列数据的技术。在很多情况下，我们将自然语言视为一系列词，而不是单个字符或字节序列。因为可能的词总数非常大，基于词的语言模型必须在极高维度和稀疏的离散空间上操作。

例如将"中国"编号为 5178 的特征，将"北京"编号为 3987 的特征，即 One-Hot 编码，一个词对应一个向量(向量中只有一个值为 1，其余为 0)。可以想象，采用这样的表示方法时整个词汇库是一个超高维矩阵，例如需要将一篇文章中的每一个词都转成一个向量，则整篇文章表示成一个稀疏矩阵。使用 One-Hot 编码有一个问题，即我们对特征的编码往往是随机的，没有提供任何关联信息，没有考虑到字词间可能存在的关系。例如上述的"中国"和"北京"之间的关系在编码过程中丢失了，这不是我们想看见的。同时，将字词存储为稀疏向量的话，需要更多的数据来训练，因为稀疏数据训练的效率较低，计算也烦琐。很自然地，我们就想到使用向量表达字词，向量空间模型可将字词转为连续值的向量表达，其中意思相近的词(属性类似)将被映射到向量空间中相近的位置。字词转换为向量 Word2Vec 形式的思路是：

(1) 通过训练，将每个词都映射到一个较短的词向量上来。

(2) 所有这些词向量就构成了向量空间。

(3) 进而可以用普通的统计学的方法来研究词与词之间的关系。

这个过程称为 word embedding(词嵌入)，即将高维词向量嵌入到一个低维空间，如图12.3 所示。

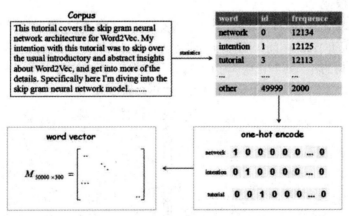

图 12.3　将语料库单词用词向量来表示

图 12.3 中的流程是把文章 Corpus 语料库的单词使用词向量来表示。

(1) 提取文章中所有的单词，按其出现的次数降序(这里只取前 50 000 个)，比如单词"network"出现次数最多，编号 ID 为 0，依次类推。

(2) 每个编号 ID 都可以使用 50 000 维的二进制表示(One-Hot)。

(3) 最后会生产一个矩阵 M，行大小为词的数目 50 000，列大小为词向量的维度(通常取 128 或 300)，比如矩阵的第一行就是编号 ID = 0，即单词"network"对应的词向量。

因此，神经语言模型是一类可以克服维数灾难的模型，它使用词的分布式表示对自然语言序列建模。神经语言模型能够识别两个相似的词，并且不丧失将每个词编码为彼此不同的能力。向量空间模型共享一个词(及其上下文)和其他类似词(和上下文之间)的统计强度(即向量空间模型在 NLP 中主要是依赖分布假设(Distributional Hypothesis))。使用这样的模型有许多好处，例如，如果词 dog 和词 cat 映射到具有许多属性的表示，则包含词 cat 的句子可以告知模型对包含词 dog 的句子做出预测，反之亦然。因为这样的属性很多，所以存在许多泛化的方式，可以将信息从每个训练语句传递到指数数量的语义相关语句。该模型通过将每个训练句子与指数数量的类似句子相关联克服这个问题。

12.1.4 字词转换为向量 Word2Vec 模型

Word2Vec 也称 Word Embedding's，是一个可以将语言中字词转为向量形式表达 (Vector Representations)的模型。Word2Vec 将语言中的字词转换为计算机可以理解的稠密向量(Dense Vector)，进而可以执行其他自然语言处理任务，比如文本分类、词性标注、机器翻译等。

Word2Vec 是一种计算非常高效的，可以从原始语料中学习字词空间向量的预测模型。预测模型通常使用最大似然的方法，在给定前面的语句的情况下，最大化目标词汇的概率。Word2Vec 主要分为 CBOW 和 Skip-Gram 两种模式：

(1) 连续词袋模型(Continuous Bag-of-Word Model，CBOW 模型)从原始语句(比如：中国的首都是_____)推测目标字词(比如：北京)，CBOW 对小型数据库比较合适。

(2) Skip-Gram 模型则从目标字词推测出原始语句，Skip-Gram 在大型语料表现更好。

1. CBOW 模型

连续词袋模型(CBOW 模型)是一个三层神经网络。CBOW 模型的第一层是输入层，输入已知上下文的词向量。中间一层称为线性隐藏层，它将所有输入的词向量累加。第三层是一棵哈夫曼树，树的叶节点与语料库中的单词一一对应，而树的每个非叶节点是一个二分类器(一般是 softmax 感知机等)，树的每个非叶节点都直接与隐藏层相连，如图 12.4 所示。

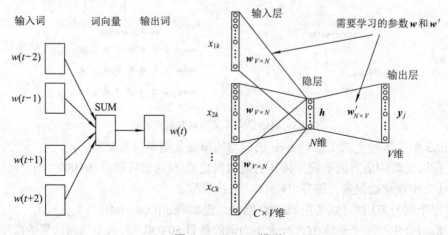

图 12.4　CBOW 模型

在 Word2Vec 的 CBOW 模型中，不需要计算完整的概率模型，只需要训练一个二元的分类模型，用来区分真实的目标词汇和编造的词汇(噪声)。

首先根据语料库建立词汇表，词汇表中所有单词拥有一个随机的词向量。我们从语料库选择一段文本进行训练。将单词 W 的上下文的词向量输入 CBOW，由隐含层累加，得到中间向量。将中间向量输入第三层哈夫曼树的根节点，根节点会将其分到左子树或右子树，每个非叶节点都会对中间向量进行分类，直到达到某个叶节点，该叶节点对应的单词就是对下个单词的预测。训练过程中已经知道了单词 W，根据 W 的哈夫曼编码可以确定从根节点到叶节点的正确路径，也确定了路径上所有分类器应该作出的预测。然后采用梯度下降法调整输入的词向量，使得实际路径向正确路径靠近，在训练结束后可以从词汇表中得到每个单词对应的词向量。

2. Skip-Gram 模型

Skip-Gram 模型同样是一个三层神经网络，如图 12.5 所示。Skip-Gram 模型的结构与 CBOW 模型正好相反，Skip-Gram 模型输入某个单词，输出对它上下文词向量的预测，即输入一个单词，输出对上下文的预测。

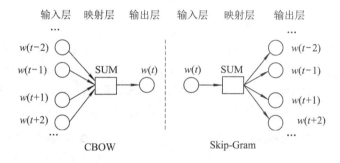

图 12.5　Skip-Gram 模型与 CBOW 模型比较图

Skip-Gram 的核心同样是一个哈夫曼树，每一个单词从树根开始到达叶节点可以预测出它上下文中的一个单词。对每个单词进行 $N-1$ 次迭代，得到对它上下文中所有单词的预测，根据训练数据调整词向量得到足够精确的结果。

通过训练样本，以*the quick brown fox jumped over the lazy dog* 为例，我们要构造一个语境与目标词汇的映射关系，其中语境包括一个单词左边和右边的词汇，假设滑窗尺寸为 1，可以制造的映射关系包括*[the, brown]→quick*、*[quick, fox]→brown*，*[brown, jumped]→fox* 等。

因为 Skip-Gram 模型是从目标词汇预测语境，所以训练样本不再是*[the,brown]→quick*，*而是 quick→the 和 quick→brown*。数据集就变为了*(quick, the)*、*(quick, brown)*、*(brown, quick)*、*(brown, fox)*等。

在训练时，希望模型能从目标词汇*quick* 上预测出语境*the*，需要制造随机的词汇作为负样本(噪声)，我们希望预测的概率分布在正样本 *the* 上尽可能大，而在随机产生的负样本上尽可能小。在实际实现过程中，是通过优化算法例如 SGD 来更新模型中 Word Embedding 的参数，让概率分布的损失函数(NCE Loss)尽可能小。这样每个单词的 Embedding Vector 就会随着循环过程不断调整，直到处于一个最适合语料的空间位置。

3. Sequence to Sequence 模型

Sequence to Sequence(Seq2Seq)模型是一类 End-to-End 的算法框架，也就是从序列到序列的转换模型框架，Seq2Seq 更善于利用更长范围的序列全局的信息，并且综合序列上下文判断，推断出与序列相对应的另一种表述序列(非强相关，不具有唯一性)，比较适用于机器翻译、文章主旨提取等场景。Seq2Seq 一般通过 Encoder-Decoder(编码–解码)框架实现，它的基本网络结构如图 12.6 所示。

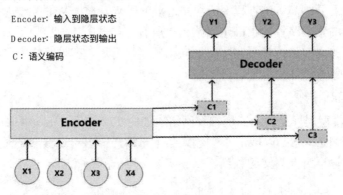

图 12.6　Encoder-Decoder 模型

Encoder 和 Decoder 部分可以是任意的文字、语音、图像和视频数据，如图 12.7 所示。Encoder(编码)将输入序列转化成一个固定长度的向量，Decoder(解码)将之前生成的固定向量再转化成输出序列，模型可以采用 CNN、RNN、LSTM、GRU、BLSTM 等实现。

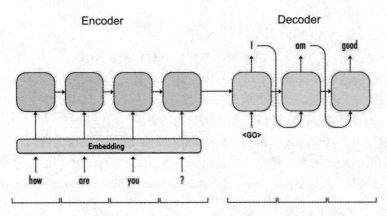

图 12.7　Encoder-Decoder 预测任意的序列图

Encoder-Decoder 模型可以预测任意的序列对应关系，但同时有一个问题就是从编码到解码的准确率很大程度上依赖于一个固定长度的语义向量 C，输入序列到语义向量 C 的压缩过程中存在信息的丢失，并且在稍微长一点的序列上，前边的输入信息很容易被后边的输入信息覆盖，也就是说编码后的语义向量 C 已经存在偏差了，解码准确率自然会受到影响。其次在解码的时候，每个时刻的输出在解码过程中用到的上下文向量是相同的，没有进行区分，也就是说预测结果中每一个词的时候所使用的预测向量都是相同的，这也会给解码带来问题。

为了解决上述问题，在 Seq2Seq 模型中加入了注意力机制(Attention Mechanism)，在预测每个时刻的输出时用到的上下文是跟当前输出有关系的上下文，而不是统一只用相同的一个。Attention 是一种通用的带权池化方法，输入由两部分构成：询问(query)和键值对(key-value pairs)。这样在预测结果中的每个词汇的时候，每个语义向量 C 中的元素具有不同的权重，可以更有针对性地预测结果。Attention 机制的模型如图 12.8 所示。

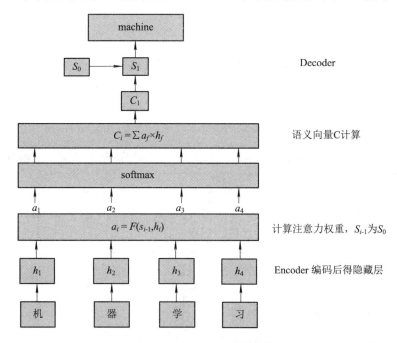

图 12.8　Attention 机制模型

Attention 模型是对 Encoder 的所有隐状态(hidden state)与 Decoder 的每个时间点(time step)的隐状态做了一个加权融合，这样在不同的 Decoder 的时间点具有不同的中间语义，比如在机器翻译中本身就应该是对齐的，在解码的过程中并不需要整个句子得到的中间语义，而是需要特定单词占权重很高的中间语义来解码。Attention 通过计算解码器每个时间点的隐状态与所有 Encoder 的中间语义的"相似度"得到了一组权重，用于求加权平均即 Attention 的结果用于解码。

Encoder-Decoder 模型也就是编码-解码模型。编码就是将输入序列转化成一个固定长度的向量 $\boldsymbol{x} = (x_1, x_2, \cdots, x_{Tx})$；解码就是将之前生成的固定向量再转化成输出序列 $\boldsymbol{y} = (y_1, y_2, \cdots, y_{Ty})$。想象以下翻译任务，input 是一段英文"knowledge is power"，output 是一段中文"知识就是力量"。

(1) 对于输入序列 $\boldsymbol{x} = (x_1, x_2, \cdots, x_{Tx})$，会将如图 12.9 所示输入序列编码成一个上下文向量(context vector) c，encoder 一般使用 RNN，在 RNN 中当前时间的隐藏状态由上一时间的状态和当前时间输入决定，也就是 $h_t = \text{RNN}_{\text{enc}}(x_t, h_{t-1})$。Encoder 接收的是每一个单词word embedding 和上一个时间点 hidden state。输出的是这个时间点的 hidden state。

(2) $s_t = \text{RNN}_{\text{dec}}(y_t, s_{t-1})$，Decoder 方面接收的是目标句子里单词的 word embedding和上一个时间点 hidden state。

(3) $c_i = \sum_{j=1}^{T_x} \alpha_{ij} h_j$, context vector 是对于 Encoder 输出 hidden states 的一个加权平均。

(4) $\alpha_{ij} = \dfrac{\exp(e_{ij})}{\sum_{k=1}^{T_x} \exp(e_{ik})}$, 每一个 Encoder 的 hidden states 对应的权重。

(5) $e_{ij} = \text{score}(s_{t-1}, h_j)$, 通过 Decoder 的 hidden states 加上 Encoder 的 hidden states 来计算一个分数，用于计算权重。

(6) $\hat{s}_t = \tanh(W_c[c_t; s_t])$, 将 Context vector 和 Decoder 的 hidden states 串联起来。

图 12.9 详细地画出 Seq2Seq+Attention 模型的全部流程，帮助理解机器翻译等任务。

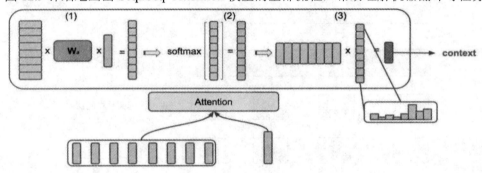

图 12.9　Seq2Seq+Attention 模型的全流程图

12.2　循环神经网络基本原理

循环神经网络(RNN)是一类以序列(sequence)数据为输入，在序列的演进方向进行递归(recursion)且所有节点(循环单元)按链式连接的递归神经网络(recursive neural network)。所有 RNN 都是重复神经网络模块的链式形式。循环神经网络由输入层、循环层和输出层构成，可能还包括全连续神经网络中的全连接层。输入层和输出层与前馈型神经网络类似，唯一不同的是循环层，下面重点介绍它的循环单元。

12.2.1　循环单元结构

假设样本是从序列索引 1 到序列索引 t 的，任意序列索引号 t 对应的输入是样本序列中的 x_t。而 RNN 模型在序列索引号 t 位置的隐藏状态 s_t，则由 x_t 和在 $t-1$ 位置的隐藏状态 s_{t-1} 共同决定。通过预测输出 o_t、训练序列真实输出 y_t 以及损失函数 L_t，RNN 模型可以用来预测序列中的一些位置的输出。RNN 的核心部分是一个有向图(Directed Graph)，如图 12.10 表示。

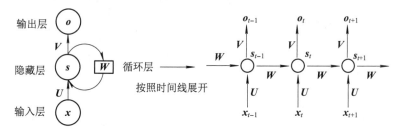

图 12.10　循环神经网络 RNN 模型

循环神经网络的隐藏层值 s 不仅仅取决于当前这次的输入 x，还取决于上一次隐藏层的值 s。权重矩阵 W 就是隐藏层上一次的值作为这一次的输入的权重。x 是一个向量，它表示输入层(Input Layer)的值；s 是一个向量，它表示隐藏层的值(可以想象这一层其实是多个节点，节点数与向量 s 的维度相同)；U 是输入层到隐藏层(Hidden Layer)的权重矩阵，o 也是一个向量，它表示输出层(Output Layer)的值；V 是隐藏层到输出层的权重矩阵。我们从图 12.10 就能够很清楚地看到，上一时刻的隐藏层是如何影响当前时刻的隐藏层的。

12.2.2　RNN 算法原理

RNN 在 t 时刻接收到输入 x_t 之后，隐藏层的值是 s_t，输出值是 o_t。关键一点是，s_t 的值不仅仅取决于 x_t，还取决于 s_{t-1}。因此，可以用下面的公式来表示循环神经网络的计算方法：

$$o_t = g(V \cdot s_t)$$

$$s_t = f(U \cdot x_t + W \cdot s_{t-1})$$

图 12.11 描述了循环神经网络(RNN)具体的前向与反向传播算法过程。其中：

(1)　x_t 代表在序列索引号 t 时训练样本的输入。同样的，x_{t-1} 和 x_{t+1} 代表在序列索引号 $t-1$ 和 $t+1$ 时训练样本的输入。

(2)　s_t 代表在序列索引号 t 时模型的隐藏状态。s_t 由 x_t 和 s_{t-1} 共同决定。

(3)　o_t 代表在序列索引号 t 时模型的输出。o_t 只由模型当前的隐藏状态 s_t 决定。

(4)　L_t 代表在序列索引号 t 时模型的损失函数。

(5)　y_t 代表在序列索引号 t 时训练样本序列的真实输出。

(6)　U、W、V 这三个矩阵是模型的线性关系参数，它们在整个 RNN 中是共享的，这点和 DNN 很不相同，它体现了 RNN 模型的"循环反馈"思想。

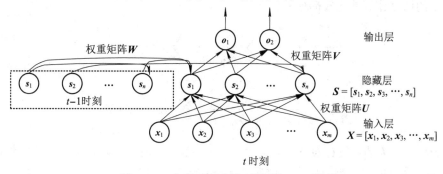

图 12.11　在序列索引号 t 附近的 RNN 模型

12.2.3　RNN 前向传播算法

对于任意一个序列索引号 t，隐藏状态 s_t 由 x_t 和 s_{t-1} 得到：

$$s_t = \sigma(z_t) = \sigma(Ux_t + s_t + b)$$

其中 σ 为 RNN 的激活函数，一般为 sigmoid 或者 tanh 函数，b 为线性关系的偏置。

序列索引号 t 时模型的输出 o_t 的表达式比较简单：

$$o_t = Vs_t + c$$

在最终序列索引号 t 时我们的预测输出为

$$\hat{y}_t = \sigma(o_t)$$

通常由于 RNN 是识别类的分类模型，所以上面这个激活函数一般是 softmax 函数。

通过损失函数 L_t，我们可以衡量 $\hat{y}_t$ 和 y_t 的差距。可以选择交叉熵损失函数：

$$J_t(\theta) = -\sum_{j=1}^{|V|} y_{t,j} * \log(\hat{y}_{t,j})$$

12.2.4　RNN 反向传播算法推导

在 RNN 前向传播算法的基础上，容易推导出 RNN 反向传播算法的流程。RNN 反向传播算法的思路是通过梯度下降法一轮轮地迭代，得到合适的 RNN 模型参数 U、W、V、b、c。由于 RNN 是基于时间反向传播，所以其反向传播又称 BPTT(Back-Propagation Through Time)。

为了简化描述，这里 RNN 的损失函数为对数损失函数，输出的激活函数为 softmax 函数，隐藏层的激活函数为 tanh 函数。由于在序列的每个位置都有损失函数，故最终损失 L 为

$$L = \sum_{t=1}^{\tau} L_t$$

其中 V、c 的梯度计算是比较简单的：

$$\frac{\partial L}{\partial c} = \sum_{t=1}^{\tau} \frac{\partial L_t}{\partial c} = \sum_{t=1}^{\tau} \frac{\partial L_t}{\partial o_t} \frac{\partial o_t}{\partial c} = \sum_{t=1}^{\tau} (\hat{y}_t - y_t)$$

$$\frac{\partial L}{\partial V} = \sum_{t=1}^{\tau} \frac{\partial L_t}{\partial V} = \sum_{t=1}^{\tau} \frac{\partial L_t}{\partial o_t} \frac{\partial o_t}{\partial V} = \sum_{t=1}^{\tau} (\hat{y}_t - y_t)(s_t)^{\mathrm{T}}$$

但是 W、U、b 的梯度计算就比较复杂了。从 RNN 的模型可以看出，在反向传播时，在某一序列位置 t 的梯度损失由当前位置的输出对应的梯度损失和序列索引位置 $t+1$ 时的

梯度损失两部分共同决定。对于 W 在某一序列位置 t 的梯度损失需要反向传播一步步地计算。定义序列索引 t 位置的隐藏状态的梯度为

$$\boldsymbol{\delta}_t = \frac{\partial L}{\partial \boldsymbol{s}_t}$$

这样我们可以像 DNN 一样从 $\boldsymbol{\delta}_{t+1}$ 递推 $\boldsymbol{\delta}_t$：

$$\boldsymbol{\delta}_t = \frac{\partial L}{\partial \boldsymbol{o}_t}\frac{\partial \boldsymbol{o}_t}{\partial \boldsymbol{s}_t} + \frac{\partial L}{\partial \boldsymbol{s}_{t+1}}\frac{\partial \boldsymbol{s}_{t+1}}{\partial \boldsymbol{s}_t} = \boldsymbol{V}^{\mathrm{T}}(\hat{\boldsymbol{y}}_t - \boldsymbol{y}_t) + \boldsymbol{W}^{\mathrm{T}}\boldsymbol{\delta}_{t+1}\mathrm{diag}(\boldsymbol{I} - (\boldsymbol{s}_{t+1})^2)$$

有了 $\boldsymbol{\delta}_t$ 计算 W、U 和 b 就容易了，这里给出 W、U 和 b 的梯度计算表达式：

$$\frac{\partial L}{\partial \boldsymbol{W}} = \sum_{t=1}^{\tau}\frac{\partial L}{\partial \boldsymbol{s}_t}\frac{\partial \boldsymbol{s}_t}{\partial \boldsymbol{W}} = \sum_{t=1}^{\tau}\mathrm{diag}(\boldsymbol{I} - (\boldsymbol{s}_t)^2)\boldsymbol{\delta}_t(\boldsymbol{s}_{t-1})^{\mathrm{T}}$$

$$\frac{\partial L}{\partial \boldsymbol{b}} = \sum_{t=1}^{\tau}\frac{\partial L}{\partial \boldsymbol{s}_t}\frac{\partial \boldsymbol{s}_t}{\partial \boldsymbol{b}} = \sum_{t=1}^{\tau}\mathrm{diag}(\boldsymbol{I} - (\boldsymbol{s}_t)^2)\boldsymbol{\delta}_t$$

$$\frac{\partial L}{\partial \boldsymbol{U}} = \sum_{t=1}^{\tau}\frac{\partial L}{\partial \boldsymbol{s}_t}\frac{\partial \boldsymbol{s}_t}{\partial \boldsymbol{U}} = \sum_{t=1}^{\tau}\mathrm{diag}(\boldsymbol{I} - (\boldsymbol{s}_t)^2)\boldsymbol{\delta}_t(\boldsymbol{x}_t)^{\mathrm{T}}$$

　　RNN 的特点是能"追根溯源"利用历史数据，但由于 RNN 具有"梯度消失"问题，可利用的历史数据是有限的。为解决"梯度消失"，RNN 选取 ReLU 函数为激活函数，如图 12.12 所示。

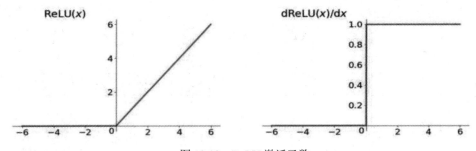

图 12.12　ReLU 激活函数

　　ReLU 函数的左侧导数为 0，右侧导数恒为 1，这就避免了小数的连乘，但反向传播中仍有权值的累乘，所以 ReLU 函数未完全解决"梯度消失"现象，只能说改善。有研究表明，在 RNN 中使用 ReLU 函数配合将权值初始化到单位矩阵附近，可以达到接近 LSTM 网络的效果。恒为 1 的导数容易导致"梯度爆炸"，设定合适的阈值可以解决这个问题。还有一点就是左侧横为 0 的导数有可能导致把神经元学死，设置合适的步长(学习率)也可以有效避免这个问题的发生。

12.2.5　循环神经网络的不足

　　虽然普通的 RNN 结构可以得到前面时间步的信息，可以处理序列化的数据，但是目前在实际应用上，很少见到只使用基本的 RNN 结构的情况，原因是普通的 RNN 存在梯度

消失和梯度爆炸的问题。

循环神经网络的关键点之一就是可以用来连接先前的信息和当前的任务，例如使用过去的视频段来推测对当前段的理解。如果 RNN 可以做到，它们就变得非常有用。但是真的可以吗？答案是可以，但还有很多依赖因素，即长期依赖(Long-Term Dependencies)问题。

有时候我们需要知道先前的信息来执行当前的任务。例如，用一个语言模型基于先前的词来预测下一个词。如果试着预测 "the clouds are in the" 这句话的最后一个词，并不需要其他的上下文，因为下一个词很显然就应该是 sky。在这样的场景中，相关的信息和预测的词位置之间的间隔是非常小的，RNN 可以学会使用先前的信息，如图 12.13 所示。

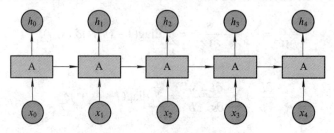

图 12.13　近距离的预测点与相关点

但是同样会有一些更加复杂的场景。假设我们试着去预测 "I grew up in France... I speak fluent French" 这句话的最后一个词。当前的信息建议下一个词可能是一种语言的名字，但是如果需要弄清楚是什么语言，需要先前提到的离当前位置很远的 France 的上下文。这说明相关信息和当前预测位置之间的间隔就肯定变得相当大。

不幸的是，随着位置间隔与相关信息不断增大，RNN 会丧失学习到连接如此远的信息的能力，如图 12.14 所示。

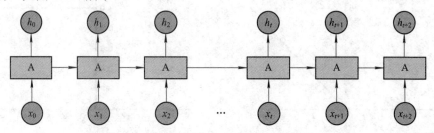

图 12.14　长距离相关信息和位置间隔下的预测点与相关点

可以发现，梯度消失和梯度爆炸与层数有关，层数深的网络，都会遇到梯度消失或者梯度爆炸的问题。RNN 比较容易出现梯度消失或者梯度爆炸的问题，是因为 RNN 的"循环反馈"，一个一层的 RNN 的"深度"可以等价于一个"深度"等于输入序列长度的前馈神经网络。处理一个长度为 100 的序列，相当于一个 100 层的前馈神经网络。对于导数小于 1 的单元，残差会越传越小，这会让后面时间步的计算无法得到前面时间步的信息；对于导数大于 1 的单元，残差会越传越大，这会让后面时间步信息的影响超过当前的时间步。

虽然 RNN 理论上可以很漂亮地解决序列数据的训练，但是它也像 DNN 一样有梯度消失时的问题，当序列很长的时候问题尤其严重。所以实际中一般会规定一个最大长度，当序列长度超出时会对序列进行截断。因此，上面的 RNN 模型一般不能直接应用。在语音识别、手写识别以及机器翻译等 NLP 领域实际应用比较广泛的是基于 RNN 模型的一个特例 LSTM，下面我们就来讨论 LSTM 模型。

12.3　长短期记忆网络

RNN 由于梯度消失的原因只能有短期记忆，Hochreiter 和 Schmidhuber 在 1997 年提出了长短期记忆(Long Short-Term Memory，LSTM)网络模型，LSTM 网络通过精妙的"门"控制将加法运算带入网络中，通过刻意的设计来避免长期依赖问题，一定程度上解决了梯度消失的问题。

12.3.1　LSTM 的单元基本结构

这里用图示的方式，对比普通 RNN 单元和 LSTM 单元。在标准的 RNN 中都有一种重复神经网络模块的链式结构，这个重复的模块采用 tanh 作为激活函数，左边的单元代表本单元前面一个时刻的计算，中间的单元代表当前时刻本单元的计算，右边的单元表示下一个时刻本单元的计算，如图 12.15 所示。

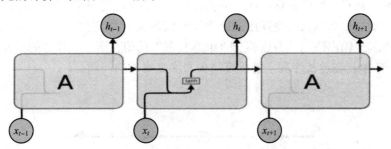

图 12.15　循环神经网络(RNN)单元层结构

LSTM 同样具有链式结构，但是重复的模块拥有不同的结构，左、中、右也分别代表上一个时刻、当前时刻和下一时刻的本单元计算，区别是单元输入/输出和网络结构不一样。不同于单一神经网络层，LSTM 整体上除了 h 在随时间流动，细胞状态 C 也在随时间流动，细胞状态 C 就代表着长期记忆，如图 12.16 所示。

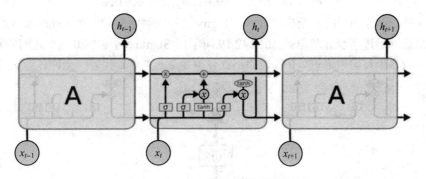

图 12.16　LSTM 网络的循环单元结构

LSTM 网络中使用的各种元素图标如图 12.17 所示。

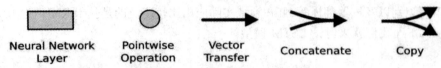

图 12.17　LSTM 网络用到的符号

图 12.17 中，矩形是神经网络的计算层(Neural Network Lay)；圆形表示运算操作(Pointwise Operation)，诸如加法、乘法等操作；单箭头表示向量的输出传输(Vector Transfer)；两个箭头合成一个箭头表示数据向量的连接(Concatenate)；一个箭头分开两个箭头表示数据向量的复制(Copy)。

12.3.2　LSTM 的核心思想

为了避免梯度消失和梯度爆炸的问题，LSTM 单元相对普通 RNN 单元有比较大的区别，主要的核心思想有两个。一是采用一个叫作"细胞状态"(state)的通道贯穿整个时间序列；二是通过精心设计的"门"结构来去除或者增加信息到细胞状态的能力。

LSTM 的关键就是细胞状态，细胞状态类似于传送带(黑色水平线在图 12.18 上方从左到右贯穿运行)，直接在整个链上运行，只有一些少量的线性交互，信息在上面流传保持不变会很容易。从 C_{t-1} 到 C_t 在这条线上的操作只有乘法和加法操作，加法操作不引起梯度传播的变化，而加权运算只改变梯度的范围，所以在这条"细胞状态"通道上不会发生梯度的衰减，而其他输出值的计算依赖于"细胞状态"的值，所以 LSTM 的单元设计就可以避免普通 RNN 单元在过长序列上的梯度消失和梯度爆炸的问题。

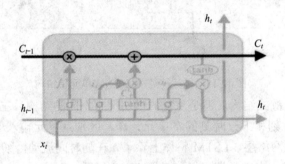

图 12.18　LSTM "细胞状态" 通道示意图

LSTM 精心设计的"门"结构包含一个 Sigmoid 神经网络层和一个 pointwise 乘法操作，可以让信息选择通过多少计算单元(如图 12.19 所示)。Sigmoid 层输出 0 到 1 之间的数值，描述每个部分有多少量可以通过。0 代表"不许任何量通过"，1 代表"允许任意量通过"。

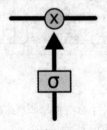

图 12.19　LSTM 的 "门" 结构

　　LSTM 拥有三个"门"来保护和控制细胞状态，并控制不同阶段的数据输入和输出，它们分别是"忘记门""输入门"和"输出门"。

1. 忘记门

　　LSTM 中的第一步是决定我们会从细胞状态中丢弃什么信息。这个决定通过忘记门完成，忘记门会读取 h_{t-1} 和 x_t 的内容。这里需要思考两个问题：这个门怎么做到"遗忘"的呢？既然是遗忘旧的内容，为什么这个门还要接收新的 x_t？

　　对于"遗忘"，可以理解为"之前的内容记住多少"，LSTM 网络通过学习输出 $(0, 1)$ 之间的小数 sigmoid 函数决定让网络记住以前百分之多少的内容。第二个问题更好理解，决定记住什么遗忘什么，其中新的输入肯定要产生影响，图 12.20 中加粗部分是"忘记门"。"忘记门"左侧的 h_{t-1} 和下面输入的 x_t 经过连接操作，再通过一个线性单元，经过一个 σ 也就是 sigmoid 函数生成一个 0 到 1 之间的数字作为系数输出。

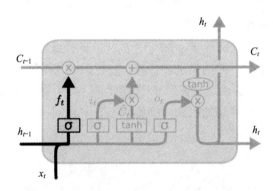

图 12.20　"忘记门"在 LSTM 单元中的位置

　　"忘记门"的计算公式如下：

$$f_t = \sigma(W_f \cdot [h_{t-1}, x_t] + b_f)$$

其中，输入 h_{t-1} 和 x_t、W_f、b_f 都是要训练的参数。σ 符号代表 sigmoid 函数，它会输出一个 0 到 1 之间的数值，1 表示"完全保留"细胞状态 C_{t-1} 中的数据，0 表示"完全舍弃"细胞状态 C_{t-1} 中的数据，0 到 1 之间的数值代表部分保留细胞状态 C_{t-1} 中的数据。在语言模型的例子中基于已经看到的内容来预测下一个词。如当看到新的主语，希望忘记旧的主语。

2. 输入门

　　在语言模型的例子中，我们希望增加新的主语的性别到细胞状态中，来替代旧的需要忘记的主语，需要进一步确定是什么样的新信息被存放在细胞状态 C_t 中。输入门包含两个部分：sigmoid 函数选择更新内容，tanh 函数创建更新候选信息。如图 12.21 所示，加粗部分是"输入门"在 LSTM 单元中的位置。这里 sigmoid 层称为"输入门层"，决定什么值将要更新。和输入门配合的还有图中计算的 tanh 层，这部分输入也是 h_{t-1} 和 x_t，不过采用的是激活函数，创建一个新的候选值向量 $\tilde{C}_t$ 会被加入到"候选状态"中。

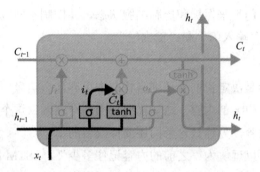

图 12.21　"输入门"在 LSTM 单元中的位置

"输入门"相关的计算公式如下：

$$i_t = \sigma(W_i \cdot [h_{t-1}, x_t] + b_i)$$

$$\tilde{C}_t = \tanh(W_C \cdot [h_{t-1}, x_t] + b_C)$$

其中输入 h_{t-1} 和 x_t、W_i 都是要训练的参数。

　　现在是更新旧细胞状态的时间了，如何由 C_{t-1} 计算更新为 C_t。如图 12.22 所示，首先旧细胞状态 C_{t-1} 和"忘记门"的结果进行计算，决定旧的"细胞状态"要保留多少，忘记多少；接着"输入门" i_t 和"候选状态" $\tilde{C}_t$ 进行计算，将所得的结果加入到"细胞状态"中，这表示新的输入信息有多少加入到"细胞状态"中。

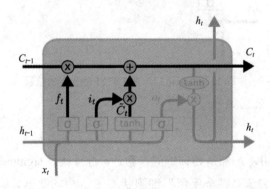

图 12.22　由 C_{t-1} 计算得到的 C_t

前面的步骤已经决定了将会做什么，现在用如下公式来表示并实际去完成。

$$C_t = f_t * C_{t-1} + i_t * \tilde{C}_t$$

　　在语言模型的例子中，这就是我们实际根据前面确定的目标，丢弃旧代词的性别信息并添加新的信息的地方。

3. 输出门

　　基于细胞的状态确定输出的信息。首先，运行一个 sigmoid 层来确定细胞状态的哪个部分将输出。接着，把细胞状态通过 tanh 进行处理(得到一个 −1 到 1 之间的值)，并将它和 sigmoid 门的输出相乘，最终仅会输出我们确定输出的那部分，如图 12.23 所示。

$$o_t = \sigma(W_o[h_{t-1}, x_t] + b_o)$$
$$h_t = o_t * \tanh(C_t)$$

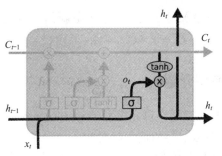

图 12.23　"输出门"在 LSTM 单元中的位置

忘记门、输入门和输出门这三个门虽然功能上不同，但在执行任务的操作上是相同的。它们都是使用 sigmoid 函数作为选择工具，tanh 函数作为变换工具，这两个函数结合起来实现三个门的功能。

4. 增加 peephole 的 LSTM 变体

到目前为止都是介绍标准的 LSTM，但实际上几乎所有的 LSTM 都采用了微小的变体。其中一个流行的 LSTM 变体增加了"peephole connection"，这是由 Gers 和 Schmidhuber 于 2000 年提出的，即让几个"门层"除了接收正常的输入数据和上一个时刻的输出之外，也会接受"细胞状态"的输入，如图 12.24 所示，例中模型增加了 peephole 到每个门上。

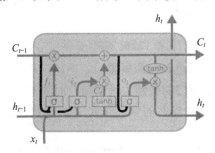

图 12.24　增加 peephole 的 LSTM 单元

有 peephole 的 LSTM 单元的"忘记门"、"输入门"和"输出门"的公式修改如下：

$$f_t = \sigma(W_f \cdot [C_{t-1}, h_{t-1}, x_t] + b_f)$$
$$i_t = \sigma(W_i \cdot [C_{t-1}, h_{t-1}, x_t] + b_i)$$
$$o_t = \sigma(W_o \cdot [C_t, h_{t-1}, x_t] + b_o)$$

另一个变体是通过使用 coupled 忘记门和输入门共同决定忘记什么和添加什么新信息，即将新的值输入到那些已经忘记旧的信息位置，如图 12.25 所示。

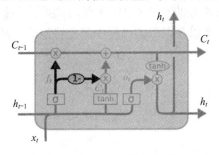

图 12.25　使用 coupled 忘记门和输入门的 LSTM 单元

增加 coupled 将忘记门和输入门合成一个单一更新门，修改后的公式如下：

$$C_t = f_t * C_{t-1} + (1 - f_t) * \tilde{C}_t$$

12.3.3　GRU 神经网络模型介绍

Cho 等人 2014 年提出的门控循环单元模型(Gated Recurrent Unit，GRU)是 LSTM 网络的改动较大的变体。GRU 将忘记门和输入门合成了一个单一的更新门，同时还混合了细胞状态和隐藏状态，它较 LSTM 网络结构更加简单，因此可以解决 RNN 中的长依赖问题而且效果也很好。LSTM 中引入了三个门函数：输入门、遗忘门和输出门来控制输入值、记忆值和输出值。而 GRU 模型中只有两个门，分别是更新门和重置门。GRU 具体结构如图 12.26 所示。

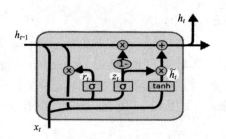

图 12.26　GRU 模型

模型图中的 z_t 和 r_t 分别表示更新门和重置门。更新门用于控制前一时刻的状态信息被带入到当前状态中的程度，更新门的值越大说明前一时刻的状态信息带入越多。重置门控制前一状态有多少信息被写入到当前的候选集 $\tilde{h}_t$ 上，重置门越小，前一状态的信息被写入的越少。

GRU 网络的前向传播公式表示如下，其中[]表示两个向量相连，*表示矩阵的乘积。

$$z_t = \sigma(W_z \cdot [h_{t-1}, x_t])$$

$$r_t = \sigma(W_r \cdot [h_{t-1}, x_t])$$

$$\tilde{h}_t = \tanh(W \cdot [r_t * h_{t-1}, x_t])$$

$$h_t = (1 - z_t) * h_{t-1} + z_t * \tilde{h}_t$$

$$y_t = \sigma(W_o \cdot h_t)$$

从前向传播过程中的公式可以看出 GRU 要学习训练的参数有 W_r、W_z、W_h、W_o。其中前三个参数都是拼接的，所以在训练的过程中需要将他们分割出来：

$$W_r = W_{rx} + W_{rh}$$

$$W_z = W_{zx} + W_{zh}$$

$$W_{\tilde{h}} = W_{\tilde{h}_x} + W_{\tilde{h}_h}$$

输出层的输入：

$$y_t^i = W_o h$$

输出层的输出：

$$y_t^o = \sigma(y_t^i)$$

在得到最终的输出后，就可以写出网络传递的损失，单个样本某时刻的损失为

$$E_t = \frac{1}{2}(y_d - y_t^o)^2$$

则单个样本的在所有时刻的损失为

$$E = \sum_{t=1}^{T} E_t$$

12.3.4　LSTM 和 GRU 的核心思想对比

概括来说，LSTM 和 GRU 都是通过各种门函数来将重要特征保留下来，这样就保证了在 long-term 传播的时候也不会丢失。此外 GRU 相对于 LSTM 少了一个门函数，因此在参数的数量上也少于 LSTM，所以整体上 GRU 的训练速度要快于 LSTM。不过两个网络的好坏还是得看具体的应用场景，如图 12.27 所示。

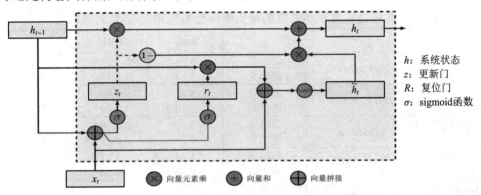

图 12.27　GRU 循环单元结构

卷积神经网络中的残差网络在设计之初也借鉴了 LSTM 这种"门"控制的思想，让网络变得更深、层数更多，在训练的时候借助高速通道让残差可以传递得更远，获得更好的效果，如图 12.28 所示。

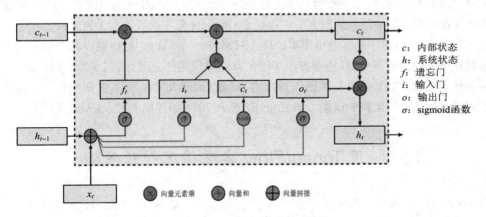

图 12.28　LSTM 循环单元结构

哪个变体是最好的？其中的差异性真的重要吗？Greff 等人 2015 年对流行变体进行了比较，结论是它们基本上是一样的。Jozefowicz 等人则在 2015 年对超过 1 万种 RNN 架构进行了测试，发现一些架构在某些任务上取得了比 LSTM 更好的结果，如表 12.1 和表 12.2 所示。

表 12.1　测试实验中的模型参数

模　型	# of Units	参　数
多声部音乐实验		
LSTM	36	$\approx 19.8*10^3$
GRU	46	$\approx 20.2*10^3$
tanh	100	$\approx 20.1*10^3$
语音信号实验		
LSTM	195	$\approx 169.1*10^3$
GRU	227	$\approx 168.9*10^3$
tanh	400	$\approx 168.4*10^3$

表 12.2　NLP 训练集和测试集的最大概率计算结果比较(负对数相加)

			tanh	GRU	LSTM
Music Datasets (音乐数据集)	Nottingham	训练集	3.22	2.79	3.08
		测试集	3.13	3.23	3.20
	JSB Chorales	训练集	8.82	6.49	8.15
		测试集	9.10	8.54	8.67
	MuseData	训练集	5.64	5.06	5.18
		测试集	6.23	5.99	6.23
	Piano-midi	训练集	5.64	4.93	6.49
		测试集	9.03	8.82	9.03
Ubisoft Datasets (育碧游戏数据集)	Ubisoft Datasets A	训练集	6.29	2.31	1.44
		测试集	6.44	3.59	2.70
	Ubisoft Datasets B	训练集	7.61	0.38	0.80
		测试集	7.62	0.88	1.26

可以看出标准 LSTM 和 GRU 的差别并不大，但是都比 tanh 明显好很多，所以在选择标准 LSTM 或者 GRU 的时候还要看具体的任务是什么。使用 LSTM 的原因之一是解决 RNN Deep Network 的 Gradient 错误累积太多，以至于 Gradient 归零或者成为无穷大，所以无法继续进行优化的问题。GRU 的构造更简单，比 LSTM 少一个 Gate，这样就少几个矩阵乘法。在训练数据很大的情况下 GRU 能节省很多时间。这里只是部分流行的 LSTM 变体，当然还有很多其他的变体，如 Yao 等人 2015 年提出的 Depth Gated RNN。还有的研究者用一些完全不同的观点来解决长期依赖的问题，如 Koutnik 等人 2014 年提出的 Clockwork RNN。

12.4　用 TensorFlow 实现循环神经网络

TensorFlow 为 RNN 提供了全面的支持，从基本 RNN 单元到双向动态序列长度 LSTM，都提供了实现好的 API。这里对几种常见 RNN 的 API 进行介绍。

12.4.1　理解 tf.contrib.rnn.BasicRNNCell 函数

BasicRNNCell 是最基本的 RNN cell 单元，输入参数的含义为：num_units 为 RNN 层神经元的个数；input_size 参数已被弃用；activation 为内部状态之间的激活函数；reuse 为 Python 布尔值，描述是否重用现有作用域中的变量。TensorFlow 的源码详见 TensorFlow 的 GitHub 项目的 TensorFlow\contrib\rnn\python\ops 路径中基本 RNN 单元的源码如下：

```
class BasicRNNCell(RNNCell):
    """The most basic RNN cell."""

    def __init__(self, num_units, input_size=None, activation=tanh, reuse=None):
        if input_size is not None:
            logging.warn("%s: The input_size parameter is deprecated.", self)
        self._num_units = num_units
        self._activation = activation
        self._reuse = reuse
    @property
    def state_size(self):
        return self._num_units
    @property
    def output_size(self):
        return self._num_units

    def __call__(self, inputs, state, scope=None):
        """Most basic RNN: output = new_state = act(W * input + U * state + B)."""
        with _checked_scope(self, scope or "basic_rnn_cell", reuse=self._reuse):
            output = self._activation( _linear([inputs, state], self._num_units, True))
        return output, output
```

从基本的 RNN 源码中可以看出通过 BasicRnnCell 定义的实例对象 Cell，其中两个属性 Cell.state_size 和 Cell.output_size 返回的都是 num_units。通过_call_将实例 A 变成一个可调用的对象，当传入输入 input 和状态 state 后，根据公式 output = new_state = act(W * input + U * state + B)可以得到相应的输出并返回。

12.4.2　理解 tf.contrib.rnn.BasicLSTMCell 函数

BasicLSTMCell 类是最基本的 LSTM 循环神经网络单元，输入参数和 BasicRNNCell 差不多。其中，num_units 为 LSTM cell 层中的单元数；forget_bias 为 forget gates 中的偏置；state_is_tuple 设置为 True，返回(c_state , m_state)的二元组；activation 为状态之间转移的激活函数；reuse 为 Python 布尔值，描述是否重用现有作用域中的变量。

- state_size 属性：如果 state_is_tuple 为 True，返回的是二元状态元组。
- output_size 属性：返回 LSTM 中的 num_units，也就是 LSTM Cell 中的单元数，在初始化时输入的 num_units 参数。
- _call_()将类实例转化为一个可调用的对象，传入输入 input 和状态 state，根据 LSTM 的计算公式，返回 new_h，和新的状态 new_state。其中 new_state = (new_c, new_h)。

基本 BasicLSTMCell(RNNCell)的源码如下：

```
class BasicLSTMCell(RNNCell):
    """Basic LSTM recurrent network cell.
    The implementation is based on: http://arxiv.org/abs/1409.2329.
    We add forget_bias (default: 1) to the biases of the forget gate in order to
    reduce the scale of forgetting in the beginning of the training.
    It does not allow cell clipping, a projection layer, and does not
    use peep-hole connections: it is the basic baseline.
    For advanced models, please use the full LSTMCell that follows."""

    def __init__(self, num_units, forget_bias=1.0, input_size=None,
                 state_is_tuple=True, activation=tanh, reuse=None):
        """Initialize the basic LSTM cell.
        Args:
            num_units: int, The number of units in the LSTM cell.
            forget_bias: float, The bias added to forget gates (see above).
            input_size: Deprecated and unused.
            state_is_tuple: If True, accepted and returned states are 2-tuples of
                the `c_state` and `m_state`.  If False, they are concatenated
                along the column axis.  The latter behavior will soon be deprecated.
            activation: Activation function of the inner states.
            reuse: (optional) Python boolean describing whether to reuse variables
                in an existing scope.  If not `True`, and the existing scope already has
                the given variables, an error is raised."""
        if not state_is_tuple:
            logging.warn("%s: Using a concatenated state is slower and will soon be "
                         "deprecated.  Use state_is_tuple=True.", self)
        if input_size is not None:
            logging.warn("%s: The input_size parameter is deprecated.", self)
        self._num_units = num_units
        self._forget_bias = forget_bias
        self._state_is_tuple = state_is_tuple
        self._activation = activation
```

```
        self._reuse = reuse

    @property
    def state_size(self):
        return (LSTMStateTuple(self._num_units, self._num_units)
                if self._state_is_tuple else 2 * self._num_units)

    @property
    def output_size(self):
        return self._num_units

    def __call__(self, inputs, state, scope=None):
        """Long short-term memory cell (LSTM)."""
        with _checked_scope(self, scope or "basic_lstm_cell", reuse=self._reuse):
            # Parameters of gates are concatenated into one multiply for efficiency.
            if self._state_is_tuple:
                c, h = state
            else:
                c, h = array_ops.split(value=state, num_or_size_splits=2, axis=1)
            concat = _linear([inputs, h], 4 * self._num_units, True)

            # i = input_gate, j = new_input, f = forget_gate, o = output_gate
            i, j, f, o = array_ops.split(value=concat, num_or_size_splits=4, axis=1)
            new_c = (c * sigmoid(f + self._forget_bias) + sigmoid(i) *self._activation(j))
            new_h = self._activation(new_c) * sigmoid(o)

            if self._state_is_tuple:
                new_state = LSTMStateTuple(new_c, new_h)
            else:
                new_state = array_ops.concat([new_c, new_h], 1)
            return new_h, new_state
```

这是最基本的 LSTM 单元，没有 peephole 连接。对于更加高级的 LSTM，可以使用 tf.contrib.rnn.LSTMCell。

12.4.3 理解 tf.contrib.rnn.GRUCell 函数

GRUCell 是一种标准 LSTM 的变种，TensorFlow 中提供了已经实现好的调用，其构造函数如下：

```
    def __init__(num_units, activation=None, reuse=None, kernel_initializer=None,
                 bias_initializer=None, name=None, dtype=None)
```

其中部分参数的含义如下。

- num_units：GRU cell 中神经元数量，即隐藏的神经元数量。
- activation：单元计算过程中使用的激活函数。
- resue：布尔型，表示是否在现有的 scope 中重复使用变量。如果不为 True，并且现有的 scope 中已经存在给定的变量，则会产生错误。
- Kernel_initializer：可选参数，权重和投影矩阵使用的初始化器。
- Bias_initializer：可选参数，偏置使用的初始化器。
- name：该层的名称。拥有同样名称的层共享权重，但为了避免错误，一般会使用 reuse = True。
- dtype：该层默认的数据类型。

门控循环单元 cell 代码示例：

```
import tensorflow as tf
batch_size=10
depth=128
output_dim=100
inputs=tf.Variable(tf.random_normal([batch_size,depth]))
previous_state=tf.Variable(tf.random_normal([batch_size,output_dim]))
#前一个状态的输出
gruCell=tf.nn.rnn_cell.GRUCell(output_dim)
output,state=gruCell(inputs,previous_state)
print(output)
print(state)
```

输出结果为：

Tensor("gru_cell/add:0", shape=(10, 100), dtype=float32)

Tensor("gru_cell/add:0", shape=(10, 100), dtype=float32)

12.4.4　解读 tf.contrib.rnn.DropoutWrapper 函数

2012 年 Geoffrey Hinton 提出的 Dropout 对防止过拟合有很好的效果。Dropout 是指在神经网络中，每个神经单元在每次有数据流入时，以一定的概率 keep_prob 正常工作，否则输出 0 值。TensorFlowRNN 中直接提供 dropout 的接口，可以用 tf.contrib.rnn.Dropout Wrapper 将 RNN 单元进行包装，使 RNN 单元的输入和输出具有 dropout 的功能。

tf.contrib.rnn.DropoutWrapper 的构造函数如下：

```
def _init_(self, cell, input_keep_prob=1.0, output_keep_prob=1.0, state_keep_prob=1.0,
    variational_recurrent = False, input_size=None, dtype= None, seed=None)
```

其中部分参数的含义如下。

- cell：要包装的 RNN 单元，可以是继承了 RNNCell 的类的实现。
- input_keep_prob：输入保留的边的百分比，默认是 1，不丢弃信息。
- output_keep_prob = 1：输出保留的边的百分比，默认是 1，不丢弃信息。

在 RNN 中进行 dropout 时，到对于 RNN 的部分不进行 dropout，也就是说从 $t-1$ 时候的状态传递到 t 时刻进行计算时，中间不进行 memory 的 dropout；仅在同一个 t 时刻中，多层 cell 之间传递信息的时候进行 dropout。

tf.contrib.rnn.DropoutWrapper 的返回值依然是当作 RNNCell 来使用，可以继续和其他的 RNNCell 进行输入和输出的连接。

12.5　BERT 深度网络模型介绍

目前，自然语言处理领域开始流行预训练模型，即通过超大规模的语料对深度神经网络进行训练，然后在具体任务使用时，对预训练模型根据任务进行微调，这种方式取得了非常好的效果。BERT 是 Google 公司的 Devlin 等人于 2018 年提出的一种全新训练语言模型，全称是 Bidirectional Encoder Representations from Transformers，模型结构是一个多层双向 Transformer 编码器，具体结构如图 12.29 所示。

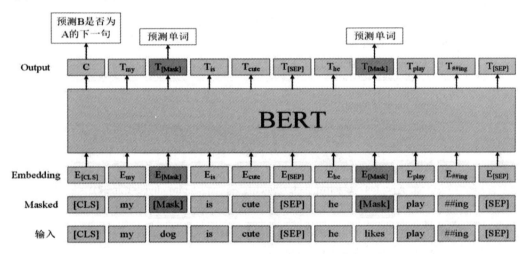

图 12.29　BERT 模型结构图

BERT 模型的主要创新为两点，且都集中在预训练上。第一点，使用 Masked LM(MLM)捕捉词语级别的表示。MLM 用于训练深度双向表示能力，是一种简单的方法，即随机遮蔽一定比例的输入，然后只预测那些被遮蔽的词，这个过程称为"遮蔽语言模型"(MLM)。第二点，使用 Sentence Prediction 捕捉句子级别的表示。Sentence Prediction 用于训练模型理解句子关系的能力，本质上是一个预测下一句的二元分类任务。具体操作是在选择训练句子 A 和 B 时，50%的概率句子 B 真的是句子 A 后面的一个句子，50%的概率是句子 B 来自训练语料库中的随机句子。

BERT 是开源的效果最好的预训练语言模型，通过预训练和微调横扫 11 项 NLP 任务，具有最好的性能。其次，它使用 Transformer 机制提取文本特征，相比传统的 RNN、LSTM 能够更加有效地捕捉更长距离的语义依赖。缺点是在 MLM 训练时使用[mask]标记来遮蔽部分词语，但训练时用过多[mask]会影响模型的表现。

BERT 模型代码如下：

```python
class BertModel(object):
    def __init__(self,
                 config,
                 is_training,
                 input_ids,
                 input_mask=None,
                 token_type_ids=None,
                 use_one_hot_embeddings=False,
                 scope=None):
        config = copy.deepcopy(config)
        if not is_training:
            config.hidden_dropout_prob = 0.0
            config.attention_probs_dropout_prob = 0.0

        input_shape = get_shape_list(input_ids, expected_rank=2)
        batch_size = input_shape[0]
        seq_length = input_shape[1]

        if input_mask is None:
            input_mask = tf.ones(shape=[batch_size, seq_length], dtype=tf.int32)

        if token_type_ids is None:
            token_type_ids = tf.zeros(shape=[batch_size, seq_length], dtype=tf.int32)

        with tf.variable_scope(scope, default_name="bert"):
            with tf.variable_scope("embeddings"):
                # Perform embedding lookup on the word ids.
                # embedding_output = [batch_size, max_seq_length, embedding_size].
                # embedding_table = [vocab_size, embedding_size]
                (self.embedding_output, self.embedding_table) = embedding_lookup(
                    input_ids=input_ids,
                    vocab_size=config.vocab_size,
                    embedding_size=config.hidden_size,
                    initializer_range=config.initializer_range,
                    word_embedding_name="word_embeddings",
                    use_one_hot_embeddings=use_one_hot_embeddings)

                # Add positional embeddings and token type embeddings, then layer
```

```
# normalize and perform dropout.
# 将矩阵加入位置信息，再经过 nl 和 dropout
# 位置信息就是一个大矩阵，是需要训练的，并不是 transformer 里面那样加的
self.embedding_output = embedding_postprocessor(
    input_tensor=self.embedding_output,
    use_token_type=True,
    token_type_ids=token_type_ids,
    token_type_vocab_size=config.type_vocab_size,
    token_type_embedding_name="token_type_embeddings",
    use_position_embeddings=True,
    position_embedding_name="position_embeddings",
    initializer_range=config.initializer_range,
    max_position_embeddings=config.max_position_embeddings,
    dropout_prob=config.hidden_dropout_prob)

with tf.variable_scope("encoder"):
    # This converts a 2D mask of shape [batch_size, seq_length] to a 3D
    # mask of shape [batch_size, seq_length, seq_length] which is used
    # for the attention scores.
    # [batch_size, seq_length, seq_length]
    attention_mask = create_attention_mask_from_input_mask(
        input_ids, input_mask)

    # Run the stacked transformer.
    # `sequence_output` shape = [batch_size, seq_length, hidden_size].
    self.all_encoder_layers = transformer_model(
        input_tensor=self.embedding_output,
        attention_mask=attention_mask,
        hidden_size=config.hidden_size,
        num_hidden_layers=config.num_hidden_layers,
        num_attention_heads=config.num_attention_heads,
        intermediate_size=config.intermediate_size,
        intermediate_act_fn=get_activation(config.hidden_act),
        hidden_dropout_prob=config.hidden_dropout_prob,
        attention_probs_dropout_prob=config.attention_probs_dropout_prob,
        initializer_range=config.initializer_range,
        do_return_all_layers=True)
```

```
self.sequence_output = self.all_encoder_layers[-1]
# The "pooler" converts the encoded sequence tensor of shape
# [batch_size, seq_length, hidden_size] to a tensor of shape
# [batch_size, hidden_size]. This is necessary for segment-level
# (or segment-pair-level) classification tasks where we need a fixed
# dimensional representation of the segment.
with tf.variable_scope("pooler"):
    # We "pool" the model by simply taking the hidden state corresponding
    # to the first token. We assume that this has been pre-trained
    first_token_tensor = tf.squeeze(self.sequence_output[:, 0:1, :], axis=1)
    self.pooled_output = tf.layers.dense(
        first_token_tensor,
        config.hidden_size,
        activation=tf.tanh,
        kernel_initializer=create_initializer(config.initializer_range))
```

本 章 小 结

　　本章介绍在自然语言处理应用方面效果显著的循环神经网络，主要内容包括其基本结构、原理以及如何用 TensorFlow 来实现循环神经神经网络，然后对 RNN 在自然语言处理领域的应用进行了介绍，包括 LSTM、GRU 神经网络模型等并重点介绍了 BERT 模型以及它在 TensorFlow 上的实现。

习　　题

　　1. 简述循环神经网络的基本原理和架构。

　　2. 简述 LSTM 和 GRU 与普通 RNN 的区别以及两者的优缺点。

　　3. Sequence to Sequence RNN 有哪些应用？Encoder+Attention 模型在现实中有哪些应用？

　　4. Dropout 的原理是什么？它在 RNN 上是如何应用的？

　　5. 自然语言处理的基本模型有哪些？BERT 模型相比于 Word2Vec 模型的提升和进步有哪些？

第13章 强化学习

 本章学习目标：

- 掌握强化学习的基本原理和特点
- 掌握马尔可夫决策过程
- 理解强化学习中经典学习方法——Q-learning、策略梯度时间差分法等
- 了解强化学习的应用实例——基于 Q-learning 算法解决路径规划问题

本章将介绍强化学习的问题设定和基础理论，并引出解决强化学习问题的两个系列算法——策略梯度方法和值函数方法。策略梯度方法直接优化策略模型，简单直接但是采样效率较低，可以通过重要性采样技术提高算法采样效率。价值函数方法采样效率较高，容易训练，但是策略模型需要由值函数间接推导。最后给出基于 Q-learning 学习求解自动导引车(AGV)路径规划问题的应用实例。

13.1 强化学习简介

强化学习(Reinforcement Learning, RL)是机器学习的范式和方法论之一，用于描述和解决智能体(Agent)在与环境的交互过程中通过学习策略以达成回报最大化或实现特定目标的问题。强化学习是从动物学习、参数扰动自适应控制等理论发展而来，其基本原理是：如果 Agent 的某个行为策略导致环境正的奖赏(强化信号)，那么 Agent 以后产生这个行为策略的趋势便会加强。Agent 的目标是在每个离散状态发现最优策略以使期望的折扣奖赏和最大。强化学习在信息论、博弈论、自动控制等领域得到了广泛应用，如被用于解释有限理性条件下的平衡态、设计推荐系统和机器人交互系统。

强化学习的常见模型是标准的马尔可夫决策过程(Markov Decision Process, MDP)。按给定条件，强化学习可分为基于模式的强化学习(Model-based RL)、无模式强化学习(Model-free RL)以及主动强化学习(Active RL)和被动强化学习(Passive RL)。强化学习的变体包括逆向强化学习、阶层强化学习和部分可观测系统的强化学习。求解强化学习问题所使用的算法可分为策略搜索算法和价值函数(Value function)算法两类。

13.1.1　强化学习基本原理

强化学习是 Agent 以"试错"的方式进行学习，通过与环境进行交互获得的奖赏指导行为，目标是使智能体获得最大的奖赏。强化学习把学习看作试探评价过程，Agent 选择一个动作用于环境，环境接受该动作后状态发生变化，同时产生一个强化信号(奖或惩)反馈给 Agent，Agent 根据强化信号和环境当前状态再选择下一个动作，选择的原则是使受到正强化(奖)的概率增大。选择的动作不仅影响立即强化值，而且影响环境下一时刻的状态及最终的强化值。

强化学习不同于连接主义学习中的监督学习，主要表现在教师信号上，强化学习中由环境提供的强化信号是 Agent 对所产生动作的好坏作一种评价(为标量)，而不是告诉 Agent 如何去产生正确的动作。由于外部环境提供了很少的信息，因此 Agent 必须靠自身的经历进行学习。Agent 通过这种方式在行动评价的环境中获得知识，改进行动方案以适应环境。

强化学习系统的学习目标是动态地调整参数，以达到强化信号最大。若已知 r/A 梯度信息，则可直接使用监督学习算法。因为强化信号 r 与 Agent 产生的动作 A 没有明确的函数形式描述，所以梯度信息 r/A 无法得到。因此，在强化学习系统中，需要某种随机单元，使用这种随机单元，Agent 在可能动作空间中进行搜索并发现正确的动作。强化学习工作原理如图 13.1 所示。

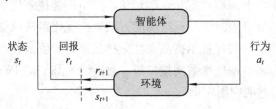

图 13.1　强化学习 Agent 工作原理

13.1.2　强化学习的特点

(1) 没有监督标签。只会对当前状态进行奖惩和打分，其本身并不知道什么样的动作才是最好的。

(2) 评价有延迟。往往需要过一段时间，已经走了很多步后才知道当时选择是好是坏。有时候需要牺牲一部分当前利益以最优化未来奖励。

(3) 时间顺序性。每次行为都不是独立的，每一步都会影响下一步。强化学习的目标也是如何优化一系列的动作序列以得到更好的结果，即其往往应用于连续决策。

(4) 与在线学习相比，强化学习方法可以是在线学习思想的一种实现，但是在线学习的数据流一定是增加的，而强化学习的数据可以减少(先收集，更新时按丢掉差数据的方向)。而且在线学习对于获得的数据是用完就丢，强化学习则是将数据存起来作为既往的经验。

13.1.3　强化学习要素

强化学习需要智能体和环境，除此之外强化学习系统有四个核心要素：策略、收益信号、价值函数以及(可选的)对环境建立的模型。

策略定义了学习智能体在特定时间的行为方式。简单地说,策略是环境状态到动作的映射。它对应于心理学中被称为"刺激-反应"的规则或关联关系。在某些情况下,策略可能是一个简单的函数或查询表,而在另一些情况下,它可能涉及大量的计算,例如搜索过程。策略本身是可以决定行为的,因此策略是强化学习智能体的核心。一般来说,策略可能是环境所在状态和智能体所采取的动作的随机函数。

收益信号定义了强化学习问题中的目标。在每一步中,环境向强化学习智能体发送一个称为收益的标量数值。智能体的唯一目标是最大化长期总收益,因此收益信号是改变智能体策略的主要基础。如果策略选择的动作导致了低收益,那么可能会改变策略,从而在未来的这种情况下选择一些其他的动作。一般来说,收益信号可能是环境状态和在此基础上所采取的动作的随机函数。

收益信号表明了在短时间内什么是好的,而价值函数则表示了从长远的角度看什么是好的。简单地说,一个状态的价值是一个智能体从这个状态开始,对将来累积的总收益的期望。收益决定了环境状态直接、即时、内在的吸引力,而价值表示了接下来所有可能状态的长期期望。例如,某状态的即时收益可能很低,但它仍然可能具有很高的价值,因为之后定期会出现高收益的状态,反之亦然。

强化学习系统的第四个要素是对环境建立的模型。这是一种对环境的反应模式的模拟,或者更一般地说,它允许对外部环境的行为进行推断。例如,给定一个状态和动作,模型就可以预测外部环境的下一个状态和下一个收益。环境模型会被用于作规划,即考虑未来可能发生的各种情境从而预先决定采取何种动作。使用环境模型和规划来解决强化学习问题的方法被称为有模型的方法。而简单的无模型的方法则是直接地试错,这与有目标地进行规划恰好相反。现代强化学习已经从低级的、试错式的学习延展到了高级的、深思熟虑的规划。

13.1.4 强化学习与监督学习、非监督学习之间的关系

强化学习的学习思路和人比较类似,是在实践中学习。比如学习走路,如果摔倒了,那么大脑会给一个负面的奖励值,说明走的姿势不好,然后我们从摔倒状态中爬起来;如果后面正常走了一步,那么大脑会给一个正面的奖励值,我们会知道这是一个好的走路姿势。那么这个过程和之前讲的机器学习方法有什么区别呢?强化学习是和监督学习、非监督学习并列的第三种机器学习方法,它们之间的关系如图13.2所示。

图 13.2 监督学习、非监督学习、强化学习与机器学习的关系

强化学习(RL)与有监督学习、无监督学习的比较如表 13.1 所示。

(1) 强化学习和监督学习最大的区别是它没有监督学习已经准备好的训练数据输出值的。强化学习只有奖励值,但是这个奖励值和监督学习的输出值不一样,它不是事先

给出的，而是延后给出的；同时强化学习的每一步与时间顺序前后关系紧密，时间在强化学习中具有重要的意义。而监督学习的训练数据之间一般都是独立的，没有这种前后的依赖关系。

(2) 强化学习和非监督学习的区别在于奖励值。非监督学习没有输出值也没有奖励值，它只有数据特征。同时和监督学习一样，数据之间都是独立的，没有强化学习这样的前后依赖关系。

(3) 强化学习与其他机器学习算法不同的地方在于：其中没有监督者，只有一个奖励信号；反馈是延迟的，不是立即生成的；Agent 的行为会影响之后一系列的数据。

表 13.1　监督学习、非监督学习与强化学习的区别

	监督学习	无监督学习	强化学习
训练样本	训练集 $\{(x^{(n)}, y^{(n)})\}_{n=1}^{N}$	训练集 $\{(x^{(n)})\}_{n=1}^{N}$	智能体和环境交互的轨迹 τ 和累计奖励 G_τ
优化目标	$y = f(x)$ 或 $p(y\,|\,x)$	$P(x)$ 或带隐变量 z 的 $p(x|z)$	期望总回报 $E_\tau[G_\tau]$
学习准则	期望风险最小化 最大似然估计	最大似然估计 最小重构错误	策略评估 策略改进

13.1.5　强化学习的学习过程

强化学习有自己的一套学习方法和问题建模过程，具体如图 13.3 所示。

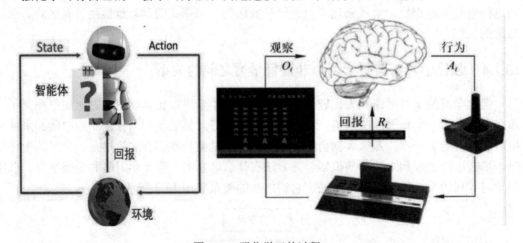

图 13.3　强化学习的过程

大脑代表执行的算法，算法可以操作个体来进行决策。在时刻 t 由于当前环境不可知，只能采取对环境的观察(observation)O_t，选择一个合适的动作(Action)A_t。地球代表算法要研究的环境，它有自己的状态模型，算法选择了动作 A_t 后，环境的状态(State)会变，算法会发现环境状态已经变为 S_{t+1}，同时算法得到采取动作 A_t 的延时奖励(Reward)R_{t+1}。然后个体可以继续选择下一个合适的动作，然后环境的状态又会变，又有新的奖励值，循环

往复。t 时刻个体在状态 S_t 采取的动作 A_t 对应的环境奖励 R_{t+1} 会在 $t+1$ 时刻得到，所以 t 时刻所包含的整个历史过程会是 $H_t = \{O_1, R_1, A_1, \cdots, O_{t-1}, R_{t-1}, A_{t-1}, O_t, R_t, A_t\}$，这就是强化学习的思路。

13.1.6　价值函数的计算过程

为了使训练的模型学习到更多有用的知识，需要评价完成任务的策略。策略好坏的评价标准是得到最多最好的奖励，那么如何找到最好的奖励，即如何得到最好的价值函数？

首先对于状态 s，根据策略采取行为 a 的总奖励 q 是由当前奖励 R 和对未来各个可能的状态转化奖励的期望 v 组成的，根据一定的 ε 概率每次选择奖励最大 q 或探索，便可以组成完整的策略，那么目标就变成了计算这个 q 值，然后根据 q 选择策略。

$$q_\pi(s,a) = R_s^a + \gamma \sum_{s' \in S} R_{ss'}^a v_\pi(s')$$

穷举法：把所有可能路径和状况都试一遍，直接比较最后哪条路径的总价值最大。

动态规划法(Dynamic Programming，DP)：将一个问题拆成几个子问题，分别求解这些子问题，反向推断出大问题的解。即要求最大的价值，可以根据递推关系，由上一循环得到的价值函数来更新当前循环。但是它需要知道具体环境的转换模型，计算出实际的价值函数。相比穷举法，动态规划法考虑到了所有可能，但并不完全走完。

蒙特卡洛法(Monte Carlo，MC)：采样计算。即对多个完整的回合(如玩多次游戏直到游戏结束)进行采样，在回合结束后完成参数的计算，求平均收获的期望并对状态对动作的重复出现进行计算，最后再进行更新。

$$G_t = R_{t+1} + \gamma R_{t+2} + \gamma_2 R_{t+3} + \cdots + \gamma_{T-t-1} R_T$$

$$N(S_t, A_t) = N(S_t, A_t) + 1$$

状态价值函数和动作价值函数的更新就为

$$V(S_t) = V(S_t) + \frac{1}{N(S_t)}(G_t - V(S_t))$$

$$Q(S_t, A_t) = Q(S_t, A_t) + \frac{1}{N(S_t, A_t)}(G_t - Q(S_t, A_t))$$

这种方法是价值函数 q 的无偏估计，但方差高(因为需要评价每次完成单次采样的结果，波动往往很大)。

时序差分法(Temporal Difference，TD)：步步更新。不用知道全局，走一步看一步地做自身引导。即用此时与下一时刻的价值函数差分(也可以理解成现实与预测值的差距)来近似代替蒙特卡洛中的完整价值。

$$G_t = R_{t+1} + \gamma V(S_{t+1})$$

那么：

$$V(S_t) = V(S_t) + \alpha(G_t - V(S_t))$$

$$Q(S_t, A_t) = Q(S_t, A_t) + \alpha(G_t - Q(S_t, A_t))$$

所以它是有偏估计，但是方差小，也便于计算，在实践中往往用得最多。

13.2　马尔可夫(Markov)决策过程

强化学习可以抽象成马尔可夫决策过程(Markov Decision Process，MDP)。马尔可夫决策过程的特点是系统下一个时刻的状态由当前时刻的状态决定，与更早的时刻无关。与马尔可夫过程不同的是，在 MDP 中智能体可以执行动作，从而改变自己和环境的状态，并且得到惩罚或奖励。马尔可夫决策过程可以表示成一个五元组：

$$\{S, A, P_a, S_a, \gamma\}$$

其中，S 和 A 分别为状态和动作的集合。假设 t 时刻状态为 S_t，智能体执行动作 a，下一时刻进入状态 S_{t+1}，这种状态转移与马尔可夫模型类似，不同的是下一时刻的状态由当前状态以及当前采取的动作共同决定，这一状态转移的概率为

$$p_s(s, s') = p(s_{t+1} = s' \mid s_t = s, a_t = a)$$

这是当前状态为 s 时执行动作 a，下一时刻进入状态 s' 的条件概率。这个公式表明下一时刻的状态与更早时刻的状态和动作无关，状态转换具有马尔可夫性。有一种特殊的状态称为终止状态(也称为吸收状态)，到达该状态之后不会再进入其他后续状态。对于围棋，终止状态是一局的结束。

执行动作之后，智能体会收到一个立即回报：

$$R_a(s, s')$$

立即回报和当前状态、当前采取的动作以及下一时刻进入的状态有关。在每个时刻，智能体选择一个动作 a_t 执行，之后进入下一状态 S_{t+1}，环境给出回报值。智能体从某一初始状态开始，每个时刻选择一个动作执行，然后进入下一个状态，得到一个回报，如此反复：

$$s_0 \xrightarrow{a_0} s_1 \xrightarrow{a_1} s_2 \xrightarrow{a_2} s_3 \cdots$$

下面来看一个具体的例子。在地图上有 9 个地点，编号从 A 到 1，终点是 1，现在我们以任意一个位置为起点，走到终点。这些地点之间有路连接，如图 13.4 所示。

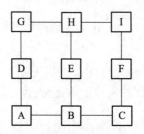

图 13.4　各地点之间的路连接

对于上面的问题，状态有 9 种，就是当前所处的位置，其中 1 为终止状态，在每个状态执行的动作有 4 种：向上走、向下走、向左走、向右走。将这 4 种动作简写为 u、d、l、

r，在每个状态的集合为

$$S = \{A, B, C, D, E, F, G, H, I\}$$

动作的集合为

$$A = \{u, d, l, r\}$$

无论在什么位置，执行一个动作之后下一步到达的位置是确定的，因此，状态转移概率为 1，除非到达了终点 I，否则每一次执行动作之后的回报值为 0，到达终点后的回报值为 100，马尔可夫决策过程示例如图 13.5 所示。

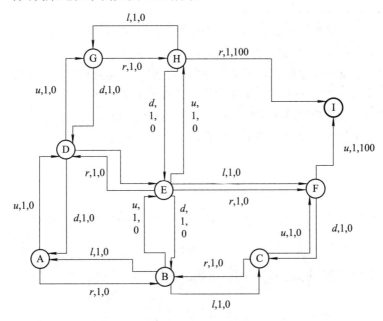

图 13.5 寻找路径任务的马尔可夫决策过程示例

图 13.5 中终止状态 I 用加粗的圆表示。图中每条边表示执行动作后的状态转移，包含的信息有动作、转移概率以及得到的立即回报。例如，从 F 到 I 的边表示执行动作 u(即向上走)，到达状态 I，转移的概率是 1，得到的回报是 100。除了进入终止状态 I 的两条边各有 100 的回报之外，其他动作的回报都为 0。因为状态转移是确定性的，因此转移概率全部为 1。

问题的核心是执行的策略，它可以抽象成一个函数 π，定义了在每种状态时要选择执行的动作。这个函数定义在状态 s 所选择的动作为

$$a = \pi(s)$$

对于确定性策略，在每种状态下智能体要执行的动作是唯一的。另外还有随机性策略，智能体在每一种状态下可以执行的动作有多种，策略函数给出的是执行每种动作的概率：

$$\pi(a \mid s) = p(a \mid s)$$

即按概率从各种动作中随机选择一种执行。策略只与当前所处的状态有关，与历史时间无关，在不同时刻对于同一个状态所执行的策略是相同的。下面以一个例子来说明策略函数。

根据交通规则，在一个红绿灯路口，驾驶汽车时执行的确定性策略如表 13.2 所示。

表 13.2　驾驶汽车时执行的确定性策略

状　态	动　作
绿灯	通过
红灯	停止
黄灯	通过

强化学习的目标是要达到某种预期，当前执行动作的结果会影响系统后续的状态，因此，需要确定动作在未来是否能够得到很好的回报。这种回报具有延迟性，对于围棋，当前走的一步棋一般不会马上结束，但会影响后续的棋局，需要使得未来赢的概率最大化，而未来又具有随机性，这为确定一个正确的决策带来了困难。

选择策略的目标是按照这个策略执行后，在每个时刻的累计回报最大化，即未来的预期回报最大。按照某一策略执行的累计回报定义为

$$\sum_{t=0}^{+\infty} \gamma^t R_{a_t}(s_t, s_{t+1})$$

这里使用了带衰减系数的回报和，按照策略 π，智能体在每个时刻 t 执行的动作为

$$a_t = \pi(s_t)$$

其中，γ 称为折扣因子，是[0,1]区间的一个数。在每个时刻 t 执行完动作 a_t 得到的回报为

$$\gamma^t R_{a_t}(s_t, s_{t+1})$$

使用折扣因子是因为未来具有很大的不确定性，所以回报值要随着时间衰减。另外，如果不加上这种按照时间的指数级衰减会导致整个求和项趋向于无穷大。这里假设状态转移概率以及每个时刻的回报是已知的，算法要寻找最佳策略来最大化上面的累计回报。

如果每次执行一个动作进入的下一个状态是确定的，则可以直接用上面的累计回报计算公式；如果执行完动作后进入的下一个状态是随机的，则需要计算各种情况的数学期望。类似于有监督学习中需要定义损失函数来评价预测函数的优劣，在强化学习中也需要对策略函数的优劣进行评价。为此定义了状态价值函数，它是在某个状态 s 下，按照策略 π 执行动作，累计回报的数学期望。状态价值函数的计算公式如下：

$$\begin{aligned}
V_\pi(s) &= \sum_{s'} p_{\pi(s)}(s, s')(R_{\pi(s)}(s, s') + \gamma V_\pi(s')) \\
&= \sum_{s'} p_{\pi(s)}(s, s')R_{\pi(s)}(s, s') + \sum_{s'} \gamma p_{\pi(s)}(s, s')V_\pi(s') \\
&= R(s) + \gamma \sum_{s'} p_{\pi(s)}(s, s')V_\pi(s')
\end{aligned}$$

这是一个递归的定义，函数的自变量是状态与策略函数，每个状态的价值函数依赖于从状态执行动作后能到达的后续状态的价值函数。在状态 s 时执行动作 $\pi(s)$，下一时刻的

状态 s' 是不确定的，进入每个状态的概率为 $p_{\pi(s)}(s, s')$，当前获得的回报是 $R_{\pi(s)}(s, s')$，因此，需要对下一时刻的所有状态计算数学期望，即概率意义上的均值，而总的回报包括当前回报和后续时刻的回报值之和，即 $V_{\pi}(s')$。这里 $R(s)$ 表示当前时刻获得的回报。如果是非确定性策略，还要考虑所有的动作，这种情况的状态价值函数计算公式如下：

$$V_{\pi}(s) = \sum_a \pi(a|s) \sum_{s'} p_a(s, s')(R_a(s, s') + \gamma V_{\pi}(s'))$$

对于终止状态，无论使用什么策略函数，其状态价值函数为 0。类似地可以定义动作价值函数，它是智能体按照策略 π 执行，在状态 s 时执行具体的动作 a 后的预期回报，计算公式如下：

$$Q_{\pi}(s, a) = \sum_{s'} p_a(s, s')(R_a(s, s') + \gamma V_{\pi}(s'))$$

动作价值函数除了指定初始状态 s 与策略 π 之外，还指定了在当前的状态 s 时执行的动作 a。这个函数衡量的是按照某一策略，在某一状态时执行各种动作的价值。这个值等于在当前状态 s 下执行一个动作后的立即回报 $R_a(s, s')$，以及在下一个状态 s 时按照策略 π 执行所得到的状态价值函数 $V_{\pi}(s')$ 之和，此时也要对状态转移概率 $p_a(s, s')$ 求数学期望。状态价值函数和动作值函数的计算公式称为贝尔曼方程。

因为算法要寻找最优策略，所以需要定义最优策略。因为状态价值函数定义了策略的优劣，因此，可以根据此函数值对策略的优劣进行比较。对于两个不同的策略 π 和 π'，如果对于任意状态 s 都有

$$V_{\pi}(s) \geqslant V_{\pi'}(s)$$

则称策略 π 优于策略 π'。对于有限状态和动作的马尔可夫决策过程，至少存在一个最优策略，它优于其他任何不同的策略。根据最优策略的定义与性质，马尔可夫决策过程的优化目标为

$$V^*(s) = \max_{\pi} V_{\pi}(s)$$

即寻找任意状态 s 的最优策略函数 π。最优化问题的求解目前有三种主流的方法，分别是动态规划、蒙特卡洛算法和时序差分算法。

一个重要的结论是所有的最优策略有相同的状态价值函数和动作价值函数值。最优动作价值函数定义为

$$Q^*(s, a) = \max_{\pi} Q_{\pi}(s, a)$$

对于状态-动作对 (s, a)，最优动作价值函数给出了在状态 s 时执行动作 a，后续状态时按照最优策略执行时的预期回报。找到了最优动作价值函数，根据它可以得到最优策略，具体做法是在每个状态时执行动作价值函数值最大的那个动作：

$$\pi^*(s) = \arg\max_{\pi} Q^*(s, a)$$

可以通过寻找最优动作价值函数得到最优策略函数，如果只使用状态价值函数，虽然能找到其极值，但并不知道此时所采用的策略函数。

13.3　强化学习方法

13.3.1　强化学习方法分类

1. 非基于环境的方法(Model-free RL)和基于环境的方法(Model-based RL)

根据模型方法理不理解所处环境，可将强化学习方法分为非基于环境(Model-free)方法与基于环境(Model-based)方法，这里的 Model 就是用模型来表示环境。不理解环境是什么，环境给什么就是什么，按部就班就是 Model-free 方法；理解环境，学会用一个模型来代表环境的方法就是 Model-based 方法。

Model-free 方法有很多，像 Q-learning、SARSA 和 Policy Gradients 都是从环境中得到反馈然后从中学习。而 Model-based RL 只是多一道程序即真实世界建模，也可以说它们都是 Model-free 的强化学习，只是 Model-based 多了一个虚拟环境。

2. 基于策略的方法(Policy-based RL)和基于价值的方法(Value-based RL)

基于策略的方法是通过分析所处的环境，输出采取不同动作的概率，然后根据概率采取行动。所以每种动作都有可能被选中，只是可能性不同。对于连续的动作，只能用 Policy-based RL。基于价值的方法输出的是不同动作的价值，且一定输出价值最高的动作。

基于策略的方法有策略梯度法(Policy Gradients)，基于价值的方法有 Q-Learning、SARSA 等。而且还结合这两类方法的优势之处，创造出一种 Actor-Critic 方法，其中 Actor 方法会基于概率做出动作，而 Critic 方法会对做出的动作给出动作的价值，这样就在原有的策略梯度法上加速了学习过程。

3. 回合更新(Monte-Carlo update)和单步更新(Temporal-Difference update)

强化学习还可分为回合更新和单步更新。将强化学习看作是在玩一局游戏，游戏回合有开始和结束。回合更新是指游戏开始后，要等待游戏结束，然后总结这一回合中的所有转折点，再进行学习行为准则的更新。单步更新则是游戏进行中的每一步都在更新，不用等待游戏的结束，这样就能边玩边学习了。Monte-Carlo Learning 和基础版的 Policy Gradients 等都是回合更新制，Q-learning、SARSA、升级版的 Policy Gradients 等都是单步更新制。因为单步更新更有效率，所以现在大多方法都是基于单步更新。

4. 在线学习(On-Policy)和离线学习(Off-Policy)

在线学习是指必须本人在场，并且一定是本人边玩边学习；而离线学习是可以选择自己玩，也可以选择看着别人玩，通过看别人玩来学习别人的行为准则。离线学习同样是从过往的经验中学习，但是这些过往的经历没必要是自己经历的，任何人的经历都能被学习；或者也不必要边玩边学习，可以白天先存储下来玩耍时的记忆，然后晚上通过离线学习来学习白天的记忆。

最典型的在线学习就是 SARSA 或 SARSA Lambda 算法，最典型的离线学习就是 Q-learning。后来人也根据离线学习的属性，开发了更强大的算法，比如让计算机学会玩电动的 Deep-Q-Network。强化学习方法的分类如图 13.6 所示。

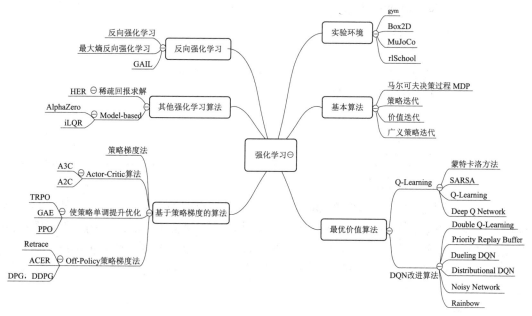

图 13.6 强化学习的分类

13.3.2 时序差分法

采用时序差分法的强化学习可以分为两类，一类是在线控制(On-policy Learning)，即一直使用一个策略来更新价值函数和选择新的动作，代表就是 Sarsa；另一类是离线控制(Off-policy Learning)，会使用两个控制策略，一个策略用于选择新的动作，另一个策略用于更新价值函数，代表就是 Q-Learning(如图 13.7 所示)。

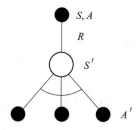

图 13.7 离线控制的 TD 强化学习

Q-Learning 的思想就是先基于当前状态 S，使用 ϵ-贪婪法按一定概率选择动作 A，然后得到奖励 R，并更新进入新状态 S'，基于状态 S'，直接使用贪婪法从所有的动作中选择最优的 A'(即离线选择，不是用同样的 ϵ-贪婪)，其更新公式为

$$Q(S, A) = Q(S, A) + \alpha\big(R + \gamma Q(S', a') - Q(S, a)\big)$$

算法流程为：

Initialize Q(s,a) arbitrarily

Repeat (for each episode):

    Initialize s

    Repeat (for each step of episode):

        Choose a from s using policy derived from Q(e.g., ε-greedy)

        Take action a ,observe r, S'

        $Q(s,a) \leftarrow Q(s,a) + \alpha(r + \gamma \max_{a'} Q(s',a') - Q(s,a))$

        $S \leftarrow s'$;

    Until s is terminal

1. Q-learning 算法思想

Q-Learning 是强化学习算法中 value-based 的算法，Q 即为 $Q(s, a)$，就是在某一时刻的 s 状态下($s \in S$)采取动作 $a(a \in A)$能够获得收益的期望，环境会根据 Agent 的动作反馈相应的回报 Reward，所以算法的主要思想就是将 State 与 Action 构建成一张 Q-table(Q 表)来存储 Q 值，然后根据 Q 值来选取能够获得最大收益的动作。因此，Q 表是状态 S、动作 A 与估计的未来奖励 R 之间的映射表，如表 13.3 所示。

表 13.3　Q 表

状态｜动作	a_1	a_2
s_1	$Q(s_1, a_1)$	$Q(s_1, a_2)$
s_2	$Q(s_2, a_1)$	$Q(s_2, a_2)$
s_3	$Q(s_3, a_1)$	$Q(s_3, a_2)$

Q 表中纵坐标为状态 S，横坐标为动作 A，值为估计的未来奖励 R。每次处于某一确定状态的时候，从表中查找此状态下最高未来奖励值的动作作为接下来的动作，若存在多个相同的值，则随机选择其中一个。一直重复，直到终点。

2. Q-learning 公式推导

举个例子，有一个 GridWorld 游戏，从起点出发到达终点为胜利，掉进陷阱为失败。智能体(Agent)、环境状态(Environment)、奖励(Reward)、动作(Action)可以将问题抽象成一个马尔可夫决策过程，每个格子都算是一个状态 s_t，；$\pi(a|s)$为在 s 状态下采取动作 a 的策略；R 表示在 s 状态下采取 a 动作转移到 $\hat{s}$ 的奖励，我们的目的很明确，就是找到一条能够到达终点获得最大奖赏的策略。

该目标为求得累计奖励最大的策略下的期望，即

$$\text{Goal：} \max_\pi E\left[\sum_{t=0}^{H} \gamma^t R(s_t, a_t, s_{t+1}) \mid \pi\right]$$

Q-learning 的主要优势就是使用了时间差分法(TD，融合了蒙特卡洛和动态规划)，能够进行离线学习，通过建模值函数而间接获得策略，即值函数方法(Value Function)。在强化学习中，有两类值函数，即状态值函数和状态-动作值函数，两者均表示在策略 π 下的期望回报，具有立即回报 R_{t+1}、后继状态的折扣价值函数 $\gamma V(s_{t+1})$。但两者轨迹起点定义不一样。

(1) 状态值函数(State Value Function，简称 $V(s)$函数)，它定义为从状态 s_t 开始在策略 π

控制下能获得的期望回报值，每个状态的值不仅由当前状态决定还要由后面的状态决定，所以通过对状态的累计奖励求期望就可得出当前 s_t 的状态值函数 $V_\pi(s_t)$。

状态值函数的贝尔曼 Bellman 方程如下：

$$V_\pi(s_t) = E[R(\tau_{t:T}) \mid \tau_{s_t} = s_t]$$

将 $R(\tau_{t:T})$ 展开为：

$$V_\pi(s_t) = E[R_t + \gamma(R_{t+1} + \gamma^1 R_{t+2} + \gamma^2 R_{t+3} + \cdots)]$$

可写为

$$V_\pi(s_{t+1}) = E[R_t + \gamma V_\pi(s_t)]$$

最优策略 π^* 是指能取得累计期望 $V^*(s)$ 最大值的策略，即

$$\pi^* = \mathrm{argmax}_\pi V_\pi(s)$$

此时可得状态值函数最优值为

$$V^*(s) = \max_\pi V_\pi(s)$$

对于最优策略，状态值函数的贝尔曼最优方程如下：

$$V^*(s_t) = \max_\pi E\left[\sum_{t=0}^{H} \gamma^t R(s_t, a_t, s_{t+1}) \mid \pi, s_0 = s\right]$$

(2) 状态-动作值函数(State-Action Value Function，简称 Q 函数)，它定义为从状态 s_t 开始并在执行动作 a_t 的双重设定下，在策略 π 控制下能获得的期望回报值，即

$$Q_\pi(s_t, a_t) = E[R(\tau_{t:T}) \mid \tau_{a_t} = a_t, \tau_{s_t} = s_t]$$

Q 函数和 V 函数虽然都是期望回报值，但是 Q 函数的动作 a_t 是前提条件，与 V 函数的定义不同。将 Q 函数展开为

$$Q_\pi(s_t, a_t) = E_\pi[(R_{t+1} + \gamma R_{t+2} + \gamma^2 R_{t+3} + \cdots \mid a_t = a, s_t = s)]$$

可写为

$$Q_\pi(s_t, a_t) = E_\pi(G_t \mid a_t = a, s_t = s)$$

其中 G_t 是 t 时刻开始的总折扣奖励，从这里我们看出 γ 衰变值对 Q 函数的影响，γ 越接近于 1，代表它会着重考虑后续状态的价值；当 γ 接近 0 的时候就会变得近视，只考虑当前的利益的影响。所以从 0 到 1，算法就会越来越考虑后续回报的影响。此时 Q 函数如下：

$$Q_\pi(s_t, a_t) = E_\pi[(R_{t+1} + \gamma Q_\pi(s_{t+1}, a_{t+1}) \mid a_t = a, s_t = s)]$$

即当 a_t 采样自 $\pi(a_t|s_t)$ 策略时，$Q_\pi(s_t, a_t)$ 的期望值在最优策略 $\pi^*(a|s)$ 下，具有以下关系：

$$Q^*(s_t, a_t) = \max Q_\pi(s_t, a_t), \quad \pi^* = \mathrm{argmax} Q^*(s_t, a_t)$$

也满足：

$$V^*(s_t) = \max Q^*(s_t, a_t)$$

此时的期望如下：

$$Q^*(s_t, a_t) = E[R(s_t, a_t) + \gamma \max Q^*(s_{t+1}, a_{t+1})]$$

上式称为 Q 函数的贝尔曼(Bellman)最优方程。

3. Q-learning 程序

Q-learning 程序代码如下：

```python
def createQNetwork(self):
  # network weights
  W_conv1 = self.weight_variable([8,8,4,32])
  b_conv1 = self.bias_variable([32])
  W_conv2 = self.weight_variable([4,4,32,64])
  b_conv2 = self.bias_variable([64])
  W_conv3 = self.weight_variable([3,3,64,64])
  b_conv3 = self.bias_variable([64])
  W_fc1 = self.weight_variable([1600,512])
  b_fc1 = self.bias_variable([512])
  W_fc2 = self.weight_variable([512,self.actions])
  b_fc2 = self.bias_variable([self.actions])
  # input layer
  stateInput = tf.placeholder("float",[None,80,80,4])
  # hidden layers
  h_conv1 = tf.nn.relu(self.conv2d(stateInput,W_conv1,4) + b_conv1)
  h_pool1 = self.max_pool_2x2(h_conv1)
  h_conv2 = tf.nn.relu(self.conv2d(h_pool1,W_conv2,2) + b_conv2)
  h_conv3 = tf.nn.relu(self.conv2d(h_conv2,W_conv3,1) + b_conv3)
  h_conv3_flat = tf.reshape(h_conv3,[-1,1600])
  h_fc1 = tf.nn.relu(tf.matmul(h_conv3_flat,W_fc1) + b_fc1)
  # Q Value layer
  QValue = tf.matmul(h_fc1,W_fc2) + b_fc2
  return stateInput,QValue,W_conv1,b_conv1,W_conv2,b_conv2,W_conv3,b_conv3,W_fc1,b_fc1,
  W_fc2,b_fc2
# 主函数：初始化 DQN 和游戏，并开始游戏进行训练
def playFlappyBird():
# Step 1: 初始化 BrainDQN
actions = 2
brain = BrainDQN(actions)
# Step 2: 初始化 Flappy Bird 游戏
flappyBird = game.GameState()
# Step 3: 开始游戏
# Step 3.1: 得到初始状态
action0 = np.array([1,0])
observation0, reward0, terminal = flappyBird.frame_step(action0)
```

```
observation0 = cv2.cvtColor(cv2.resize(observation0, (80, 80)), cv2.COLOR_BGR2GRAY)
ret, observation0 = cv2.threshold(observation0,1,255,cv2.THRESH_BINARY)
brain.setInitState(observation0)
# Step 3.2: 开始游戏
while 1!= 0:
# 得到一个动作
action = brain.getAction()
# 通过游戏接口得到动作后返回的下一帧图像、回报和终止标志
nextObservation,reward,terminal = flappyBird.frame_step(action)
# 图像灰度二值化处理
nextObservation = preprocess(nextObservation)
# 将动作后得到的下一帧图像放入新状态 newState，然后将新状态、当前状态、动作、回报
  和终止标志都放入游戏回放记忆序列
brain.setPerception(nextObservation,action,reward,terminal)
```

13.3.3　基于动态规划的算法

强化学习的目标是求解最优策略，最直接的求解手段是动态规划算法，动态规划通过求解子问题的最优解得到整个问题的最优解，其基本原理是如果要保证一个解全局最优，则每个子问题的解也要是最优的。

13.1.5 节定义了状态价值函数和动作价值函数，并根据它们的定义建立了递推的计算公式。强化学习的优化目标是寻找一个策略使得状态价值函数极大化：

$$\pi^*(s) = \arg\max_\pi V_\pi(s)$$

假设最优策略 π' 的状态价值函数和动作价值函数分别为 $V^*(s)$ 和 $Q^*(s,a)$，根据定义最优状态价值函数和最优动作价值函数之间存在如下关系：

$$V^*(s) = \max_a Q^*(s, a)$$

即要保证状态价值函数是最优的，则当前动作也要是最优的。状态价值函数和动作价值函数都满足贝尔曼最优方程。对于状态价值函数，有：

$$V^*(s) = \max_a \sum_{s'} p_a(s, s')(R_a(s, s') + \gamma V^*(s'))$$

上式的意义是对任何一个状态 s，要保证一个策略 π' 能让状态价值函数取得最大值，则需要本次执行的动作 a 所带来的回报与下一状态 s' 的最优状态价值函数值之和是最优的，对于动作价值函数，类似地有：

$$Q^*(s,a) = \sum_{s'} p_a(s, s')(R_a(s, s') + \gamma \max_{a'} Q^*(s', a'))$$

算法要寻找状态价值函数最大的策略，因此，需要确定一个策略的状态价值函数，得到一个策略的状态价值函数之后，可以调整策略，让价值函数不断变大。动态规划算法在

求解时采用了分步骤迭代的思路解决这两个问题，分别称为策略评估和策略迭代。

1. 策略评估

给定一个策略，可以用动态规划算法计算它的状态价值函数，称为策略评估。在每种状态下执行的动作有多种可能，需要对各个动作计算数学期望。按照定义，状态价值函数的计算公式为

$$V_\pi(s) = \sum_a \pi(a\,|\,s) \sum_{s'} p_{\pi(s)}(s,\,s')(R_{\pi(s)}(s,\,s') + \gamma V_\pi(s'))$$

状态 s 的价值函数依赖于后续状态，因此，计算时需要利用后续状态的价值函数依次更新状态 s 的价值函数。如果将这个公式展开，得到的是一个关于所有状态的价值函数的方程组，因此，计算所有状态的价值函数本质上是求解方程组。求解时使用迭代法，首先为所有状态的价值数设置初始值，然后用公式更新所有状态的价值函数，第 k 次迭代时的更新公式为

$$V_{k+1}(s) = \sum_a \pi(a\,|\,s) \sum_{s'} p_a(s,\,s')(R_a(s,\,s') + \gamma V_k(s'))$$

算法最后会收敛到真实的价值函数值。更新有两种方法：第一种是更新某一状态的价值函数时其他所有状态的价值函数在上一次迭代时的值；第二种方法是更新某一状态的价值函数时用其他状态的最新迭代值，而不用等所有状态一起更新。从上面的计算公式可看到，策略评估需要知道状态转移概率。

策略评估的目的是为了找到更好的策略，即策略改进。策略改进通过按照某种规则对前策略进行调整，得到更好的策略。如果在某一状态下执行一个动作 a 所得到的预期回报比之前计算出来的价值函数还要大，即

$$Q_\pi(s,\,a) > V_\pi(s)$$

则至少存在一个策略比当前策略更好，因为即使只将当前状态下的动作改为 a，其他状态下的动作按照策略 π 执行，得到的预期回报也比按照 π 执行要好。假设 π 和 π' 是两个不同的策略，如果对于所有状态 s 都有：

$$Q_\pi(s,\,\pi'(s)) \geqslant V_\pi(s)$$

则称策略 π 比 π' 更好。可以遍历所有状态和所有动作，用贪心策略获得新策略。具体做法是对于所有状态都按照下面的公式计算新的策略：

$$\pi(s) = \arg\max_a Q_\pi(s,\,a)$$
$$= \arg\max_a \sum_{s'} p_a(s,\,s')(R_a(s,\,s') + \lambda V_\pi(s'))$$

每次选择的都是能获得最好回报的动作，用它们来更新每个状态下的策略函数，从而完成对策略函数的更新。

2. 策略迭代

策略迭代是策略评估和策略改进的结合。从一个初始策略开始，不断地改进这个策略

达到最优解。每次迭代时首先用策略估计一个策略的状态价值函数，然后根据策略改进方案调整该策略，再重新计算策略的状态价值函数，如此反复直到收敛。策略迭代的原理如图 13.8 所示。

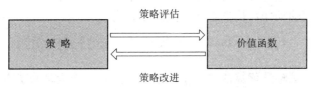

图 13.8 策略迭代的原理

完整的策略迭代算法流程如下。

对所有的状态 s，将策略函数 $\pi(s)$ 和状态价值函数 $V(s)$ 初始化为任意值

第一阶段：策略估计

循环

    初始化相邻两次迭代的价值函数的差值：$\varDelta = 0$

    循环，对于每个状态 $s \in S$

        获取上次迭代的状态价值函数：$v = V(s)$

        更新状态价值函数：

$$V(s) = \sum_{s'} p_{\pi(s)}(s,s')(R + \gamma V'(s))$$

        更新差值：

$$\varDelta = \max(\varDelta,\ |v - V(s)|)$$

直到 $\varDelta < \theta$

第二阶段：策略改进

初始化策略是否没有改进的标志变量：flag = true

循环，对于每个状态 $s \in S$

获取之前的策略所确定的动作：$a = \pi(s)$

计算当前状态的最优动作：

$$\pi(s) = \arg\max_a \sum_{s'} p_a(s,s')(R + \gamma V(s'))$$

如果 $a \neq \pi(s)$

    则 flag ← false

如果 flag = true 则停止迭代，返回 π 和 V；否则继续执行策略估计

其中，θ 是人工设置的阈值，用于判断状态价值函数的估计值是否已经收敛，这通过将相邻两次迭代时的价值函数之差与阈值 θ 进行比较来实现。算法首先计算给定策略的状态价值函数，收敛之后，执行策略改进，如果无法继续改进，则认为已经收敛到最优策略。

3. 价值迭代算法

在策略迭代算法中，策略评估的计算量很大，需要多次处理所有状态并不断地更新状态价值函数。实际上不需要知道状态价值函数的精确值也能找到最优策略，价值迭代就是其中的一种方法。

根据贝尔曼最优化原理，如果一个策略是最优策略，整体最优的解其局部一定也最优，因此，一个最优策略可以被分解为两部分：一部分从状态 s 到下一个 s'，采用了最优行为 A^*；另一部分就是在状态 s' 时遵循一个最优策略。根据这一原理，每次选择当前回报和未来回报之和最大的动作，价值迭代的更新公式为

$$V_{K+1}(s) = \max_a \sum_{s'} p_a(s, s')(R_a(s, s') + \gamma V_k(s'))$$

价值迭代算法与策略迭代算法的区别在于，不是对某一策略的状态价值函数进行计算而是直接收敛到最优的价值函数。

价值迭代算法的流程如下。

初始化所有状态的价值函数值为任意值

循环

　　初始化相邻两次迭代时价值函数的最大差值：$\varDelta = 0$

　　循环，对于状态集中的每个状态 s

　　　　获取迭代之前的状态价值函数：$v = V(s)$

　　　　更新价值函数：

$$V(s) = \max_a \sum_{s'} p_a(s, s')(R + \gamma V(s'))$$

　　　　更新差值：

$$\varDelta = \max(\varDelta, |v - V(s)|)$$

　　直到 $\varDelta < \theta$

　　迭代结束后，输出一个确定性的策略 π，每个状态下选择价值最大的动作：

$$\pi(s) = \arg\max_a \sum_{s'} p_a(s, s')(R + \gamma V(s'))$$

其中 θ 为人工设置的阈值，用于迭代终止的判定。价值迭代利用贝尔曼最优性方程来更新状态价值函数，每次选择在当前状态下达到最优值的动作。策略迭代算法和价值迭代算法依赖于环境的模型，需要知道状态转移的概率，因此，被称为有模型的强化学习算法。

13.3.4　策略梯度算法

策略梯度(Policy Gradient，PG)是蒙特卡罗法与神经网络结合的算法，PG 不再像 Q-Learning 和 DQN 一样输出 Q 值，而是在一个连续区间内直接输出当前状态可以采用所有动作的概率。如策略函数网络的输入是图像之类的原始数据，策略函数根据这个输入状态直接预测出要执行的动作：

$$a = \pi(s; \theta)$$

其中，θ 是神经网络的参数。对于随机性策略，神经网络输出的是执行每种动作的概率值：

$$\pi(a|s; \theta) = p(a|s; \theta)$$

这是一种更为端到端的方法，神经网络的映射定义了在给定状态的条件下执行每种动作的概率，根据这些概率值进行采样可以得到要执行的动作。对于离散的动作，神经网络

的输出层神经元数量等于动作数，输出值为执行每个动作的概率。对于连续型动作，神经网络的输出值为高斯分布的均值和方差，动作服从此分布。这里的关键问题是构造训练样本和优化目标函数，在这两个问题解决之后剩下的就是标准的神经网络训练过程。在样本生成问题上，策略梯度算法采用的做法和 DQN 类似，用神经网络当前的参数对输入状态进行预测，根据网络的输出结果确定出要执行的动作，接下来执行这个动作，得到训练样本，并根据反馈结果调整网络的参数。如果最后导致负面的回报，则更新网络的参数使得在面临这种输入时执行此动作的概率降低，否则加大这个动作的执行概率。策略梯度算法在优化目标上与深度 Q 学习不同，深度 Q 学习是逼近最优策略的函数，而策略梯度算法是通过最大化回报逼近最优策略。

策略梯度算法有三种典型的目标函数。

第一种称为 Start Value，它要求有起始状态，并且能得到完整的片段，即在有限步之后能到达终止状态。根据当前的策略函数执行动作可以得到一个完整的片段，然后计算这个片段的累计回报值：

$$L(\theta) = E(r_0 + r_1 + \cdots + r_T \mid \pi_\theta)$$

这里将策略函数简写为 π_θ，表示 θ 是它的参数，接下来会采用这种写法。

第二种称为 Average Value，它针对没有起始状态的问题。此时可以计算状态价值函数的数学期望：

$$L(\theta) = \sum_s p(s) V_{\pi_\theta}(s)$$

其中，$p(s)$是状态 s 出现的概率，它受策略函数影响。

第三种称为 Average Reward Per Time-Step(单步平均回报)，它每执行一个动作就立即回报均值，即在各种状态时，执行各种动作的回报的概率平均：

$$L(\theta) = \sum_s p(s) \sum_a \pi(s, a; \theta) R(s, a)$$

其中，$R(s, a)$为在状态 s 时执行动作 a 后的立即回报值。确定了目标函数之后，不断地执行动作来构造训练样本。如果策略函数可导，则可以根据样本计算目标函数的梯度值，用梯度上升法(因为要求目标函数的极大值，因此要将梯度下降改为梯度上升)更新策略函数的参数。这样问题的关键就变成了如何计算目标函数对策略参数的梯度值。

下面先计算第三种目标函数的梯度：

$$\begin{aligned}
\nabla_\theta L(\theta) &= \nabla_\theta \sum_s \pi_\theta(a \mid s) R(s, a) \\
&= \sum_s p(s) \sum_a \nabla_\theta \pi_\theta(a \mid s) R(s, a) \\
&= \sum_s p(s) \sum_a \pi_\theta(a \mid s) \frac{\nabla_\theta \pi_\theta(a \mid s)}{\pi_\theta(a \mid s)} R(s, a) \\
&= \sum_s p(s) \sum_a \pi_\theta(a \mid s) \nabla_\theta \ln \pi_\theta(a \mid s) R(s, a) \\
&= E(\nabla_\theta \ln \pi_\theta(a \mid s) R(s, a))
\end{aligned}$$

接下来看第一种目标函数，有起始状态和完整片段的情况。假设按照策略 π 执行得到了一个片段，在这里称为轨迹 τ，它由各个时刻的状态和执行的动作构成：

$$\tau = (s_0, a_0, s_1, a_1, \cdots, s_{T-1}, a_{T-1}, s_T)$$

这条轨迹最终得到的回报为 $R(\tau)$。轨迹出现的概率为

$$p(\tau) = p(s_0)\pi(a_0 \,|\, s_0;\, \theta)p(s_1 \,|\, s_0,\, a_0)\cdots\pi(a_{T-1} \,|\, s_{T-1};\, \theta)p(s_T \,|\, s_{T-1},\, a_{T-1})$$

对此概率取对数，可以得到：

$$\ln p(\tau) = \ln p(s_0) + \sum_{t=1}^{T} \ln p(s_t \,|\, s_{t-1},\, a_{t-1}) + \sum_{t=0}^{T} \ln \pi(a_t \,|\, s_t;\, \theta)$$

上式中前面两项与 θ 无关，因此它的梯度为 0。优化的目标是最大化轨迹回报的数学期望：

$$E_r(R(\tau)) = \sum_{i=1}^{i} p(\tau_i)R(\tau_i)$$

$L(\theta)$ 为轨迹函数，对数学期望求梯度，可以得到

$$\begin{aligned}
\nabla_\theta E_\tau(R(\tau)) &= \sum_\tau \nabla_\theta(R(\tau)p(\tau)) \\
&= \sum_\tau (R(\tau)\nabla_\theta p(\tau)) \\
&= \sum_\tau \left(R(\tau)p(\tau)\frac{\nabla_\theta p(\tau)}{p(\tau)} \right) \\
&= \sum_\tau (R(\tau)p(\tau)\nabla_\theta \ln p(\tau)) \\
&= E_r\left(R(\tau)\nabla_\theta \sum_{t=0}^{T-1} \ln \pi(a_t \,|\, s_t; \theta)\right)
\end{aligned}$$

此时，梯度值只与策略函数有关，而与状态转移概率等模型参数无关。

由此得到 REINFORCE 算法流程如下。

随机初始化策略函数的参数 θ

循环

　　根据当前策略 $\pi_\theta(a \,|\, s)$ 执行动作，得到轨迹 τ 以及回报值 $R(\tau)$：

　　$\tau = (s_0, a_0, s_1, a_1, \ldots, s_{T-1}, a_{T-1}, s_T)$

　　计算策略函数的梯度，并更新参数：

$$\theta = \theta + aR(\tau)\nabla_\theta \sum_{t=0}^{T-1} \ln \pi(a_t \,|\, s_t; \theta)$$

结束循环

其中，a 为人工设置的学习率。由于要求回报极大值，因此采用梯度上升法。根据当前策

略函数执行动作的方式与 DQN 相同，按照策略函数生成的在当前状态 s 下执行各种动作的概率值进行随机采样，选择动作执行。

可以证明，前面定义的三种目标函数梯度计算公式有相同的形式。策略梯度定理指出，对于一个可导的策略函数 $\pi(\theta)$，无论采用前面定义的哪种目标函数，策略的梯度都为下面的形式：

$$\nabla_\theta L(\theta) = E_{\pi_\theta}(Q_{\pi_\theta}(s, a)\nabla_\theta \ln \pi(s, a; \theta))$$

定理的证明利用了下面的等式：

$$\nabla_\theta \pi(s, a; \theta) = \pi(s, a; \theta)\frac{\nabla_\theta \pi(s, a; \theta)}{\pi(s, a; \theta)}$$
$$= \pi(s, a; \theta)\nabla_\theta \ln \pi(s, a; \theta)$$

这个定理为计算策略函数的梯度提供了依据。

策略函数的构造对离散型动作和连续型动作有不同的处理。对于离散型动作，策略函数给出的是执行每个动作的概率，所有动作的概率之和为 1。这可以看作多分类问题，根据输入的状态确定要执行的动作类型，因此，采用 softmax 输出是一个自然的选择。此时的神经网络本质上是一个用于多分类任务的网络。对于连续型动作，无法将所有的动作列举出来，输出执行每个动作的概率值，只能得到动作的概率密度函数。在运行时，动作参数根据概率分布采样得到，即生成服从此分布的一个随机数作为最后的动作参数。无论采用哪种做法，在确定了损失函数之后，都可以用神经网络的标准训练算法对网络进行训练。

13.4 强化学习实例

随着柔性制造系统的快速发展以及工业生产车间自动化程度的日益提高，智能生产车间的物料运输方式也发生了改变。自动导引车(AGV)以其作业柔性大，准确度高，节约劳动成本等优点逐渐成为智能仓储的主要运输工具。目前仓储内的货物流通开始更多地使用 AGV 智能小车作为载体，这种模式不仅可以提高拣选和存储的效率，还可以有效减低人工成本和劳动强度。AGV 路径规划问题就是在存在障碍物的工作环境中，为 AGV 找到一条从起始位置到达预定目标位置的最优路径，且 AGV 在行进过程中不与障碍物发生碰撞。

这些年来，针对 AGV 的路径规划问题已经提出了很多方法，常见的有 Dijkstra 算法、A*算法、遗传算法、人工势场法等。近年来，智能算法的广泛应用在很大程度上克服了传统算法操作复杂、求解效率低的缺点，但仍存在很多不足。Q-learning 算法最早是在 1989 年由 Watkins 提出的，作为一种可以探索未知环境模型的强化学习算法，近年来得到了广泛应用。本案例将使用 Q-leaning 算法来解决 AGV 路径规划问题。

AGV 路径规划常用的建模方法有栅格法、可视图法和拓扑地图法等。本文采用栅格法对 AGV 工作环境进行离散化处理，如图 13.9 所示。

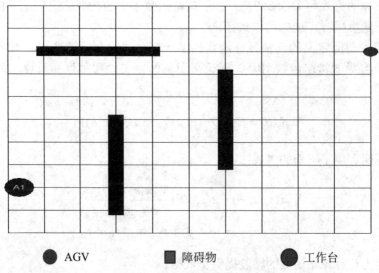

● AGV　　　　■ 障碍物　　　　● 工作台

图 13.9　AGV 运输任务环境

在运输任务环境中，AGV 需要以最短的时间将货物从起始位置运输到工作台，同时需要避开该环境中的障碍物。地图中的栅格通过坐标来表示，根据 AGV、障碍物和工作站等坐标位置来描述它们之间的联系。

Q-Learning 算法是一种被广泛应用的强化学习算法，是强化学习算法的一个重要突破。它是一种可以用来探索未知环境模型的算法，在探索过程中采用值函数迭代的方式来逼近最优动作，使得 AGV 获得累积折扣奖励。在迭代过程中，用值函数 $Q(s_t, a_t)$ 取代强化学习中的值函数 $V_\pi(S_t)$ 进行评价，以此对 AGV 在状态-动作对 (s_t, a_t) 下的动作效果作出奖惩，其函数表达式为

$$Q(s_t, a_t) = (1-\alpha)Q(s_t, a_t) + \alpha[r_t + \gamma \max Q(s_{t+1}, a_{t+1})]$$

其中，α 为 AGV 的学习率。

Q-learning 算法的流程如下：

(1) 初始化 Q 值；

(2) 获取 AGV 当前所处状态 S_t；

(3) 根据策略选择一个动作 a_t 并执行；

(4) 获得新的状态 S_{t+1}，同时获得奖惩值 r_t；

(5) 根据迭代公式 2 更新 Q 值；

(6) 到达目标状态时，终止迭代，返回到初始状态，开始新的学习。

基于 Q-learning 算法的 AGV 路径规划问题部分程序"Qlearning 算法"如下所示：

```
"""Qlearning 算法"""
import numpy as np
import random as rd


class QLearning:
```

```python
def   __init__(self, state_size, action_num, Alpha, Gamma, incre):
    tmp = state_size
    tmp.append(action_num)
    self.Qtable = np.zeros((tmp))
    self.actions = action_num
    self.Alpha = Alpha
    self.Gamma = Gamma
    self.Epsilon = 0.9
    self.incre = incre
    self.Rewards = []
    self.Actions = []
    for i in range(action_num):
        self.Actions.append(0)


def   Choose_act(self, state, block = []):
    if   rd.random() < self.Epsilon:
        candidate = self.Qtable[tuple(state)].tolist()
        for i in block:
            candidate[i] = -1
        indexes = []
        MAX = min(candidate)
        for i in range(len(candidate)):
            if candidate[i] >= MAX:
                MAX = candidate[i]
                indexes.append(i)
            action = rd.choice(indexes)

        self.Actions[action] += 1
        return action
    else:
        action = rd.choices(range(1, self.actions))[0]
        while action in block:
            action = rd.choices(range(1, self.actions))[0]
        self.Actions[action] += 1
        return action


def Learning(self, s, a, s_, r, Terminate = False):
    self.Rewards.append(r)
```

```
        p = s
        p.append(a)
        Predict = self.Qtable[tuple(p)]
        Target = np.max(self.Qtable[tuple(s_)])
        self.Qtable[tuple(p)] += self.Alpha*(r + self.Gamma*Target - Predict)
```

基于 Q-learning 算法的 AGV 路径规划问题部分程序"Routing 算法"如下所示：

```
""" Routing 算法"""
"
Alpha = 0.06
Beta = 0.03
Gamma = 0.01
Dist1 = 3
Dist2 = 7
"'

class ShortestPath:
    def __init__(self, current, goal, rule, x, y, block, Vehicle, Parameter):
        self.rule = rule
        self.current = current
        self.Vehicle = Vehicle
        #Parameters:
        self.Alpha = Parameter[0]
        self.Beta = Parameter[1]
        self.Gamma = Parameter[2]
        self.Dist1 = Parameter[3]
        self.Dist2 = Parameter[4]
        #A*
        self.path, self.direct, self.distance = self.Astar(current, goal, x, y, block)

    class Node(object):
        def __init__(self, actual, estimate, path, direct, position):
            self.actual = actual
            self.estimate = estimate
            self.path = path
            self.direct = direct
            self.position = position

    def Heuristic_dist(self, current, goal):
```

```
        if self.rule == 0:
            #Dijkstra's Distance
            return 0
        elif self.rule == 1:
            #Manhattan Distance
            dist = abs(goal[0]-current[0])+abs(goal[1]-current[1])
            return dist
        elif self.rule == 2:
            w = 0
            for i in range(self.Vehicle.Controller.AGV_num):
                pos = [self.Vehicle.Controller.AGVs[i].x, self.Vehicle.Controller.AGVs[i].y]
                remote = abs(pos[0]-current[0])+abs(pos[1]-current[1])
                if self.current == pos:
                    w = w
                elif remote < self.Dist1:
                    w += self.Alpha
                elif remote < self.Dist2:
                    w += self.Beta
                else:
                    w += self.Gamma
            dist = abs(goal[0]-current[0])+abs(goal[1]-current[1]) + w
            return dist
        elif self.rule == 3:
            w = 0
            for i in range(self.Vehicle.Controller.AGV_num):
                if self.Vehicle != self.Vehicle.Controller.AGVs[i]:
                    for j in self.Vehicle.Controller.AGVs[i].path.path:
                        remote = abs(j[0]-current[0])+abs(j[1]-current[1])
                        if remote < self.Dist1:
                            w += self.Alpha
                        elif remote < self.Dist2:
                            w += self.Beta
                        else:
                            w += self.Gamma
            dist = abs(goal[0]-current[0])+abs(goal[1]-current[1]) + w
            return dist

    def Astar(self, start, goal, x, y, block):
```

```
#Initial
node = self.Node(0, self.Heuristic_dist(start, goal), [], [], start)
current = [node]
histPath = []
if start == goal:
    return [], [], 0
#Search
while goal not in current[0].path:

    parent = current[0]
    actual = parent.actual+1
    #Stay
    position = parent.position
    estimate = self.Heuristic_dist(position, goal)
    path = list(parent.path)
    direct = list(parent.direct)
    path.append(position)
    direct.append(0)
    node = self.Node(actual, estimate, path, direct, position)
    current.append(node)
    #Up
    if parent.position[1]+1 <= y and [parent.position[0], parent.position[1]+1] not in
histPath and [parent.position[0], parent.position[1]+1] not in block:
        parent = current[0]
        position = [parent.position[0], parent.position[1]+1]
        estimate = self.Heuristic_dist(position, goal)
        path = list(parent.path)
        direct = list(parent.direct)
        path.append(position)
        direct.append(1)
        node = self.Node(actual, estimate, path, direct, position)
        current.append(node)
        if position not in histPath:
            histPath.append(position)
    #Down
    if parent.position[1]-1 >= 0 and [parent.position[0]\
                        , parent.position[1]-1] not in histPath and
[parent.position[0], parent.position[1]-1] not in block:
```

```
                    parent = current[0]
                    position = [parent.position[0], parent.position[1]-1]
                    estimate = self.Heuristic_dist(position, goal)
                    path = list(parent.path)
                    direct = list(parent.direct)
                    path.append(position)
                    direct.append(2)
                    node = self.Node(actual, estimate, path, direct, position)
                    current.append(node)
                    if position not in histPath:
                        histPath.append(position)
                #Left
                if parent.position[0]-1 >= 0 and [parent.position[0]-1\
                                    , parent.position[1]] not in histPath and
[parent.position[0]-1, parent.position[1]] not in block:
                    parent = current[0]
                    position = [parent.position[0]-1, parent.position[1]]
                    estimate = self.Heuristic_dist(position, goal)
                    path = list(parent.path)
                    direct = list(parent.direct)
                    path.append(position)
                    direct.append(3)
                    node = self.Node(actual, estimate, path, direct, position)
                    current.append(node)
                    if position not in histPath:
                        histPath.append(position)
                #Right
                if parent.position[0]+1 <= x and [parent.position[0]+1\
                                    , parent.position[1]] not in histPath and
[parent.position[0]+1, parent.position[1]] not in block:
                    parent = current[0]
                    position = [parent.position[0]+1, parent.position[1]]
                    estimate = self.Heuristic_dist(position, goal)
                    path = list(parent.path)
                    direct = list(parent.direct)
                    path.append(position)
                    direct.append(4)
                    node = self.Node(actual, estimate, path, direct, position)
```

```
                current.append(node)
                if position not in histPath:
                    histPath.append(position)
        current.pop(0)
        #Sort
        for i in range(len(current)):
            if current[i].actual+current[i].estimate < current[0].actual\
                +current[0].estimate:
                current.insert(0, current.pop(i))
    return current[0].path, current[0].direct, current[0].actual
```

在 AGV 进行自主学习过程中，奖惩函数对其动作的选择具有导向性的作用。AGV 与障碍物进行碰撞，AGV 获得相应惩罚；AGV 到达目标时，AGV 获得相应奖励。我们对此任务的具体的奖励函数进行如下设置：

$$R = \begin{cases} 100, & \text{AGV到达工作台} \\ -100, & \text{AGV碰撞障碍物} \\ 0, & \text{其他情况} \end{cases}$$

仿真实验结果如表 13.3 所示，AGV 在经过 50 次自主学习后，可以得到 AGV 到达工作台的无碰撞最优路径。

表 13.3　AGV 仿真实验结果

训　练　次　数	达到目标点平均步长
10	212
20	89
50	17
100	17

本 章 小 结

本章介绍了强化学习的概念和应用，学习了强化学习的分类，并对强化学习的模型及具体算法进行了具体的讲解，另外我们还实现了一个具体案例，将 Q-learning 算法运用到 AGV 路径规划中，实验结果表明了该算法的有效性。目前，强化学习被广泛地应用于策略与控制类问题。典型的代表是策略类游戏、机器人控制、自动驾驶系统、人机对话、视觉导航。深度学习与强化学习的结合大大拓宽了强化学习的实际应用领域，可以对复杂的状态和动作进行建模，使得强化学习真正走向实用，使得深度强化学习成为实现通用人工智能的有力工具。

习 题

1. 强化学习的特点及与其他机器学习算法的区别是什么?

2. 什么是策略迭代算法? 什么是价值迭代算法? 两者的区别和联系是什么?

3. 试推导出 Q-Learning 算法的更新公式。

4. 策略梯度理论中有哪些减小策略梯度误差的方法?

5. 对于目标驱动(goal-directed)的强化学习任务, 目标是指到达某一状态, 例如将汽车驾驶到预定位置。试为这样的任务设置奖赏函数, 并讨论不同奖赏函数的作用(例如每一步未达目标的奖赏为 0、−1 或 1)。

参 考 文 献

[1] BRESLOW L A, AHA D W. Simplifying decision trees: a survey[J]. The Knowledge Engineering Review, 1997, 12(1): 1-40.

[2] QUINLAN J R. Induction of decision trees [J]. Machine Learning, 1986, 1(1):81-106.

[3] QUINLAN J R. C4.5: Programs for machine learning [M]. San Francisco: Morgan Kaufmann, 1993.

[4] BREIMAN L, FRIEDMAN J H, OLSHEN R A, et al. Classification and regression trees [M]. Belmont, California: Wadsworth International Group, 1984.

[5] ROKACH L, MAIMON O. Decision Trees [J]. IEEE Transactions on Systems Man & Cybernetics Part C, 2005, 35(4):476-487.

[6] sciki-learn developers [EB/OL]. https://scikit-learn.org/stable/modules/generated/sklearn. tree.DecisionTree Classifier. html.

[7] BREIMAN L. Random forest [J]. Machine Learning, 2001, 45:5-32.

[8] OSCHINA. Python 实现的随机森林[EB/OL]. https://www.oschina.net/translate/random-forests-in-python? cmp, 2021，10.

[9] RENNIE J D M, SHIH L, TEEVAN J, et al. Tackling the poor assumptions of naive bayes text classifiers. Proceedings of the Twentieth International Conference on Machine Learning (ICML-2003), Washington DC, 2003, 3:616-623.

[10] sciki-learn developers. [EB/OL].https://scikit-learn.org/0.20/modules/naive_bayes.html, 2021.

[11] Github. Why Github ? [EB/OL]. https://github.com/Asia-Lee/Naive_Bayes/tree/master/ email/, 2018.

[12] sciki-learn developers [EB/OL]. https://scikit-learn.org/stable/modules/feature_extraction. html#text- feature-extraction, 2021.

[13] sciki-learn developers[EB/OL]. https://scikit-learn.org/stable/modules/generated/sklearn. feature_ extraction.text. CountVectorizer.html#sklearn.feature_extraction.text.CountVectorizer, 2021.

[14] DEMPSTER A P, LAIRD N M, RUBIN D B. Maximum likelihood from incomplete data via the EM algorithm [J]. Journal of the Royal Statistical Society, 1977, 39(1):1-38.

[15] sciki-learn developers[EB/OL]. https://scikit-learn.org/stable/modules/generated/sklearn. mixture. GaussianMixture.html#sklearn.mixture.GaussianMixture, 2021.

[16] sciki-learn developers[EB/OL]. https://scikit-learn.org/stable/modules/classes.html?highlight =metrics# module-sklearn.metrics.cluster, 2021.

[17] CALINSKI T, HARABASZ J. A dendrite method for cluster analysis [J]. Communications in Statistics, 1974, 3(1):1-27.

[18] PETER R J. Silhouettes: a graphical aid to the interpretation and validation of cluster analysis [J]. Journal of Computational and Applied Mathematics, 1987, 20: 53-65.

[19] AGRAWAL R, SRIKANT R. Fast algorithms for mining association rules[C]. Proceedings of the 20th International Conference on Very Large Data Bases. IEEE, 1994.

[20] HARRINGTON P. 机器学习实战[M]. 李锐, 李鹏, 曲亚东, 等，译. 北京: 人民邮电出版社, 2013.

[21] Frequent Itemset Mining Dataset Repository [EB/OL]. http://fimi.uantwerpen.be/data/, 2020 年 10 月.

[22] HAN J, PEI J. Mining frequent patterns without candidate generation[C]. Proceedings of the 2000 ACM SIGMOD international conference on Management of data, 2000: 1–12.

[23] BRIJS T, SWINNEN G, VANHOOF K, et al. The use of association rules for product assortment decisions: a case study[C]. Proceedings of the Fifth International Conference on Knowledge Discovery and Data Mining. San Diego: ACM Press, 1999: 254-260.

[24] Machine-learning-databases[EB/OL]. https://archive.ics.uci.edu/ml/machine-learning- databases/housing/, 2021.

[25] HARRISON D, RUBINFELD, D.L. Hedonic prices and the demand for clean air[J]. Journal of Environmental Economics & Management, 1978, 5:81-102.

[26] sciki-learn developers [EB/OL]. https://scikit-learn.org/0.20/auto_examples/linear_model/ plot_ridge_path.html#sphx-glr-auto-examples-linear-model-plot-ridge-path-py, 2021.

[27] YU F H, HUANG F L, LIN C J. Dual coordinate descent methods for logistic regression and maximum entropy models[J]. Machine Learning, 2011, 85(1-2):41-75.

[28] sciki-learn developers[EB/OL]. https://scikit-learn.org/0.20/auto_examples/linear_model/ plot_iris_logistic.html#sphx-glr-auto-examples-linear-model-plot-iris-logistic-py, 2021.

[29] SUTTON R, BARTO A . Reinforcement learning: an introduction[M]. MIT Press, 1998.

[30] SUTTON R S. Learning to predict by the methods of temporal differences[J]. Machine Learning, 1988, 3(1):9-44.

[31] HASSELT H V, GUEZ A, SILVER D. Deep reinforcement learning with double q- learning[J]. Computer ence, 2015.

[32] DANN C, NEUMANN G, PETERS J. Policy evaluation with temporal differences: a survey and comparison (extended abstract)[J]. 2015.

[33] CHRISTOPHER J . Q-learning. machine learning[J]. Machine Learning, 1992, 3.

[34] TESAURO, G. Temporal difference learning and TD-Gammon[J]. Icga Journal, 1995, 18(2):88-88.

[35] BEYNIER A, F CHARPILLET, SZER D, et al. Markov decision processes in artificial intelligence[M]. ISTE, 2010.

[36] KAELBLING L P, LITTMAN M L. Moore reinforcement learning: a survey[J]. Journal of Artificial Intelligence Research, 1996, 4:237-285.

[37] VOLODYMYR M, KORAY K, DAVID S, et al. Human-level control through deep reinforcement learning[J]. Nature, 2015, 518(7540):529-33.

[38] TAMAR A, YI W, THOMAS G, et al. Value Iteration Networks[C]// Twenty-Sixth International Joint Conference on Artificial Intelligence. 2017.

[39] O'DONOGHUE B, MUNOS R, KAVUKCUOGLU K, et al. Combining policy gradient and Q-learning[J]. 2016.

[40] KLEIN E, GEIST M. Inverse Reinforcement Learning through Structured Classification[J]. Books.nips.cc.

[41] LEVINE S . Motor skill learning with local trajectory methods. 2014.

[42] FAIRBANK M, ALONSO E. The divergence of reinforcement learning algorithms with value-iteration and function approximation[C]// IEEE International Joint Conference on Neural Networks (IEEE IJCNN

2012). IEEE, 2012.

[43] SCHERRER B, GEIST M. Recursive least-squares off-policy learning with eligibility traces[J]. Hal Inria, 2011.

[44] 王鼎新. 基于改进 Q-learning 算法的 AGV 路径规划[J]. 电子设计工程, 2021, 29(04): 7-10+15.

[45] 刘辉, 肖克, 王京擘. 基于多智能体强化学习的多 AGV 路径规划方法[J]. 自动化与仪表, 2020, 35(02): 84-89.

[46] NAGAYOSHI M, ELDERTON S, SAKAKIBARA K, et al. Reinforcement learning approach for adaptive negotiation-rules acquisition in agv transportation systems[J]. Journal of Advanced Computational Intelligence and Intelligent Informatics, 2017, 21(5) : 948-957.

[47] COLLOBERT R, WESTON J. A unified architecture for natural language processing: deep neural networks with multitask learning[C]. international conference on machine learning, 2008: 160-167.

[48] MIKOLOV T, CHEN K, CORRADO G S, et al. Efficient estimation of word representations in vector space[J]. Computer Science, 2013.

[49] PENNINGTON J, SOCHER R, MANNING C, et al. Glove: Global Vectors for Word Representation[C]. Conference on Empirical Methods in Natural Language Processing, 2014: 1532-1543.

[50] CHO K, MERRIENBOER B V, BAHDANAU D, et al. On the properties of neural machine translation: encoder-decoder approaches[J]. ArXiv: Computation and Language, 2014.

[51] CHUNG J, GULCEHRE C, CHO K, et al. Empirical evaluation of gated recurrent neural networks on sequence modeling[J]. ArXiv: Neural and Evolutionary Computing, 2014.

[52] SUTSKEVER I, VINYALS O, LE Q V, et al. Sequence to sequence learning with neural networks[J]. ArXiv: Computation and Language, 2014.

[53] PENNINGTON J, SOCHER R, MANNING C D, et al. Glove: global vectors for word representation[C]. Empirical methods in natural language processing, 2014: 1532-1543.

[54] VASWANI A, SHAZEER N, PARMAR N, et al. Attention is all you need[J]. ArXiv: Computation and Language, 2017.

[55] PETERS M E, NEUMANN M, IYYER M, et al. Deep contextualized word representations [C]. North American chapter of the association for computational linguistics, 2018: 2227-2237.

[56] BERT: Pre-training of deep bidirectional transformers for language understanding [EB/OL]. https://arxiv.org/pdf/1810.04805.pdf, 2018.